丛书总主编　陈宜瑜
丛书副总主编　于贵瑞　何洪林

中国生态系统定位观测与研究数据集

森林生态系统卷

湖北神农架站

（2008—2015）

徐文婷　赵常明　主编

中国农业出版社
北　京

中国生态系统定位观测与研究数据集

中国生态系统定位观测与研究数据集
森林生态系统卷·湖北神农架站

本书编写委员会

主　　编　徐文婷　赵常明

副 主 编　徐　凯　谢宗强

编写人员　申国珍　赵常明　徐文婷　徐　凯
　　　　　葛结林　谢宗强　熊高明

PREFACE 1
序 一

进入 20 世纪 80 年代以来，生态系统对全球变化的反馈与响应、可持续发展成为生态系统生态学研究的热点，通过观测、分析、模拟生态系统的生态学过程，可为实现生态系统可持续发展提供管理与决策依据。长期监测数据的获取与开放共享已成为生态系统研究网络的长期性、基础性工作。

国际上，美国长期生态系统研究网络（US LTER）于 2004 年启动了 Eco Trends 项目，依托 US LTER 站点积累的观测数据，发表了生态系统（跨站点）长期变化趋势及其对全球变化响应的科学研究报告。英国环境变化网络（UK ECN）于 2016 年在 *Ecological Indicators* 发表专辑，系统报道了 UK ECN 的 20 年长期联网监测数据推动了生态系统稳定性和恢复力研究，并发表和出版了系列的数据集和数据论文。长期生态监测数据的开放共享、出版和挖掘越来越重要。

在国内，国家生态系统观测研究网络（National Ecosystem Research Network of China，简称 CNERN）及中国生态系统研究网络（Chinese Ecosystem Research Network，简称 CERN）的各野外站在长期的科学观测研究中积累了丰富的科学数据，这些数据是生态系统生态学研究领域的重要资产，特别是 CNERN/CERN 长达 20 年的生态系统长期联网监测数据不仅反映了中国各类生态站水分、土壤、大气、生物要素的长期变化趋势，同时也能为生态系统过程和功能动态研究提供数据支撑，为生态学模型的验证和发展、遥感产品地面真实性检验提供数据支撑。通过集成分析这些数据，CNERN/CERN 内外的科研人员发表了很多重要科研成果，支撑了国家生态文明建设的重大需求。

近年来，数据出版已成为国内外数据发布和共享，实现“可发现、可访问、可理解、可重用”（即 FAIR）目标的重要手段和渠道。CNERN/CERN 继 2011 年出版“中国生态系统定位观测与研究数据集”丛书后再次出版新一期数据集丛书，旨在以出版方式提升数据质量、明确数据知识产权，推动融合专业理论或知识的更高层级的数据产品的开发挖掘，促进 CNERN/CERN 开放共享由数据服务向知识服务转变。

该丛书包括农田生态系统、草地与荒漠生态系统、森林生态系统及湖泊湿地海湾生态系统共 4 卷（51 册）以及森林生态系统图集 1 册，各册收集了野外台站的观测样地与观测设施信息，水分、土壤、大气和生物联网观测数据以及特色研究数据。本次数据出版工作必将促进 CNERN/CERN 数据的长期保存、开放共享，充分发挥生态长期监测数据的价值，支撑长期生态学以及生态系统生态学的科学研究工作，为国家生态文明建设提供支撑。

2021 年 7 月

PREFACE 2

序 二

科学数据是科学发现和知识创新的重要依据与基石。大数据时代，科技创新越来越依赖于科学数据综合分析。2018 年 3 月，国家颁布了《科学数据管理办法》，提出要进一步加强和规范科学数据管理，保障科学数据安全，提高开放共享水平，更好地为国家科技创新、经济社会发展提供支撑，标志着我国正式在国家层面开始加强和规范科学数据管理工作。

随着全球变化、区域可持续发展等生态问题的日趋严重以及物联网、大数据和云计算技术的发展，生态学进入了“大科学、大数据”时代，生态数据开放共享已经成为推动生态学科发展创新的重要动力。

国家生态系统观测研究网络（National Ecosystem Research Network of China，简称 CNERN）是一个数据密集型的野外科技平台，各野外台站在长期的科学研究中积累了丰富的科学数据。2011 年，CNERN 组织出版了“中国生态系统定位观测与研究数据集”丛书。该丛书共 4 卷、51 册，系统收集整理了 2008 年以前的各野外台站元数据，观测样地信息与水分、土壤、大气和生物监测以及相关研究成果的数据。该丛书的出版，拓展了 CNERN 生态数据资源共享模式，为我国生态系统研究、资源环境的保护利用与治理以及农、林、牧、渔业相关生产活动提供了重要的数据支撑。

2009 年以来，CNERN 又积累了 10 年的观测与研究数据，同时国家生态科学数据中心于 2019 年正式成立。中心以 CNERN 野外台站为基础，生态系统观测研究数据为核心，拓展部门台站、专项观测网络、科技计划项目、科研团队等数据来源渠道，推进生态科学数据开放共享、产品加工和分析应用。为了开发特色数据资源产品、整合与挖掘生态数据，国家生态科学数据中心立足国家野外生态观测台站长期监测数据，组织开展了新一版的观测与研究数据集的出版工作。

本次出版的数据集主要围绕“生态系统服务功能评估”“生态系统过程与变化”等主题进行了指标筛选，规范了数据的质控、处理方法，并参考数据论文的体例进行编写，以翔实地展现数据产生过程，拓展数据的应用范围。

该丛书包括农田生态系统、草地与荒漠生态系统、森林生态系统以及湖泊湿地海湾生态系统共 4 卷（51 册）以及图集 1 本，各册收集了野外台站的观测样地与观测设施信息，水分、土壤、大气和生物联网观测数据以及特色研究数据。该套丛书的再一次出版，必将更好地发挥野外台站长期观测数据的价值，推动我国生态科学数据的开放共享和科研范式的转变，为国家生态文明建设提供支撑。

2021 年 8 月

FOREWORD

前 言

中国科学院神农架生物多样性定位研究站暨湖北神农架森林生态系统国家野外科学观测研究站（以下简称神农架站）位于秦巴山地东端神农架南坡，坐落于鄂西神农架地区（110°03′E—110°34′ E，31°19′N—31°36′ N，海拔 420～3 106 m）。建有符合 CNERN 和 CERN 监测规范的气象观测场、综合观测场和辅助观测场，连续定位监测北亚热带地带性森林-常绿落叶阔叶混交林的大气、土壤和生物要素以及亚高山针叶林的生物及土壤要素；长期定位监测研究我国北亚热带森林生态系统的结构和功能。

本数据集系统整理了神农架站的气象观测场、综合观测场和辅助观测场 2008—2015 年定位监测的气象、生物及土壤要素数据，并对观测场的布设、概况等进行了详细介绍。本数据集包括气象、生物、土壤、水分 4 个部分，涵盖气温、降水、相对湿度、风向风速、地表温度、太阳辐射和气溶胶厚度等 7 个气象要素，动植物名录、物种组成、生物量、凋落物、植物矿质元素、物候、鸟类、哺乳动物和土壤动物等 9 类生物要素，土壤交换量、养分、矿质全量、微量和重金属元素、容重、机械组成等 7 类土壤要素和土壤含水量、地下水水位、地表水水质、地下水水质等 4 类水分要素的长期监测数据以及神农架区域的长期研究动物模式标本数据。

为了便于不同台站之间进行数据的对比综合，我们对历史数据进行质量评估并标准化，然后进行数据分类综合，综合后的数据能满足研究所需；对于部分数据资源，经过综合以图表、文字等形式给出了一些结论性的表述。

多年连续定位监测研究积累的数据资源是神农架站几代人奋斗的结果，我们相信该数据集对揭示北亚热带森林生态系统的结构和功能具有重要的科学价值。该数据集的出版是对神农架站长期定位监测成果的一种全面展示，也为神农架站今后进一步开展监测和科学研究以及合作交流提供基础数据保障。

该数据集可供科研院所、大专院校、地方林业部门以及长期从事森林生态学及相关领域研究的广大科技工作者使用。

本数据集的完成得到了有关同仁和领导的大力支持，在此我们特别感谢国家生态系统观测研究网络（CNERN）及中国生态系统研究网络（CERN）的长期资助，感谢科技部、中国科学院、中国科学院植物研究所等单位的支持和帮助。感谢长期工作在一线的观测和研究人员。感谢中国国家生态系统观测研究网络数据中心在本书编写过程中给予的指导。

由于编者水平有限，加之时间仓促，难免存在疏漏之处，敬请读者批评指正！

编　者

2022年12月

CONTENTS

目录

第1章 引言

1.1 台站简介

神农架地处秦巴山地的大巴山东段，位于我国三大台阶中第三台阶丘陵平原区向第二台阶山地的过渡带上，属于北亚热带湿润区，气候主要受东南季风影响，随南北坡向及海拔高低不同而有很大差异。独特的地理位置和气候特点使这里自然资源丰富，被誉为“绿色宝库”“天然植物园”。第四纪以来由于受北面秦岭山脉庇护而免遭冰川直接侵袭，这里又成为许多古老植物的避难所，保存的第三纪孑遗植物丰富而完整，是世界上落叶木本植物种类最多的地区，是东亚东、西两大植物区系的交汇地，中国种子植物特有属三大分布中心之一。该地区属于秦巴山地常绿-落叶阔叶林生态区，以北亚热带常绿落叶阔叶混交林为主，代表了秦巴山地地带性森林生态系统类型，拥有完整的植被垂直带谱，是全球14个具有国际意义的生物多样性保护与研究关键地区之一。同时也是中国三峡工程和南水北调中线工程两大水利工程集水区的关键地段，并作为全国首批国家公园体制试点区域，在国家生态文明建设中具有不可替代的重要地位。

为了长期深入开展北亚热带森林生态系统和神农架生物多样性的定位研究，1994年由中国科学院批复，中国科学院植物研究所负责，联合中国科学院动物研究所、中国科学院武汉植物研究所（现为中国科学院武汉植物园）共同建设中国科学院神农架生物多样性定位研究站（以下简称神农架站），它是我国在秦巴山地的第一个生物多样性长期定位监测研究站。同年，因三峡工程的修建，它被纳入三峡工程生态与环境监测系统，负责开展三峡库区陆生植物及影响因素的监测。2005年12月神农架站被科技部批准加入国家生态系统观测研究网络（CNERN），命名为“湖北神农架森林生态系统国家野外科学观测研究站”。2008年神农架站加入中国生态系统研究网络（CERN）。

神农架站坐落在鄂西神农架地区（110°03′E—110°34′E，31°19′N—31°36′N），海拔420～3 106 m。该地区水热同季，四季分明，年均气温为12.1 ℃，最冷月（1月）平均气温为−8 ℃，最热月（7月）平均气温为26.5 ℃。全年日照时数为1 858.3 h，无霜期为217 d。年降水量为800～2 500 mm，集中在4—10月，占全年总量的86.8%，12月至翌年2月降水仅占全年的5.3%，具有明显季节性。降水量空间分布悬殊，总体趋势是由南向北减少，由山下向山上增多。年均蒸发量为500～800 mm，干旱指数为0.50～0.53。土壤类型以山地黄棕壤、山地棕壤和山地暗棕壤等为主。

神农架站位于湖北省宜昌市兴山县南阳镇龙门河村，占地面积1.23 hm^2，现建有综合楼和实验楼各一栋，配备各类仪器设备80余台/套，可满足30余名科研人员同时驻站开展植物、动物、微生物等方向的科研工作。野外布设有综合观测场1个，辅助观测场2个，站区调查点2个，气象观测场1个。同时作为国家生态系统观测研究网络数据共享网成员，已建成神农架站共享服务器和资源信息运行服务系统。

1.2 研究方向和定位

1.2.1 研究方向

神农架站长期以来开展的研究工作主要包含 3 个方向：①生态系统生态学。定位监测与研究北亚热带山地森林生态系统结构、功能和生态过程及其对全球变化的响应。②恢复生态学。研究生态系统的退化机制、过程及恢复实践，构建北亚热带森林生态系统优化管理及可持续经营的理论与技术体系。③保护生态学。研究大型水利工程等人类活动对生态系统的影响，探索生物多样性的维持机制并开展濒危物种保育试验示范（图 1－1）。

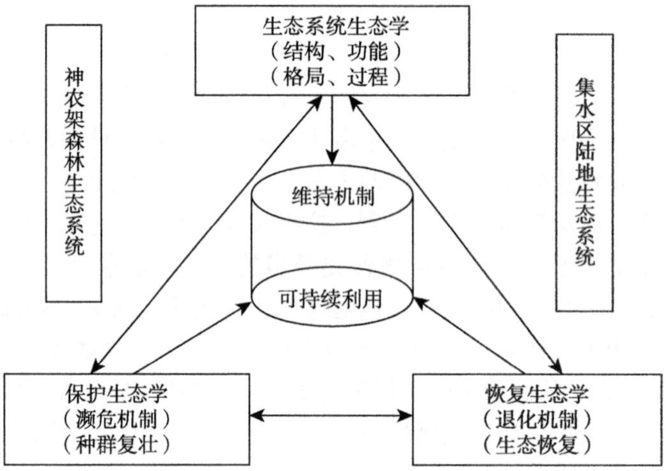

图 1－1　神农架站研究方向

1.2.2 目标和任务

一直以来，神农架站秉持着长期定位监测和系统研究北亚热带森林生态系统结构功能与动态演变、揭示其稳定性及维持机制的科学目标，开展森林生态系统管理和自然资源保护与可持续利用的研究和实践，以期为国家生态环境建设和区域可持续发展提供决策咨询服务。其主要任务包括：①长期监测和研究北亚热带森林生态系统的结构、功能和动态，揭示土壤、植被与大气间的物质循环和能量流动规律；②研究北亚热带森林生态系统对全球变化的作用与响应，评价生态系统服务功能，并探讨神农架地区的生物多样性在全球变化背景下的维持机制；③监测集水区生态系统的生态功能与大型水利工程生态安全，并进行三峡库区消落带生态恢复的试验与示范；④开展北亚热带山地次生天然林健康经营的试验示范以及珍稀濒危物种保育实践；⑤以站为研究平台，培养人才，开展合作与交流。

1.3 研究成果

2008—2015 年，神农架站共承担各类国家科研项目 37 项，合同经费总计 7 412.6 万元。科研任务主要集中在植被生态学、生物多样性研究及其保护方面，重点突出、特色鲜明。科技基础性工作专项“植被志编研”具有创新性和研究特色，创新和引领中国植被生态学研究和植被志书的编研；国家重点研发计划课题“典型极小种群野生植物保护与恢复技术研究”具有前瞻性和研究特色，为贯彻落实《关于加快推进生态文明建设的意见》、构建“两屏三带”生态安全屏障建设提供了科学依据。中国科学院战略性先导专项课题“中国灌丛生态系统的固碳现状、变化和机制”，根据中国灌丛植被的类型和分布，选择具有代表性的样地，采取统一的标准和方法对典型灌丛生态系统碳储量、空间分布和碳汇形成机制进行系统调查和实验研究，首次相对准确地估算了灌丛生态系统的碳储量和潜力，为我国后续植被研究奠定了基础。

2008—2015年，共出版专著7部，发表论文164篇，其中SCI论文105篇，论文在*Nature Climate Change*、*Global Ecology and Biogeography*、*Frontiers in Ecology and the Environment*、*Global Change Biology*、*Biological Conservation*等主流SCI刊物上发表，获得授权发明专利8项，获得教育部科学技术进步二等奖1项。

第2章 观测场与观测设施

2.1 概述

神农架站自建站以来，长期定位监测所在区域两种典型森林生态系统（常绿落叶阔叶混交林和亚高山针叶林）的水分、土壤、大气及生物等4个方面要素的时空动态。目前设有综合观测场1个、辅助观测场2个、站区调查点2个和气象观测场1个。各观测场和站区调查点的样地设置和采样点信息如表2-1所示。

表2-1 神农架站长期观测场及采样地信息一览表

序号	观测场地名称	编码
1	常绿落叶阔叶混交林综合观测场土壤生物采样地1号永久性样地	SNFZH01ABC_01
2	常绿落叶阔叶混交林综合观测场土壤生物采样地2号破坏性样地	SNFZH01ABC_02
3	常绿落叶阔叶混交林综合观测场TDR土壤水分监测点	SNFZH01CTS_01
4	常绿落叶阔叶混交林综合观测场烘干法土壤水分采样点	SNFZH01CHG_01
5	综合观测场流动地表水采样点	SNFZH01CLB_01/02
6	综合观测场静止地表水采样点	SNFZH01CJB_01/02/03
7	综合观测场地下水采样点	SNFZH01CDX_01
8	综合观测场穿透水采样点	SNFZH01CCJ_01/02
9	综合观测场树干径流采样点	SNFZH01CSJ_01/02/03/04/05/06/07
10	综合观测场天然径流采样点	SNFZH01CTJ_01
11	综合观测场人工径流采样点	SNFZH01CRJ_01/02
12	综合观测场枯枝落叶含水量采样点	SNFZH01CKZ_01
13	亚高山针叶林辅助观测场土壤生物采样地1号永久性样地	SNFFZ01ABC_01
14	亚高山针叶林辅助观测场土壤生物采样地2号破坏性样地	SNFFZ01ABC_02
15	亚高山针叶林辅助观测场TDR土壤水分监测点	SNFFZ01CTS_01
16	气象观测场	SNFFZ02ABC_01
17	气象观测场TDR土壤水分监测点	SNFQX01CTS_01
18	气象观测场E601蒸发皿采样点	SNFQX01CZF_01

（续）

序号	观测场地名称	编码
19	气象观测场降水采样点	SNFQX01CYS _ 01
20	站区动物调查点	SNFZQ01A00 _ 01
21	站区动物调查点	SNFZQ01A00 _ 02
22	站区动物调查点	SNFZQ01A00 _ 03
23	站区动物调查点	SNFZQ01A00 _ 04
24	站区植物物候观测点	SNFZQ02A00 _ 01
25	站区植物物候观测点	SNFZQ02A00 _ 02

2.2 观测场介绍

2.2.1 神农架站常绿落叶阔叶混交林综合观测场

神农架站常绿落叶阔叶混交林综合观测场（SNFZH01）建于2008年，位于湖北省兴山县南阳镇龙门河村附近（110°29′E，31°19′N），海拔 1 670 m，如图 2-1 所示，属自然保护区的中心地带，人为干扰和破坏少，植被保存完好，地形地势包含封闭的小流域，适宜于综合观测，交通便利。年均气温为10.6 ℃，年均降水量为 1 306～1 722 mm，降水充沛，季节性分布明显。地貌特征为中山山地，地势陡峭，坡度为 10°～70°，平均坡度为 25°，西北坡向，坡中上位。土壤母质或母岩为石灰岩和页岩，在中国土壤分类系统中的名称为黄棕壤，属于淋溶土纲，湿暖淋溶土亚纲，黄棕壤土类，黄棕壤亚类。水蚀、重力侵蚀、风蚀情况较弱，无盐碱化情况。

综合观测场内植物群落层次划分清晰，包含乔木层、灌木层、草本层和地被层，层间植物包括藤本植物和寄生植物。乔木层平均高度为 8.3 m，最大高度为 25 m，平均冠层高度为 20.4 m，以米心水青冈（*Fagus engleriana*）和巴东栎（*Quercus engleriana*）为优势种，总体盖度约 80%，并可进一步划分为 3 个亚层（Ⅰ、Ⅱ、Ⅲ）：其中第Ⅰ亚层主要组成树种为米心水青冈、短柄枹栎（*Quercus serrata* var. *brevipetiolata*）、川陕鹅耳枥（*Carpinus fargesiana*）、巴东栎和包果柯（*Lithocarpus cleistocarpus*）等，高度 13～25 m，盖度约 35%；第Ⅱ亚层以米心水青冈、粉白杜鹃（*Rhododendron hypoglaucum*）、四照花（*Dendrobenthamia japonica* var. *chinensis*）、巴东栎、川陕鹅耳枥、曼青冈（*Cyclobalanopsis oxyodon*）、多脉青冈（*Cyclobalanopsis multinervis*）等树种组成，高度 9～13 m，盖度约 60%；第Ⅲ亚层主要由粉白杜鹃、米心水青冈、曼青冈、多脉青冈、宜昌木姜子（*Litsea ichangensis*）、川钓樟（*Lindera pulcherrima* var. *hemsleyana*）和猫儿刺（*Ilex pernyi*）等组成，高度 5～9 m，盖度约 15%。灌木层主要由箭竹（*Fargesia spathacea*）和阔叶箬竹（*Indocalamus latifolius*）组成，高度 1～4 m，盖度约 66%。草本层主要由莎草科的薹草（*Carex* spp.）、禾本科的野青茅（*Deyeuxia pyramidalis*）和蕨类组成，高度 0.5 m 左右，盖度约 15%。层间物种包括猕猴桃（*Actinidia* spp.）、菝葜（*Smilax* spp.）、铁线莲（*Clematis* spp.）等藤本植物，高度介于 0.5～20 m；地表多见苔藓，盖度约 25%，平均高度约 2 cm。

观测场内设置有水平投影面积为 100 m×100 m 的永久性样地（SNFZH01ABC _ 01）和 40 m×40 m的破坏性样地（SNFZH01ABC _ 02）各 1 块，开展生物、土壤、水分、气象长期监测。

生物监测：主要在永久性样地内开展，包括乔木、灌木、草本和幼苗幼树更新调查，以及叶面积指数、凋落物动态监测、凋落物现存量监测，同时在破坏性样地采集优势树种、灌木和草本层的植物样品，安装茎秆生长仪进行树干生长监测，安装根管进行根系生长监测。

土壤监测：主要在破坏性样地内进行，包括速效养分每年生长季每月取样或每 5 年 2 次季节动态取样；表层土壤养分全量、交换量、速效微量元素以及土壤坡面理化性质每 5 年 1 次取样。

水分监测：在破坏性样地内设置有人工径流场用于土壤剖面含水量、树干径流、穿透水、坡面径流等的监测及取样；在破坏性样地内每月取土样用烘干法测定土壤含水量，取地表凋落物测定凋落物含水量。此外，在观测场下部还设置有测流堰长期监测小流域径流量。

气象监测：在永久性样地内安装有小型自动气象站进行气温、降水、湿度、能量辐射、蒸发、风速、风向等森林小气候的自动观测。

图 2－1 常绿落叶阔叶混交林综合观测场外貌

2.2.2 神农架站亚高山针叶林辅助观测场

神农架站亚高山针叶林辅助观测场（SNFFZ01）建于 2001 年，位于神农架国家公园内（110°18′38″E，31°28′22″N），海拔 2 570 m，如图 2－2 所示，属于神农架国家级自然保护区的核心地段，人为干扰极少，植被类型为自然演替的巴山冷杉天然原始林。年均气温为 4.8 ℃，年降水量为 800～2 500 mm。地貌特征为中山山地，地势陡峭，坡度为 10°～70°，平均坡度为 20°，坡向西北，上坡位。土壤母质或母岩为花岗岩和页岩，在中国土壤分类系统中的名称为棕壤，属于淋溶土纲，湿暖温淋溶土亚纲，棕壤土类，棕壤亚类。水蚀、重力侵蚀、风蚀情况较弱，无盐碱化情况。

观测场内植物群落高度约 30 m，层次划分清晰，包含乔木层、灌木层和草本层，群落盖度约为 80%。乔木层盖度约 70%，无明显分层，平均高度约 21 m，最高 32 m，主要由巴山冷杉（*Abies fargesii*）组成，盖度约 70%，伴生树种包括红桦（*Betula albosinensis*）和多种槭树（*Acer* spp.）等。灌木层主要由箭竹、陕甘花楸（*Sorbus koehneana*）、蔷薇（*Rosa* spp.）、茶藨子（*Ribes* spp.）、卫矛（*Euonymus* spp.）、瑞香（*Daphne* spp.）等组成，高度为 1～3 m，盖度约 25%。草本层主要由蕨类植物和东方草莓（*Fragaria orientalis*）、薹草（*Carex* spp.）、蟹甲草（*Parasenecio* spp.）、凤仙花（*Impatiens* spp.）、湖北大戟（*Euphorbia hylonoma*）、冷水花（*Pilea* spp.）、楼梯草（*Elatostema* spp.）等组成，高度为 0.3 m 左右，盖度约 80%。层间植物有藤本植物华中五味子（*Schisandra sphenanthera*）、钝萼铁线莲（*Clematis peterae*）等。地表植物主要为苔藓，盖度约 70%，高度约 3 cm。

该辅助观测场内设置有水平投影面积为 100 m×100 m 的永久性样地（SNFFZ01ABC _ 01）和 30 m×30 m的破坏性样地（SNFFZ01ABC _ 02）各 1 块，开展生物、土壤、水分、气象长期监测。

生物监测：主要在永久性样地内开展，包括乔木、灌木、草本和幼苗幼树更新调查，在破坏性样地采集优势树种、灌木和草本层的植物样品，安装根管进行根系生长监测。

土壤监测：主要在破坏性样地内进行，包括速效养分每年生长季每月取样或每 5 年 2 次季节动态取样；表层土壤养分全量、交换量、速效微量元素以及土壤坡面理化性质每 5 年 1 次取样。

水分监测：在破坏性样地内设有土壤温湿盐设备，长期监测土壤剖面含水量。

气象监测：在破坏性样地内安装有小型自动气象站进行气温、降水、湿度、能量辐射、蒸发、风速、风向等森林小气候的自动观测。

图 2-2　亚高山针叶林辅助观测场外貌

2.2.3　气象观测场

神农架站气象观测场（SNFQX01）建于 1997 年，位于站区近旁（图 2-3），所处海拔 1 290 m，面积 20 m×20 m。观测场内设有符合国家标准的人工气象观测系统、自动气象观测系统、水分观测系统以及避雷系统、供电系统、数据传输系统、视频监控系统等辅助设施。自 2008 年开始，按照中国生态系统研究网络（CERN）《中国陆地生态系统大气监测规范》的要求开展人工和自动气象监测工作。

气象观测场内下垫面为矮杂草地，土壤类型为山地黄壤。人工观测要素有天气状况、气压、风向、风速，空气温度有定时温度、最高温度、最低温度，空气湿度有相对湿度、降水、总量降水时测、水面蒸发，地表温度有定时地表温度、最高地表温度、最低地表温度，日照时数等；自动气象观测系统包括辐射、气温、地温、降水、湿度、风速、风向等；水分观测系统包括 E601 大型水面蒸发系统、地下水位自动观测系统、土壤水分自动观测系统等，主要监测降水水质、蒸发量、地下水位和土壤水分等。

图 2-3　气象观测场

2.2.4　站区植物物候观测点

神农架站区植物物候观测点共有 2 处，用于长期定位观测常绿落叶阔叶混交林生态系统中的植物物候。1 号观测点位于 110°28′21″E，31°18′26″N 附近，海拔 1 660 m，面积 40 m×40 m。该观测点为草本植物物候观测点，选择黄水枝（*Tiarella polyphylla*）、七叶鬼灯檠（*Rodgersia aesculifolia*）、卵叶报春（*Primula ovalifolia*）、普通鹿蹄草（*Pyrola decorata*）、三枝九叶草（*Epimedium sagittatum*）、茜草（*Rubia cordifolia*）、蕺菜（*Houttuynia cordata*）等草本植物群落作为观测对象，每个物种选择 3～5 个点位，设立标签，定点长期观测其物候节律。2 号观测点位于110°28′23″E，31°18′20″N 附近，海拔 1 650～1 700 m，长约 5 km，沿途设置木本植物物候观测点，选择米心水青冈、短柄枹栎、多脉青冈、粉白杜鹃、四照花、箭竹、猫儿刺（*Ilex pernyi*）、短柱柃（*Eurya brevistyla*）、卷毛梾木（*Cornus ulotricha*）、宜昌荚蒾（*Viburnum erosum*）等木本植物作为观测对象，每个物种选择 3～5 株编号挂牌，定点长期观测其物候。此外还安装了 4 套植物物候自动观测系统，长期定点监测植物群落和优势物种（台湾水青冈、多脉青冈、米心水青冈、四照花、短柱柃、短柄枹栎、粉白杜鹃）的物候节律。

2.2.5　站区动物调查点

神农架站区动物调查点共有 4 处，用于观测常绿落叶阔叶混交林生态系统中的动物活动。1 号调查点（SNFZQ01A00_01）位于 110°28′43″E，31°18′36″N 附近，海拔范围为 1 300～1 700 m，长约 5 km，宽 1 km，于 2010 年建立，从神农架站到综合观测场；2 号调查点（SNFZQ01A00_02）位于 110°29′45.41″E，31°19′21″N 附近，海拔范围为 1 300～1 800 m，长约3 km，宽 1 km，于 2010 年建立，从神农架站到常绿落叶阔叶混交林辅助观测场；3 号调查点（SNFZQ01A00_03）位于 110°29′45″E，31°19′21″N 附近，海拔范围 1 300～1 800 m，长约 3 km，宽 1 km，于 2008 年建立，从神农架站到黄崩口；4 号调查点（SNFZQ01A00_04）位于110°29′45″E，31°19′21″N 附近，海拔范围 1 300～1 800 m，长约 3 km，宽 1 km，于 2008 年建立，从神农架站到小河口。动物观测沿上述 4 条路线定期开展。

2.2.6 水分监测采样点

神农架站在综合观测场、辅助观测场和气象观测场都设置有水分监测采样点。

综合观测场内：

（1）TDR 土壤水分监测点（SNFZH01CTS _ 01）1 处，位于破坏性样地内，包含 6 个土壤剖面，每剖面划分 5 层，共计安装 30 个 TDR 土壤温湿盐传感器，长期不间断监测土壤水分含量。

（2）烘干法土壤水分采样点（SNFZH01CHG _ 01）1 处，位于破坏性样地内，每月 1 次，每次采集 3 个样品，带回实验室烘干称重计算土壤水分含量。

（3）流动地表水采样点（SNFZH01CLB _ 01/02）2 处，分别位于龙门河与香溪河交汇处以及综合观测场测流堰处，每月 1 次，每次采集 6 个样品。

（4）静止地表水采样点（SNFZH01CJB _ 01/02/03）3 处，位于兴山县古洞口水库 3 个不同点位，每月 1 次，每次采集 7 个样品。

（5）地下水采样点（SNFZH01CDX _ 01）1 处，位于神农架站区地下水采样井，每月 1 次，每次采集 3 个样品。

（6）穿透水采样点（SNFZH01CCJ _ 01/02）2 处，位于破坏性样地中的人工径流场内，每月 1 次，每次采集 5 个样品。

（7）树干径流采样点（SNFZH01CSJ _ 01/02/03/04/05/06/07）7 处，均位于破坏性样地中，对应 7 株乔木，每年 4—10 月采集，每月 1 次，每次 15 个样品。

（8）天然径流采样点（SNFZH01CTJ _ 01）1 处，位于综合观测场测流堰处，通过气压式水位计不间断连续监测。

（9）人工径流采样点（SNFZH01CRJ _ 01/02）2 处，位于破坏性样地中的人工径流场内，通过雨量计不间断连续监测。

（10）枯枝落叶含水量采样点（SNFZH01CKZ _ 01）1 处，位于破坏性样地内，每月 1 次，选取 6 个 0.2 m×0.2 m 的小样方，收集样方内所有枯枝落叶，带回实验室烘干称重计算含水量。

亚高山针叶林辅助观测场内：

TDR 土壤水分监测点（SNFFZ01CTS _ 01）1 处，位于永久性样地内，包含 2 个土壤剖面，每剖面划分 5 层，共计安装 10 个 TDR 土壤温湿盐传感器，长期不间断监测土壤水分含量。

常绿落叶阔叶混交林辅助观测场内：

TDR 土壤水分监测点（SNFFZ02CTS _ 01）1 处，位于永久性样地内，包含 2 个土壤剖面，每剖面划分 5 层，共计安装 10 个 TDR 土壤温湿度传感器，长期不间断监测土壤水分含量。

气象观测场内：

（1）TDR 土壤水分监测点（SNFQX01CTS _ 01）1 处，包含 2 个土壤剖面，每剖面划分 5 层，共计安装 10 个 TDR 土壤温湿盐传感器，长期不间断监测土壤水分含量。

（2）E601 蒸发皿采样点（SNFQX01CZF _ 01）1 处，自动长期不间断监测蒸发皿内水位变化。

（3）降水采样点（SNFQX01CYS _ 01）1 处，对降雨、降雪进行收集，每月 1 份，且应至少分 3 次采集后混合。

第3章

长期监测数据

3.1 气象观测数据

3.1.1 气温

3.1.1.1 概述

空气温度（简称气温）是表示空气冷热程度的物理量，是最基本的气象要素之一。本数据集包括2008—2015年的气温数据，采集地为SNFQX01（气象观测场），观测指标包括平均气温、最高气温和最低气温。

3.1.1.2 数据采集和处理方法

数据由芬兰VAISALA生产的自动气象站采集，2008—2014年8月24日采用Milos 520系统，2014年8月25日开始采用MAWS 301采集系统。通过中国生态系统研究网络气象报表程序自动生成规范气象数据报表。气温采用HMP 155温湿度传感器观测。每10 s采测1个温度值，去除一个最大值和一个最小值后取平均值，作为每分钟的温度值存储。正点时采测整点的温度值作为正点数据存储。观测层次为距地面1.5 m。用质量控制后的日均值的合计值除以日数获得月平均值。

3.1.1.3 数据质量控制和评估

按CERN观测规范要求，神农架站自动气象监测自2008年开始运行，系统稳定性转好，数据质量较好。数据分别经神农架站和大气分中心进行质量控制，形成数据表。

数据质量控制方法：

（1）超出本地气候学界限值域－40～60 ℃的数据为错误数据。

（2）气温大于露点温度。

（3）1 min内允许的最大变化值为3 ℃，1 h内变化幅度的最小值为0.1 ℃，24 h气温变化范围小于50 ℃。

（4）定时气温大于等于日最低气温且小于等于日最高气温。

（5）利用与台站下垫面及周围环境相似的一个或多个相邻近站观测数据计算本站气温值，比较台站观测值和计算值，如果超出阈值即认为观测数据可疑。

（6）某一定时气温缺测时，用前后两个定时数据内插求得，若连续两个或以上定时数据缺测时，不能内插，仍按缺测处理。

（7）一日中若24次定时观测记录有缺测时，该日按照2:00、8:00、14:00、20:00的定时记录做日平均；若此4次定时记录缺测1次或以上，但该日其他各定时记录缺测5次或以下时，按实有记录做日统计；缺测6次或以上时，不做日平均。

3.1.1.4 数据价值/数据使用方法和建议

气温是表征全球气候变化的最重要的指标，除受地理纬度影响外，随地形的增高而降低。数据比较完整，是区域气象站点的有益补充，具有较高的利用价值。

3.1.1.5 数据

自动观测气温数据见表 3－1。

表 3－1 自动观测气温

年	月	日平均值月平均/℃	月极大值/℃	极大值日期	月极小值/℃	极小值日期
2008	1	−3.83	15.5	9	−17.7	29
2008	2	−1.62	13.8	22	−14.1	2
2008	3	6.70	22.6	27	−4.7	3
2008	4	10.86	26.0	30	−1.3	2
2008	5	15.57	28.4	1	4.3	4
2008	6	18.10	30.4	28	9	11
2008	7	20.27	29.6	14	10.7	7
2008	8	18.83	30.3	20	8.9	31
2008	9	17.02	28.2	9	6.6	6
2008	10	11.73	23.9	14	3.2	15
2008	11	5.39	18.5	3	−7.2	27
2008	12	−0.91	13.5	2	−8.9	22
2009	1	−1.20	10.9	29	−11.4	9
2009	2	4.21	22.1	12	−3.2	27
2009	3	5.96	25.2	19	−4.8	14
2009	4	10.79	26.1	15	−0.3	2
2009	5	14.43	26.8	21	5.5	3
2009	6	18.98	32.3	26	6.5	3
2009	7	21.69	31.0	20	9.4	1
2009	8	20.48	31.1	22	9.6	31
2009	9	17.08	30.4	6	6	21
2009	10	11.98	24.7	5	2	23
2009	11	4.05	20.5	7	−6.5	17
2009	12	0.63	11.7	4	−7.6	17
2010	1	−0.02	15.6	18	−7.8	12
2010	2	2.40	19.9	28	−6.2	12
2010	3	5.77	27.2	19	−4.3	9
2010	4	9.54	24.5	29	−1.5	14
2010	5	14.28	28.8	24	5.1	1
2010	6	17.76	31.0	18	7.7	9
2010	7	21.52	31.3	30	14.3	21

（续）

年	月	日平均值月平均/℃	月极大值/℃	极大值日期	月极小值/℃	极小值日期
2010	8	20.76	32.4	12	8.9	27
2010	9	16.97	31.1	18	8.7	23
2010	10	10.26	24.6	9	−1.2	30
2010	11	6.01	21.5	10	−4.1	22
2010	12	1.27	16.5	4	−14.3	16
2011	1	−4.76	4.6	12	−14.3	6
2011	2	1.47	19.9	24	−9.9	1
2011	3	3.94	18.9	31	−4.5	16
2011	4	11.33	27.8	28	0.3	7
2011	5	14.90	29.7	18	2.8	23
2011	6	18.23	30.9	8	5.8	3
2011	7	20.50	31.4	30	8.1	8
2011	8	20.28	31.2	16	9.7	24
2011	9	15.51	28.2	1	5.5	19
2011	10	10.47	25.3	8	1	14
2011	11	9.03	16.9	1	−0.4	30
2011	12	0.03	10.7	31	−8.6	24
2012	1	−2.10	10.7	18	−12.9	25
2012	2	−0.97	8.1	22	−8.2	11
2012	3	4.22	21.0	27	−4.1	24
2012	4	11.24	25.0	27	−0.3	3
2012	5	14.50	26.4	17	4.2	30
2012	6	18.07	29.8	13	6.2	2
2012	7	21.36	31.3	29	10.3	28
2012	8	20.13	31.4	18	7.8	24
2012	9	15.04	27.2	5	4.8	14
2012	10	10.65	22.2	18	0	17
2012	11	4.92	21.0	18	−4.2	27
2012	12	−0.03	12.8	8	−13.3	30
2013	1	−0.98	12.5	26	10	1
2013	2	2.51	15.6	27	−6.5	19
2013	3	8.11	25.4	8	−2.5	4
2013	4	11.27	27.5	28	−1.5	7

（续）

年	月	日平均值月平均/℃	月极大值/℃	极大值日期	月极小值/℃	极小值日期
2013	5	15.53	29.7	22	1.6	1
2013	6	19.12	32.2	18	6.6	11
2013	7	22.87	31.8	28	15.9	31
2013	8	22.10	33.2	17	13.4	18
2013	9	15.08	27.5	15	4	28
2013	10	11.11	28.0	12	1.2	23
2013	11	6.13	19.8	9	−7.3	29
2013	12	0.25	15.0	2	−9.2	27
2014	1	0.99	17.4	30	−8	14
2014	2	−0.32	17.9	2	−12.4	13
2014	3	6.79	25.7	17	−2.6	14
2014	4	11.46	24.4	9	3	4
2014	5	13.72	26.4	7	4.1	5
2014	6	18.31	29.8	18	10	10
2014	7	20.68	32.5	22	11.2	5
2014	8	18.66	30.8	4	9.9	20
2014	9	16.75	27.8	9	5.9	23
2014	10	11.20	23.3	3	1.4	11
2014	11	5.85	15.3	20	−2.6	18
2014	12	0.25	12.0	30	−8.8	22
2015	1	1.09	11.5	23	−8.3	30
2015	2	1.48	15.1	17	−11.2	4
2015	3	6.65	23.6	30	−4.5	1
2015	4	10.88	28.6	28	−2.6	14
2015	5	15.30	27.6	14	3	12
2015	6	18.09	28.5	11	7.1	5
2015	7	19.42	30.6	13	9.7	7
2015	8	19.32	29.6	3	10.7	29
2015	9	16.05	28.8	6	7.9	21
2015	10	11.94	24.0	16	0.5	11
2015	11	6.76	17.0	21	−3.3	30
2015	12	1.10	13.9	2	−9.8	17

3.1.1.6 结果分析

2008—2015年的年平均气温为（10.44±7.63）℃，极端最低气温为－17.7 ℃，出现在2008年1月29日，极端最高气温为33.2 ℃，出现在2013年8月17日。气温的年际变化表现为2008年和2012年平均气温较低，且2009—2012年气温呈逐渐降低趋势，2012—2015年气温呈逐渐上升的变化过程。气温的季节动态呈现出明显的单峰变化趋势。在一个生长季内，气温最低值出现在每年的1月，平均气温为（－1.30±3.54）℃；气温最高值出现在7月，平均气温为（21.11±0.90）℃；年内最高温差达33.2 ℃（图3－1）。

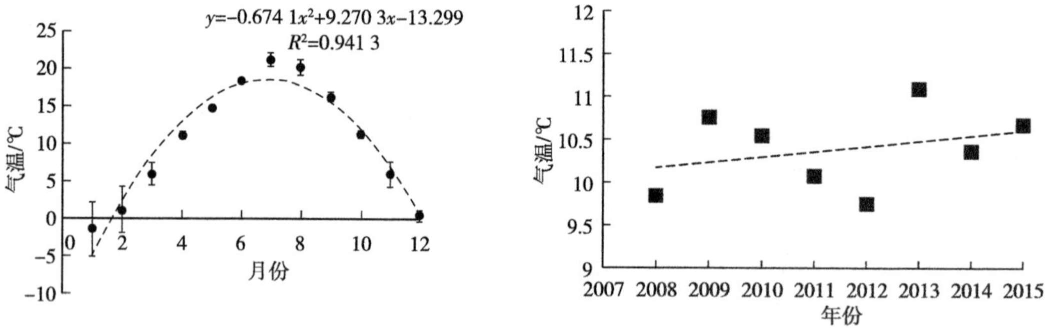

图3－1 神农架站气温季节和年际动态

3.1.2 相对湿度

3.1.2.1 概述

相对湿度是表示空气干燥程度的物理量，指空气中水汽压与相同温度下饱和水汽压的百分比；或空气的绝对湿度与相同温度下可能达到的最大绝对湿度之比；也可表示为湿空气中水蒸气分压力与相同温度下水的饱和压力之比，以百分数（%）表示，取整数。本数据集包括2008—2015年的相对湿度数据，采集地为SNFQX01（气象观测场）。

3.1.2.2 数据采集和处理方法

数据由芬兰VAISALA生产的自动气象站采集，2008—2014年8月24日采用Milos 520系统，2014年8月25日开始采用MAWS 301采集系统。通过中国生态系统研究网络气象报表程序自动生成规范气象数据报表，采用HMP 155温湿度传感器观测。每10 s采测1个温度值，去除一个最大值和一个最小值后取平均值作为每分钟的相对湿度值存储。正点时采测整点的相对湿度值作为正点数据存储。观测层次：距地面1.5 m。用质控后的日均值的合计值除以日数获得月平均值。

3.1.2.3 数据质量控制和评估

按CERN观测规范要求，神农架站自动气象监测自2008年开始运行，系统稳定性转好，数据质量较好。数据分别经神农架站和大气分中心进行质量控制，形成数据表。

数据质量控制方法如下：

（1）数值介于0～100之间。

（2）定时相对湿度大于等于日最小相对湿度。

（3）干球温度大于等于湿球温度（结冰期除外）。

（4）某一定时相对湿度缺测时，用前后两定时数据内插求得，按正常数据统计；若连续两个或以上定时数据缺测时，不能内插，仍按缺测处理。

（5）一日内若24次定时观测记录有缺测时，该日按照2:00、8:00、14:00、20:00的定时记录做日平均；若4次定时记录缺测1次或以上，但该日各定时记录缺测5次或以下时，按实有记录做日统计，缺测6次或以上时，不做日平均。

3.1.2.4　数据价值/数据使用方法和建议

相对湿度是生态学中的一个非常关键的参数，它决定植物叶面上气孔的开关、植物的呼吸以及生态系统的组成。该数据集比较完整，能代表森林环境下的气象要素，是区域气象站点的有益补充，具有较高的利用价值。

3.1.2.5　数据

自动观测相对湿度数据见表 3－2。

表 3－2　自动观测相对湿度

年	月	日平均值月平均/%	日最小值月平均/%	月极小值	极小值日期
2008	1	91.96	80.74	34	1
2008	2	77.41	52.24	32	15
2008	3	80.19	50.16	15	25
2008	4	78.83	56.17	17	26
2008	5	79.39	48.71	18	1
2008	6	82.57	56.37	25	23
2008	7	89.54	68.09	45	7
2008	8	89.23	61.74	28	26
2008	9	89.70	71.90	31	5
2008	10	90.01	68.57	29	23
2008	11	87.17	64.40	23	29
2008	12	85.83	51.93	30	1
2009	1	78.23	54.48	25	27
2009	2	88.25	73.00	37	12
2009	3	76.58	50.00	17	19
2009	4	82.36	57.60	16	14
2009	5	84.83	63.71	26	2
2009	6	78.61	47.00	15	3
2009	7	83.61	60.78	32	1
2009	8	84.39	60.90	28	13
2009	9	85.73	63.73	35	30
2009	10	84.13	56.68	19	22
2009	11	87.23	62.07	14	23
2009	12	88.67	66.55	23	28
2010	1	86.02	63.57	33	4
2010	2	84.32	64.38	34	20
2010	3	77.27	58.19	14	18
2010	4	76.29	48.43	14	28

（续）

年	月	日平均值月平均/%	日最小值月平均/%	月极小值	极小值日期
2010	5	85.42	59.97	23	2
2010	6	85.07	59.80	20	18
2010	7	90.74	70.06	46	7
2010	8	86.53	61.81	46	12
2010	9	90.86	70.63	40	19
2010	10	84.24	56.30	28	22
2010	11	78.70	45.24	13	10
2010	12	72.62	41.19	12	9
2011	1	79.14	57.65	31	9
2011	2	83.51	59.36	23	24
2011	3	76.35	51.39	12	15
2011	4	73.76	42.90	15	17
2011	5	75.73	47.26	20	18
2011	6	83.60	59.17	26	1
2011	7	81.87	56.35	28	10
2011	8	84.25	60.00	39	31
2011	9	89.10	70.33	36	25
2011	10	88.35	64.61	24	15
2011	11	90.77	72.13	26	11
2011	12	85.87	64.10	35	14
2012	1	90.16	76.84	47	31
2012	2	83.38	66.90	35	7
2012	3	82.23	57.90	10	25
2012	4	75.30	46.67	11	27
2012	5	88.13	62.77	20	17
2012	6	86.70	58.53	22	13
2012	7	87.94	66.55	47	26
2012	8	82.90	58.04	29	3
2012	9	87.17	61.80	31	5
2012	10	87.16	61.35	15	18
2012	11	86.40	59.23	11	18
2012	12	88.35	72.03	26	29
2013	1	86.55	58.19	19	14

（续）

年	月	日平均值月平均/%	日最小值月平均/%	月极小值	极小值日期
2013	2	92.07	73.86	31	16
2013	3	74.30	42.29	11	8
2013	4	77.04	47.00	20	17
2013	5	83.16	55.61	19	13
2013	6	84.38	57.17	15	3
2013	7	83.58	60.87	46	2
2013	8	81.93	54.90	30	17
2013	9	88.95	64.67	23	15
2013	10	84.24	50.65	15	12
2013	11	86.55	59.93	12	28
2013	12	80.00	47.03	13	3
2014	1	80.58	50.45	16	1
2014	2	91.49	75.00	36	20
2014	3	79.06	47.90	10	17
2014	4	88.80	68.93	27	9
2014	5	85.29	59.65	14	8
2014	6	87.95	64.77	25	10
2014	7	86.65	61.58	45	22
2014	8	90.63	72.03	41	2
2014	9	92.20	72.20	27	21
2014	10	88.89	59.58	15	11
2014	11	88.26	64.23	33	2
2014	12	77.54	44.45	9	16
2015	1	84.34	58.84	21	19
2015	2	86.52	62.25	26	13
2015	3	81.01	52.35	21	28
2015	4	79.89	50.27	11	13
2015	5	83.78	53.61	21	9
2015	6	89.91	66.57	16	11
2015	7	86.22	58.23	40	6
2015	8	84.79	53.74	31	7
2015	9	89.93	65.97	24	29
2015	10	87.22	55.77	20	13

（续）

年	月	日平均值月平均/%	日最小值月平均/%	月极小值	极小值日期
2015	11	95.37	77.73	26	2
2015	12	87.69	60.97	21	16

3.1.2.6 结果分析

2008—2015 年的年平均相对湿度为（84.65±4.80）%。相对湿度的年际间变化不大，2011 年相对较低。相对湿度的季节动态表现为春季 3 月、4 月和冬季 12 月较低，夏季的 7 月和秋季 9 月、10 月、11 月较高（图 3-2）。

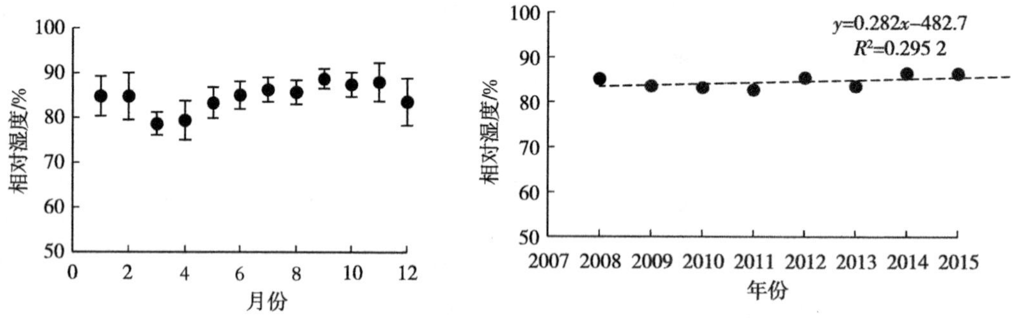

图 3-2 神农架站相对湿度季节和年际动态

3.1.3 气压

3.1.3.1 概述

气压是大气压强的简称，是作用在单位面积上的大气压力，即等于单位面积上向上延伸到大气上界的垂直空气柱的重量，单位为千帕（kPa）。气压大小与高度、温度等条件有关。一般随高度增大而减小。本数据集包括 2008—2015 年的气压数据，采集地为 SNFQX01（气象观测场）。

3.1.3.2 数据采集和处理方法

数据采集由芬兰 VAISALA 生产的 MILOS 520 和 MAWS 301 自动气象站采集，2009—2014 年 7 月采用 Milos 520 系统，2014 年 8 月开始采用 MAWS 301 采集系统。通过中国生态系统研究网络气象报表程序自动生成规范气象数据报表。观测仪器为 PTB 330 气压表，每 10 s 采测 1 个气压值，去除一个最大值和一个最小值后取平均值作为每分钟的气压值存储。正点时采测整点的气压值作为正点数据存储。观测层次：距地面 1.1 m。用质控后的日均值的合计值除以日数获得月平均值。

3.1.3.3 数据质量控制和评估

按 CERN 观测规范要求，神农架站自动气象监测自 2008 年开始运行，系统稳定性转好，数据质量较好。数据分别经神农架站和大气分中心进行质量控制，形成数据表。

数据质量控制方法如下：

①超出气候学界限值域 300～110 kPa 的数据为错误数据。

②所观测气压不小于日最低气压且不大于日最高气压；海拔高度大于 0 m 时，台站气压小于海平面气压；海拔高度等于 0 m 时，台站气压等于海平面气压；海拔高度小于 0 m 时，台站气压大于海平面气压。

③24 h 变压的绝对值小于 5 kPa。

④1 min 内允许的最大变化值为 0.1 kPa，1 h 内变化幅度的最小值为 0.01 kPa。

⑤某一定时气压缺测时，用前后两定时数据内插求得，若连续两个或以上定时数据缺测时，不能

内插，仍按缺测处理。

⑥一日中若 24 次定时观测记录有缺测时，该日是按照 2:00、8:00、14:00、20:00 的定时记录做日平均；若此 4 次定时记录缺测 1 次或以上，但该日其他各定时记录缺测 5 次或以下时，按实有记录做日统计；缺测 6 次或以上时，不做日平均。

3.1.3.4　数据价值/数据使用方法和建议

气压大小与高度、温度等条件有关。一般随高度增大而减小。神农架站气象观测场位于海拔 1 290 m的山区，观测数据比较完整，是区域气象站点的有益补充，具有较高的利用价值。

3.1.3.5　数据

自动观测站气压数据见表 3-3。

表 3-3　自动观测站气压

年	月	日平均值月平均/kPa	日最大值月平均/kPa	日最小值月平均/kPa	月极大值/kPa	极大值日期	月极小值/kPa	极小值日期
2008	1	87.657	87.892	87.416	88.55	16	86.55	10
2008	2	87.777	87.979	87.520	88.46	19	87.11	4
2008	3	87.380	87.599	87.131	88.25	7	86.49	28
2008	4	87.150	87.353	86.910	88.21	23	85.98	8
2008	5	86.935	87.142	86.704	87.76	13	86.14	27
2008	6	86.770	86.912	86.611	87.21	4	86.32	22
2008	7	86.667	86.780	86.498	86.98	9	86.10	5
2008	8	86.981	87.112	86.823	87.44	31	86.56	29
2008	9	87.296	87.427	87.137	87.85	26	86.70	21
2008	10	87.703	87.893	87.534	88.34	11	87.10	21
2008	11	87.873	88.060	87.664	88.59	19	87.25	16
2008	12	87.806	88.031	87.539	88.68	22	86.83	3
2009	1	87.815	88.065	87.538	88.84	12	86.74	22
2009	2	87.172	87.438	86.871	88.00	20	85.07	12
2009	3	87.298	87.563	86.999	88.51	13	86.09	21
2009	4	87.158	87.384	86.971	88.25	1	86.29	19
2009	5	87.138	87.336	86.931	87.99	3	86.46	9
2009	6	86.644	86.792	86.469	87.15	10	86.17	8
2009	7	86.657	86.771	86.536	86.99	1	86.28	22
2009	8	86.990	87.125	86.825	87.71	30	86.47	2
2009	9	87.313	87.452	87.154	87.91	30	86.62	5
2009	10	87.631	87.807	87.440	88.24	14	87.01	17
2009	11	87.778	87.995	87.541	89.23	2	86.70	9
2009	12	87.620	87.852	87.366	88.52	19	86.64	28
2010	1	87.626	87.860	87.350	88.45	25	86.77	3

（续）

年	月	日平均值月平均/kPa	日最大值月平均/kPa	日最小值月平均/kPa	月极大值/kPa	极大值日期	月极小值/kPa	极小值日期
2010	2	87.201	87.424	82.778	88.30	12	85.69	24
2010	3	87.357	87.688	87.077	88.80	9	86.28	21
2010	4	87.214	87.592	84.105	88.18	7	86.32	9
2010	5	86.824	87.127	83.962	87.61	1	85.91	4
2010	6	86.942	87.045	86.782	87.58	4	86.42	18
2010	7	86.795	86.917	86.646	87.45	26	86.33	30
2010	8	87.060	87.210	86.895	87.58	6	86.50	13
2010	9	87.304	87.454	87.128	88.01	29	86.63	6
2010	10	87.725	87.902	87.514	88.62	26	86.67	10
2010	11	87.750	87.971	87.490	88.59	15	86.70	20
2010	12	87.441	87.702	87.156	88.40	16	86.43	12
2011	1	87.839	88.065	87.581	88.61	15	86.99	12
2011	2	87.316	87.506	87.053	87.93	11	86.25	8
2011	3	87.666	87.932	87.325	88.58	15	86.43	13
2011	4	87.276	87.488	87.001	88.02	11	86.18	29
2011	5	87.041	87.270	86.825	87.97	9	85.95	9
2011	6	86.688	86.827	86.533	87.32	2	86.25	23
2011	7	86.697	86.835	86.533	87.11	13	86.01	6
2011	8	86.898	87.021	86.754	87.38	26	86.45	13
2011	9	87.310	87.475	87.132	87.99	30	86.63	7
2011	10	87.732	87.918	87.535	88.40	3	86.97	23
2011	11	87.683	87.858	87.473	88.41	23	86.91	18
2011	12	87.982	88.172	87.761	88.65	9	87.16	2
2012	1	87.636	87.846	87.414	88.50	11	86.76	16
2012	2	87.402	87.637	87.146	88.26	2	86.53	22
2012	3	87.361	87.599	87.083	88.46	31	86.48	21
2012	4	87.034	87.288	86.778	88.14	3	85.84	23
2012	5	87.036	87.190	86.849	87.58	31	86.45	1
2012	6	86.647	86.787	86.486	87.40	1	86.17	19
2012	7	86.682	86.786	86.524	87.16	25	86.28	7
2012	8	86.965	87.096	86.783	87.67	22	86.39	12
2012	9	87.455	87.599	87.292	88.03	28	86.92	1

（续）

年	月	日平均值月平均/kPa	日最大值月平均/kPa	日最小值月平均/kPa	月极大值/kPa	极大值日期	月极小值/kPa	极小值日期
2012	10	87.645	87.829	87.441	88.38	17	87.15	3
2012	11	87.485	87.736	87.228	88.12	11	86.83	25
2012	12	87.595	87.871	87.297	88.71	23	86.65	13
2013	1	87.646	87.895	87.375	88.69	3	86.80	19
2013	2	87.503	87.735	87.206	88.33	22	86.41	28
2013	3	87.307	87.566	86.993	88.47	2	86.32	19
2013	4	87.130	87.361	86.848	88.00	10	86.27	17
2013	5	86.951	87.131	86.726	87.62	4	85.95	26
2013	6	86.759	86.904	86.587	87.29	11	86.02	18
2013	7	86.615	86.748	86.465	86.99	12	86.17	4
2013	8	86.877	87.023	86.710	87.49	31	86.43	1
2013	9	87.413	87.553	87.246	88.08	26	86.92	16
2013	10	87.801	87.963	87.610	88.33	15	87.00	12
2013	11	87.799	87.996	87.568	88.42	4	87.01	8
2013	12	87.795	87.998	87.562	88.40	24	86.94	8
2014	1	87.691	87.932	87.437	88.56	18	86.56	24
2014	2	87.446	87.656	87.212	88.07	13	86.55	2
2014	3	87.420	87.643	87.155	88.41	20	86.53	28
2014	4	87.287	87.494	87.042	87.95	4	86.66	16
2014	5	87.041	87.231	86.816	88.04	2	86.28	13
2014	6	86.791	86.930	86.640	87.62	21	86.20	19
2014	7	86.838	86.983	86.642	87.41	27	86.31	8
2014	8	87.006	87.141	86.866	87.63	29	86.40	3
2014	9	87.255	87.400	87.095	88.00	30	86.72	11
2014	10	87.714	87.895	87.516	88.34	6	87.02	20
2014	11	87.709	87.923	87.486	88.46	17	86.75	29
2014	12	87.959	88.197	87.690	88.89	16	87.17	29
2015	1	87.769	87.995	87.534	88.50	1	86.56	4
2015	2	87.524	87.769	87.283	88.48	5	86.62	24
2015	3	87.470	87.711	87.175	88.38	24	86.34	31
2015	4	87.267	87.496	87.016	88.26	7	85.89	2
2015	5	86.946	87.151	86.721	87.73	4	86.34	1

（续）

年	月	日平均值月平均/kPa	日最大值月平均/kPa	日最小值月平均/kPa	月极大值/kPa	极大值日期	月极小值/kPa	极小值日期
2015	6	86.752	86.928	86.579	87.34	3	86.11	26
2015	7	86.833	86.957	86.686	87.35	10	86.35	15
2015	8	87.035	87.156	86.864	87.39	8	86.55	5
2015	9	87.410	87.559	87.242	88.03	12	86.72	24
2015	10	87.754	87.945	87.554	88.62	31	87.12	20
2015	11	87.685	87.871	87.476	88.54	1	86.92	14
2015	12	87.893	88.087	87.666	88.55	31	87.20	1

3.1.3.6 结果分析

2008—2015 年的年平均气压为（87.33±0.39）kPa。气压年际间变动不大，2012 年相对较低。气压的季节动态呈现出明显与空气温度的变化相反的趋势，说明气温是引起气压变化的一个很重要的原因，总体来讲冬季的气压要高于夏季（图 3-3）。

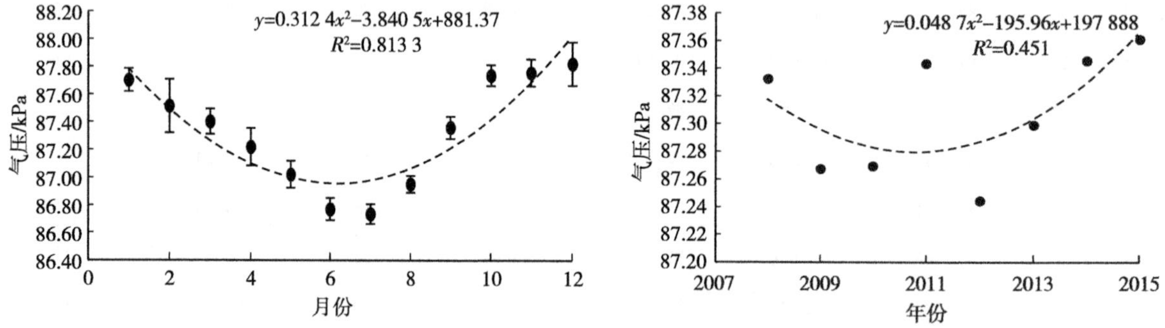

图 3-3 神农架站气压季节和年际动态

3.1.4 降水

3.1.4.1 概述

降水是一种大气中的水汽凝结后以液态水或固态水降落到地面的现象，是自然界中发生的雨、雪、露、霜、霰、雹等现象的统称，是地表径流的本源，亦是地下水的主要补给来源。降水观测包括降水量和降水强度，降水量是指降水未经蒸发、渗透、径流而在水平面上集聚的深度，单位为毫米（mm）；降水强度是指单位时间的降水量。本数据集包括 2008—2015 年的降水数据，采集地为 SNFQX01（气象观测场）。

3.1.4.2 数据采集和处理方法

数据由芬兰 VAISALA 生产的自动气象站采集，2008—2014 年 8 月 24 日采用 Milos 520 系统，2014 年 8 月 25 日开始采用 MAWS 301 采集系统。通过中国生态系统研究网络气象报表程序自动生成规范气象数据报表。降水采用 RG13H 型雨量计观测，观测方法为每分钟计算出 1 min 降水量，正点时计算并存储 1 h 的累积降水量，每日 20：00 存储每日累积降水量。观测层次：距地面 0.7 m。用质控后的日各小时降水量累加获得日降水量，日降水量合计值作为月降水量。

3.1.4.3 数据质量控制和评估

按 CERN 观测规范要求，神农架站自动气象监测自 2008 年开始运行，系统稳定性转好，数据质量较好。数据分别经神农架站和大气分中心进行质量控制，形成数据表。

数据质量控制方法如下：

(1) 经常保持雨量器清洁，注意清除盛水器、储水瓶内的昆虫、尘土、鸟粪、树叶等杂物。

(2) 定期检查雨量器的高度、水平，发现不符合要求时应及时纠正，如外筒有漏水现象，应及时修理或撤换。

(3) 盛水器的刀刃口要保持正圆，避免碰撞变形。

(4) 降水量大于 0.0 mm 或微量时，应有雨、雪等天气现象。

(5) 一日中各小时降水量缺测数小时但不是全天缺测时，按实有记录做日合计。全天缺测时，不做日合计，按缺测处理。

(6) 一月中降水量缺测 7 天或以下时，该月不做月合计，按缺测处理。

3.1.4.4 数据价值/数据使用方法和建议

决定森林植被的存在与否，是森林生态系统的水文功能发挥的重要非生物因素。神农架站降水量数据完整，是区域气象站点的有益补充，具有较高的利用价值。

3.1.4.5 数据

自动观测站降水量月合计值见表 3-4。

表 3-4　自动观测站降水量月合计值

年	月	降水量月合计值/mm
2008	1	38.3
2008	2	27.7
2008	3	95.4
2008	4	146.9
2008	5	85.3
2008	6	147.0
2008	7	258.8
2008	8	382.1
2008	9	156.3
2008	10	120.2
2008	11	36.4
2008	12	4.1
2009	1	17.3
2009	2	66.8
2009	3	69.0
2009	4	165.8
2009	5	251.6
2009	6	167.07
2009	7	84.2
2009	8	187.4

（续）

年	月	降水量月合计值/mm
2009	9	79.3
2009	10	90.3
2009	11	77.7
2009	12	34.6
2010	1	31.7
2010	2	47.91
2010	3	89.2
2010	4	58.2
2010	5	166.2
2010	6	180.3
2010	7	217.7
2010	8	205.5
2010	9	174.7
2010	10	73.6
2010	11	44.9
2010	12	17.95
2011	1	14.7
2011	2	47.3
2011	3	46.1
2011	4	65.2
2011	5	165.6
2011	6	259
2011	7	234.3
2011	8	483
2011	9	191.3
2011	10	146.7
2011	11	121.1
2011	12	32
2012	1	28.9
2012	2	20.9
2012	3	51.9
2012	4	97.7
2012	5	164.8

（续）

年	月	降水量月合计值/mm
2012	6	136.4
2012	7	157.7
2012	8	64.8
2012	9	138.6
2012	10	85.4
2012	11	49.6
2012	12	49.1
2013	1	29.1
2013	2	31.6
2013	3	78.9
2013	4	103.7
2013	5	206.4
2013	6	207.8
2013	7	81.1
2013	8	116.8
2013	9	126.5
2013	10	74.3
2013	11	70.3
2013	12	11.6
2014	1	16.1
2014	2	52
2014	3	35.4
2014	4	188.6
2014	5	127.9
2014	6	100.3
2014	7	196.3
2014	8	457.7
2014	9	361.6
2014	10	147.1
2014	11	167.2
2014	12	21.1
2015	1	125.6
2015	2	36.7

（续）

年	月	降水量月合计值/mm
2015	3	59.5
2015	4	138
2015	5	163.8
2015	6	220.1
2015	7	124.7
2015	8	87.7
2015	9	120.3
2015	10	93.3
2015	11	66.5
2015	12	23.6

3.1.4.6 结果分析

2008—2015 年的年均降水量为（1 402.34±86.17）mm。气压年际间波动较大，2011 年和 2014 年降水较多，达到 1 800 mm 以上。降水的季节变化明显，8 月降水量最大，12 月降水量最小，年内降水主要发生在 4—10 月植物生长季，累积降水量占全年降水量的 81%，呈现雨热同季的气候特点（图 3-4）。

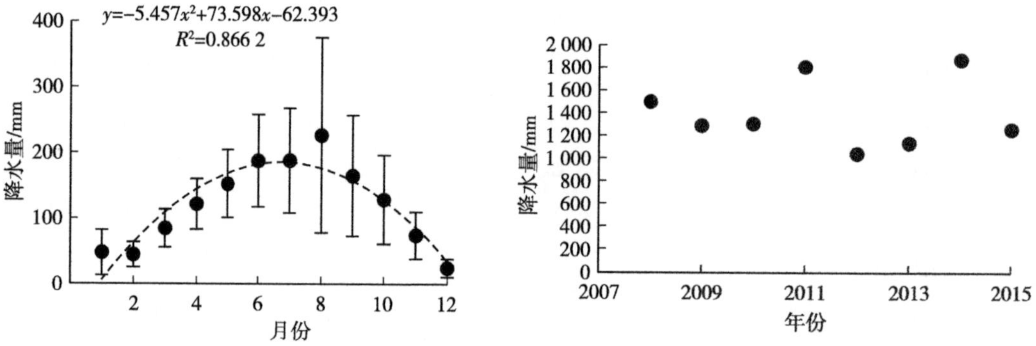

图 3-4 神农架站降水量季节和年际动态

3.1.5 风向和风速

3.1.5.1 概述

风向是指风的来向，最多风向是指在规定时间段内出现频次数最多的风向。风速是指单位时间内空气移动的水平距离，最大风速是指在某个时段内出现的最大 10 min 平均风速值。本数据集包括 2008—2015 年的风向和风速数据，采集地为 SNFQX01（气象观测场）。风向数据采用北（N）、北东北（NNE）、东北（NE）、东东北（ENE）、东（E）、东东南（ESE）、东南（SE）、南东南（SSE）、南（S）、南西南（SSW）、西南（SW）、西西南（WSW）、西（W）、西西北（WNW）、西北（NW）、北西北（NNW）16 个方位记录，风速单位为 m/s。

3.1.5.2 数据采集和处理方法

数据由芬兰 VAISALA 生产的自动气象站采集，2008—2014 年 8 月 24 日采用 Milos 520 系统，2014 年 8 月 25 日开始采用 MAWS 301 采集系统。通过中国生态系统研究网络气象报表程序自动生成规范气象数据报表。观测层次：距地面 10 m。风向和风速分别采用 WAV151 和 WAA151 传感器观测。每秒采测 1 次风速数据，以 1 s 为步长求 3 s 滑动平均值，以 3 s 为步长求 1 min 平均风速，然后以 1 min 为步长求 10 min 滑动平均风速。正点时存储整点的 10 min 平均风速值。风向记录方法同风速。

3.1.5.3　数据质量控制和评估

按 CERN 观测规范要求，神农架站自动气象监测自 2008 年开始运行，系统稳定性转好，数据质量较好。数据分别经神农架站和大气分中心进行质量控制，形成数据表。

数据质量控制方法如下：

（1）超出本地气候学界限值域 0～75 m/s 的数据为错误数据。

（2）10 min 平均风速小于最大风速。

（3）一日中若 24 次定时观测记录有缺测时，该日是按照 2:00、8:00、14:00、20:00 的定时记录做日平均；若此 4 次定时记录缺测 1 次或以上，但该日其他各定时记录缺测 5 次或以下时，按实有记录做日统计；缺测 6 次或以上时，不做日平均。

3.1.5.4　数据价值/数据使用方法和建议

风向风速是气候学研究的主要参数之一，大气中风的测量对于全球气候变化研究、航天事业以及军事应用等方面都具有重要作用和意义。本站风向风速监测数据完整，是区域气象站点的有益补充，具有较高的利用价值。

3.1.5.5　数据

自动观测站风向风速数据见表 3-5。

表 3-5　自动观测站风向风速

年	月	月平均风速/（m/s）	月最多风向	最大风速/（m/s）	最大风风向	最大风出现日期
2008	1	0.65	NNW	4.2	SW	8
2008	2	0.70	SSE	4.1	NNW	18
2008	3	0.64	S	5.6	ESE	12
2008	4	0.73	E	4.1	N	6
2008	5	0.62	ESE	6.2	ESE	4
2008	6	0.50	S	3.8	NNW	28
2008	7	0.49	N	3.6	NNW	7
2008	8	0.39	N	3.6	NNW	26
2008	9	0.40	N	3.3	N	22
2008	10	0.34	SE	3.6	NNW	7
2008	11	0.43	SSW	3.7	NNW	8
2008	12	0.39	N	4.5	SW	26
2009	1	0.46	SSE	4.5	ESE	20
2009	2	0.61	N	4.6	S	11
2009	3	0.62	ESE	4.6	NNW	10
2009	4	0.54	ESE	4.4	ESE	19
2009	5	0.59	ESE	4.8	ESE	1

（续）

年	月	月平均风速/（m/s）	月最多风向	最大风速/（m/s）	最大风风向	最大风出现日期
2009	6	0.51	ESE	3.7	N	5
2009	7	0.59	SE	3.6	S	17
2009	8	0.47	SE	3.9	NNW	13
2009	9	0.50	ESE	4	NNW	1
2009	10	0.39	ESE	6	ESE	18
2009	11	0.51	SSW	4.3	SW	22
2009	12	0.46	SSW	8	ESE	27
2010	1	0.65	N	5.5	SW	12
2010	2	0.79	N	5	SW	19
2010	3	0.89	N	6.1	ESE	24
2010	4	0.93	ESE	6.3	ESE	21
2010	5	0.48	E	3.9	W	2
2010	6	0.43	SSE	3.6	NNW	17
2010	7	0.48	ESE	3.8	NNW	19
2010	8	0.53	SSE	3.7	SW	3
2010	9	0.40	ESE	3.6	NNW	21
2010	10	0.44	SSE	4.2	NNW	24
2010	11	0.54	SSW	5.7	ESE	11
2010	12	0.76	S	5.8	SW	26
2011	1	0.55	ESE	5.8	ESE	15
2011	2	0.55	N	4.3	SSE	5
2011	3	0.61	ESE	7.1	ESE	15
2011	4	0.74	S	4.8	E	17
2011	5	0.66	SE	4.5	SSE	17
2011	6	0.49	ESE	4	NNW	3
2011	7	0.61	SE	3.6	SW	3
2011	8	0.54	S	4	NNW	23
2011	9	0.45	S	3.7	NNW	3
2011	10	0.42	S	4	NNW	5
2011	11	0.39	SSE	4	SSE	20
2011	12	0.44	SW	4.1	ESE	10
2012	1	0.44	NNW	4.1	NNW	31
2012	2	0.56	NNW	3.6	NNW	7

（续）

年	月	月平均风速/（m/s）	月最多风向	最大风速/（m/s）	最大风风向	最大风出现日期
2012	3	0.70	ESE	8.5	ESE	23
2012	4	0.84	SW	5.3	SSE	1
2012	5	0.49	ESE	4.5	ESE	29
2012	6	0.42	SE	3.5	NNW	20
2012	7	0.51	SE	3.8	NNW	23
2012	8	0.46	SE	3.7	NNW	23
2012	9	0.35	SSE	3.9	NNW	15
2012	10	0.40	SE	5.6	ESE	29
2012	11	0.52	ESE	7.1	ESE	25
2012	12	0.68	SSE	7	ESE	29
2013	1	0.52	SSW	4.6	SW	18
2013	2	0.63	NNW	4.2	S	16
2013	3	0.83	SSW	5.9	ESE	17
2013	4	0.84	SSW	6.6	ESE	5
2013	5	0.59	SSE	5.1	E	9
2013	6	0.54	S	4.4	ESE	10
2013	7	0.73	S	4.3	SSW	4
2013	8	0.70	SE	4	NNW	26
2013	9	0.50	SSE	3.5	NNW	20
2013	10	0.48	S	3.7	NNW	14
2013	11	0.57	SSE	8	ESE	24
2013	12	0.58	SW	8	ESE	9
2014	1	0.65	SSE	5.1	SW	30
2014	2	0.60	NNW	4.6	SW	19
2014	3	0.67	SSW	4.5	NNW	10
2014	4	0.49	N	4.5	NNW	27
2014	5	0.48	ESE	3.9	NNW	7
2014	6	0.38	SE	4	NNW	19
2014	7	0.55	SE	3.8	NNW	2
2014	8	0.36	S	3.8	NNW	18
2014	9	0.35	SE	3.5	NNW	23
2014	10	0.34	SW	3.4	NNW	11
2014	11	0.40	E	5.2	ESE	2

（续）

年	月	月平均风速/（m/s）	月最多风向	最大风速/（m/s）	最大风风向	最大风出现日期
2014	12	0.54	SW	7.5	ESE	3
2015	1	0.42	SE	4.1	N	14
2015	2	0.43	N	6.6	ESE	28
2015	3	0.59	SE	4.3	NNW	7
2015	4	0.64	S	4.6	ENE	13
2015	5	0.60	SSE	8	E	11
2015	6	0.38	SE	4.8	SE	4
2015	7	0.46	SE	3.7	NNW	10
2015	8	0.42	SE	3.6	NNW	24
2015	9	0.33	S	4	ESE	12
2015	10	0.52	SSW	7.9	ESE	1
2015	11	0.56	N	3.5	N	4
2015	12	0.54	SSE	3.9	N	6

3.1.5.6 结果分析

2008—2015 年的年均风速为（0.55±0.16）m/s。平均风速年际间无显著变化。风速季节的变化为 1—4 月风速持续增加，4 月风速为全年最大，随后呈现持续下降的变化趋势，11 月风速又开始增大，12 月到第二个峰值（图 3－5）。

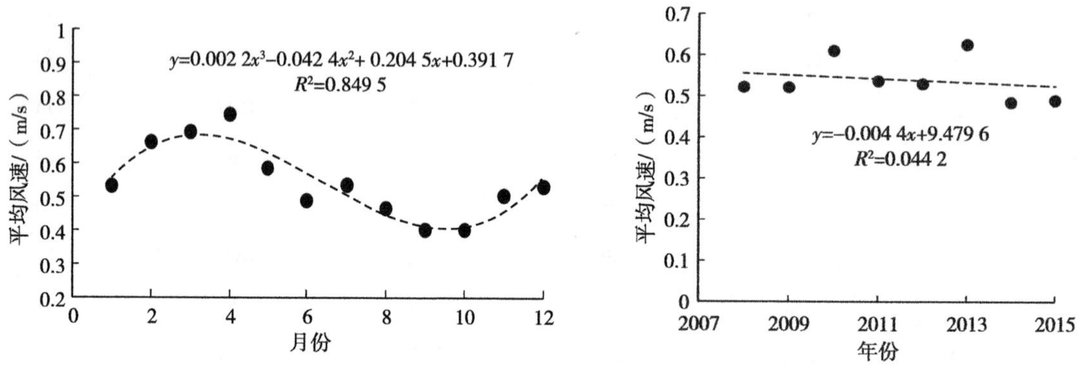

图 3－5 神农架站平均风速季节和年际动态

3.1.6 地表温度

3.1.6.1 概述

地表温度是描述地表自然环境的指标，是定量描述地表与大气之间物质交换和能量平衡的重要参数，是研究陆面过程的关键参数。本数据集包括 2008—2015 年的地表温度数据，采集地为 SNFQX01（气象观测场）。

3.1.6.2 数据采集和处理方法

数据由芬兰 VAISALA 生产的自动气象站采集，2008—2014 年 8 月 24 日采用 Milos 520 系统，2014 年 8 月 25 日开始采用 MAWS 301 采集系统。通过中国生态系统研究网络气象报表程序自动生成规范气象数据报表。地表温度采用 QMT110 传感器观测。每 10 s 采测 1 个地表温度值，每分钟采测 6 个，去除一个最大值和一个最小值后取平均值作为每分钟的土壤地表温度值存储。正点时采测整点的温度值作为正点数据存储。观测层次：距地面 0～5 cm。用质控后的日均值的合计值除以日数获得月平均值。

3.1.6.3　数据质量控制和评估

按 CERN 观测规范要求，神农架站自动气象监测自 2008 年开始运行，系统稳定性转好，数据质量较好。数据分别经神农架站和大气分中心进行质量控制，形成数据表。

数据质量控制方法如下：

(1) 超出气候学界限值域 −90～90 ℃ 的数据为错误数据。

(2) 1 min 内允许的最大变化值为 5 ℃，1 h 内变化幅度的最小值为 0.1 ℃，1 日内变化范围小于 60 ℃。

(3) 定时观测地表温度大于等于日地表最低温度且小于等于日地表最高温度。

(4) 某一定时地温缺测时，用前后两定时数据内插求得，若连续两个或以上定时数据缺测时，不能内插，仍按缺测处理。

(5) 一日中若 24 次定时观测记录有缺测时，该日是按照 2:00、8:00、14:00、20:00 的定时记录做日平均；若此 4 次定时记录缺测 1 次或以上，但该日其他各定时记录缺测 5 次或以下时，按实有记录做日统计；缺测 6 次或以上时，不做日平均。

3.1.6.4　数据价值/数据使用方法和建议

地表温度是表征地表与大气界面之间物质交换和能量平衡的重要参数，数据比较完整，是区域气象站点的有益补充，具有较高的利用价值。

3.1.6.5　数据

地表温度数据见表 3-6。

表 3-6　地表温度

年	月	日平均值月平均/℃	月极大值/℃	极大值日期	月极小值/℃	极小值日期
2008	1	1.33	7.1	4	−1	2
2008	2	1.90	14.2	29	−0.4	27
2008	3	9.24	23.6	27	0.4	2
2008	4	13.29	28.8	30	4.3	4
2008	5	18.53	31	6	11.3	4
2008	6	21.05	33.8	29	14.7	11
2008	7	23.45	33.2	8	17	7
2008	8	22.27	31.3	20	15.8	31
2008	9	19.90	27.6	9	14.7	5
2008	10	14.57	20.5	5	10.6	30
2008	11	8.95	14.9	2	1.8	29
2008	12	2.82	6.5	1	0.6	25
2009	1	1.58	6.2	29	0	10
2009	2	6.09	13.5	12	2.5	5

（续）

年	月	日平均值月平均/℃	月极大值/℃	极大值日期	月极小值/℃	极小值日期
2009	3	8.06	15.7	19	2.5	5
2009	4	12.68	20.1	14	5.1	5
2009	5	16.17	23.2	21	11.7	4
2009	6	20.56	26.9	12	14.2	3
2009	7	24.21	53.3	22	13.1	28
2009	8	24.66	53.9	22	12.7	14
2009	9	20.81	47	6	9.1	23
2009	10	14.35	31.2	17	2.3	23
2009	11	6.84	30.2	6	−3.7	21
2009	12	2.22	20.9	4	−7.2	30
2010	1	1.27	22.2	18	−8.4	12
2010	2	4.85	35.3	24	−5	20
2010	3	7.82	37.2	19	−5.7	10
2010	4	12.18	31.6	28	0.2	14
2010	5	17.10	38.7	2	7.1	1
2010	6	22.00	47.7	17	9.5	9
2010	7	24.72	47.7	2	16.8	6
2010	8	24.69	39.9	3	14.9	27
2010	9	20.35	33.2	16	14.4	26
2010	10	14.53	39.7	7	2.2	30
2010	11	8.86	25.2	10	−0.9	22
2010	12	2.88	21.1	10	−7.1	22
2011	1	0.02	8.7	15	−7.1	15
2011	2	3.79	26.8	24	−5.4	5
2011	3	7.12	29.6	18	−0.8	27
2011	4	13.91	35.5	28	3.4	7
2011	5	18.95	42	7	7.5	23
2011	6	21.31	39.1	8	10.3	3
2011	7	23.82	39.2	5	14.2	8
2011	8	24.10	41.1	19	14.4	24
2011	9	19.26	36.6	3	12.1	24
2011	10	14.05	24.3	8	7.2	30
2011	11	10.95	22.9	18	0.8	23

（续）

年	月	日平均值月平均/℃	月极大值/℃	极大值日期	月极小值/℃	极小值日期
2011	12	2.05	17	31	−8.7	24
2012	1	(0.00)	15.2	31	−9	6
2012	2	0.89	16.5	19	−8	11
2012	3	6.78	35.2	26	−2.2	14
2012	4	13.18	39.9	22	1.9	3
2012	5	17.48	37.5	6	7.3	30
2012	6	20.94	37.3	24	9.1	2
2012	7	24.00	39.8	9	15.6	14
2012	8	23.39	44	25	10.9	24
2012	9	18.38	41	5	8.6	14
2012	10	13.47	29	1	4.8	31
2012	11	7.19	20.1	1	0.2	27
2012	12	2.85	11.9	3	−0.7	31
2013	1	0.87	13.1	24	−4.6	14
2013	2	4.43	20.3	27	−1.1	16
2013	3	9.77	32.4	29	0.5	4
2013	4	14.78	42.9	17	0.8	7
2013	5	19.02	43.3	22	4	1
2013	6	22.88	43.1	16	10.8	11
2013	7	26.20	49.8	14	17.9	14
2013	8	25.57	45.1	22	17.8	16
2013	9	18.90	35.4	30	9.8	28
2013	10	14.25	38.3	11	3.2	23
2013	11	8.18	24.8	6	−4.7	29
2013	12	2.15	22.9	5	−7.2	29
2014	1	2.16	20.9	30	−6.7	1
2014	2	2.56	26.2	2	−3.5	20
2014	3	9.60	41.3	17	−1.9	9
2014	4	13.86	39.1	9	4.9	4
2014	5	15.99	33.5	1	7.2	7
2014	6	20.77	36.1	28	14.1	10
2014	7	24.16	41.7	10	12.9	5
2014	8	22.18	50	4	13	14

（续）

年	月	日平均值月平均/℃	月极大值/℃	极大值日期	月极小值/℃	极小值日期
2014	9	20.01	40.3	8	9.4	23
2014	10	14.61	37.4	7	2.9	10
2014	11	8.53	24.3	4	0.3	18
2014	12	2.14	23.5	30	−8.1	22
2015	1	3.03	23.5	20	−5.6	22
2015	2	3.17	24.3	17	−3.1	13
2015	3	9.43	35.5	30	−2.4	1
2015	4	13.57	43.8	30	0.3	7
2015	5	19.41	40.5	19	7.1	12
2015	6	20.58	37.4	10	10.7	5
2015	7	24.19	49.8	13	14.1	9
2015	8	25.59	54.1	13	13.0	29
2015	9	20.23	44.8	6	10.7	21
2015	10	15.72	36.4	1	5.2	23
2015	11	10.06	22.8	4	0.6	30
2015	12	4.30	18.8	7	−3.4	27

3.1.6.6 结果分析

2008—2015 年的年均地表温度为（13.31±8.08)℃。地表温度年际间呈不显著上升趋势。地表温度与气温季节规律相同，呈单峰曲线。1—7 月地表温度呈现上升趋势，7 月达最高，平均值为（24.34±1.34)℃，7—12 月呈下降趋势，最低值出现在 1 月，平均值为（1.28±1.02)℃（图 3-6)。

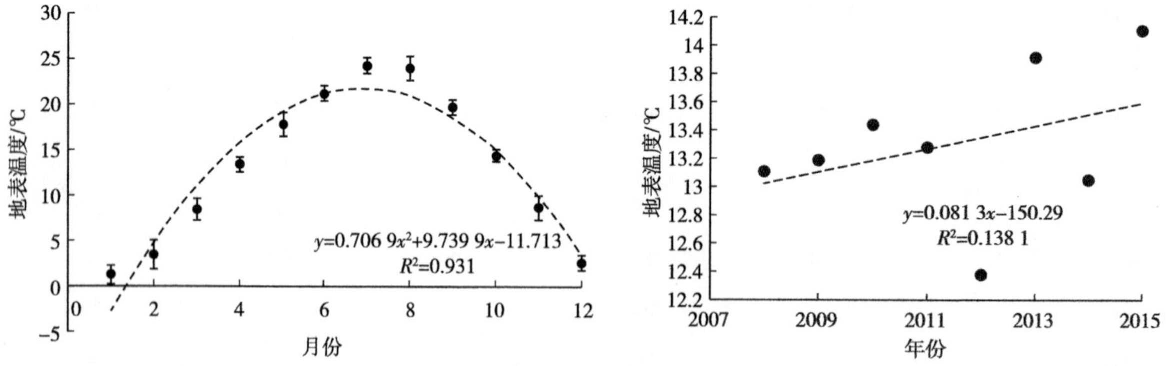

图 3-6　神农架站地表温度季节和年际动态

3.1.7 太阳辐射

3.1.7.1 概述

物体以电磁波或粒子的形式放射或输送能量的过程称为辐射。本数据的辐射测量包括太阳辐射和地球辐射两部分。太阳辐射是地球最重要的能量来源。地面接收的太阳辐射能量 97%集中在 0.29～

4.0 μm 波段内，通常将太阳辐射称为短波辐射。波长短于 0.4 μm 的太阳辐射称为紫外辐射，0.4～0.7 μm 的太阳辐射称为光合有效辐射。地面辐射是地表、大气、气溶胶和云所发射的波长为 3.0～120 μm 的辐射能，通常称为长波辐射。本数据集包括 2008—2015 年的总辐射、反射辐射、净辐射、光合有效辐射、紫外辐射以及日照小时数的数据，采集地为 SNFQX01（气象观测场）。

3.1.7.2 数据采集和处理方法

数据由芬兰 VAISALA 生产的自动气象站采集，2008—2014 年 8 月 24 日采用 Milos 520 系统，2014 年 8 月 25 日开始采用 MAWS 301 采集系统。通过中国生态系统研究网络气象报表程序自动生成规范气象数据报表。总辐射表为 CMP11，反射辐射表为 CMP6，净辐射表为 QMN101，光合有效辐射表为 LI190－R，紫外辐射表为 CUV5。每 10 s 采测 1 个辐射值，每分钟采测 6 个，去除一个最大值和一个最小值后取平均值，作为每分钟的辐射值存储。正点时采测整点的辐射值，作为正点数据存储，同时存储累计值。观测层次：距地面 1.5 m。用质控后的日合计值累计获得月值。

3.1.7.3 数据质量控制和评估

按 CERN 观测规范要求，神农架站自动气象监测自 2008 年开始运行，系统稳定性转好，数据质量相对较好。数据分别经神农架站和大气分中心进行质量控制，形成数据表。

数据质量控制方法如下：

（1）总辐射最大值不能超过气候学界限值 2 000 W/m^2。

（2）当前瞬时值与前一次值的差异小于最大变幅 800 W/m^2。

（3）小时总辐射量大于等于小时净辐射、反射辐射和紫外辐射；除阴天、雨天和雪天外，总辐射一般在中午前后出现极大值。

（4）小时总辐射累积值应小于同一地理位置大气层顶的辐射总量，小时总辐射累积值可以稍大于同一地理位置在大气具有很大透过率和非常晴朗天空状态下的小时总辐射累积值，所有夜间观测的小时总辐射累积值小于 0 时用 0 代替。

（5）辐射曝辐量缺测数小时但不是全天缺测时，按实有记录做日合计；全天缺测时，不做日合计。

3.1.7.4 数据价值/数据使用方法和建议

太阳辐射是影响森林生态系统与大气间净碳交换的主要环境因子，数据相对完整，是区域气象站点的有益补充，具有较高的利用价值。

3.1.7.5 数据

太阳辐射数据见表 3－7。

表 3－7　太阳辐射

年	月	总辐射/(MJ/m^2)	反射辐射/(MJ/m^2)	紫外辐射/(MJ/m^2)	净辐射/(MJ/m^2)	光合有效辐射/(mol/m^2)	日照小时数/h
2008	1	108.12	62.03	3.64	3.487	—	—
2008	2	295.22	124.35	9.31	57.412	—	110.63
2008	3	372.53	58.19	12.95	157.917	—	128.37
2008	4	383.50	60.01	14.23	186.61	—	118.87
2008	5	490.69	80.70	18.03	242.72	—	144.12
2008	6	453.79	76.31	16.75	233.34	—	126.02
2008	7	306.26	51.43	12.18	160.95	—	73.65

（续）

年	月	总辐射/（MJ/m²）	反射辐射/（MJ/m²）	紫外辐射/（MJ/m²）	净辐射/（MJ/m²）	光合有效辐射/（mol/m²）	日照小时数/h
2008	8	257.45	45.48	9.97	135.22	—	73.72
2008	9	294.48	53.09	11.65	146.59	—	67.48
2008	10	226.76	38.53	8.42	94.56	—	56.88
2008	11	206.98	34.33	7.47	65.39	—	70.20
2008	12	80.42	15.26	2.67	20.78	—	37.82
2009	1	207.77	44.26	6.71	60.36	—	97.90
2009	2	189.52	28.98	6.76	80.13	—	62.35
2009	3	334.55	49.92	11.71	142.85	—	113.63
2009	4	362.59	54.96	13.52	179.97	645.84	102.32
2009	5	354.00	56.97	13.75	169.73	770.62	75.88
2009	6	582.51	97.07	21.61	296.91	1 375.48	172.53
2009	7	463.39	78.82	18.16	241.92	1 116.90	132.03
2009	8	511.64	89.99	19.98	250.03	1 233.30	151.72
2009	9	423.41	74.11	16.03	198.65	998.71	134.15
2009	10	297.30	52.76	11.40	94.91	726.67	89.35
2009	11	242.42	49.31	8.53	59.89	585.06	104.00
2009	12	179.12	41.80	6.26	27.80	426.32	76.22
2010	1	157.22	32.71	5.46	40.40	380.10	79.42
2010	2	187.76	32.83	6.35	64.32	404.61	63.53
2010	3	253.02	40.33	9.04	88.75	521.88	86.28
2010	4	403.66	61.54	14.75	173.96	525.11	117.23
2010	5	422.48	69.08	16.16	196.71	961.47	111.35
2010	6	462.82	79.40	17.60	221.33	1 099.21	122.33
2010	7	463.89	80.41	18.84	236.51	1 157.85	103.05
2010	8	562.14	97.52	21.59	282.69	1 360.15	171.07
2010	9	374.29	68.61	14.69	169.01	689.97	104.53
2010	10	387.89	68.58	14.28	143.83	900.44	136.68
2010	11	323.26	55.66	11.18	92.84	727.77	147.07
2010	12	236.72	68.25	7.94	30.67	529.41	105.55
2011	1	196.88	87.44	6.67	8.58	417.62	77.12
2011	2	241.88	44.09	8.02	84.50	508.49	89.83
2011	3	351.73	61.42	12.50	128.67	720.81	116.77

（续）

年	月	总辐射/(MJ/m²)	反射辐射/(MJ/m²)	紫外辐射/(MJ/m²)	净辐射/(MJ/m²)	光合有效辐射/(mol/m²)	日照小时数/h
2011	4	460.41	70.75	16.29	207.33	966.19	165.72
2011	5	570.78	97.07	20.82	273.39	1 238.83	183.88
2011	6	512.02	88.39	19.30	249.66	1 097.31	139.48
2011	7	600.07	104.75	23.03	299.75	1 265.30	183.87
2011	8	576.67	100.13	22.07	290.67	1 157.41	188.95
2011	9	319.72	57.54	12.52	134.71	643.62	84.70
2011	10	303.70	52.42	11.25	108.18	572.97	102.22
2011	11	145.75	48.78	7.50	59.68	400.14	56.85
2011	12	111.21	65.52	7.57	37.83	428.86	68.08
2012	1	138.28	56.68	4.77	10.80	272.14	26.33
2012	2	180.26	39.90	6.58	47.60	346.08	38.55
2012	3	319.53	50.30	12.12	150.73	641.27	101.30
2012	4	378.73	57.30	16.34	199.54	854.04	115.70
2012	5	420.65	76.66	19.24	245.59	1 063.90	116.60
2012	6	445.54	83.67	20.49	265.91	1 094.35	117.27
2012	7	413.53	73.68	19.85	262.60	959.18	118.62
2012	8	533.04	94.32	23.95	323.92	1 138.93	186.70
2012	9	385.03	67.99	16.94	201.05	735.25	118.43
2012	10	312.57	48.12	13.46	140.64	554.61	88.23
2012	11	252.84	36.25	11.57	89.70	415.50	93.72
2012	12	222.05	61.95	11.63	22.52	311.33	48.45
2013	1	274.90	57.40	13.54	76.04	438.18	99.27
2013	2	214.31	35.21	10.69	87.55	352.86	52.60
2013	3	425.26	57.53	17.33	215.09	729.07	147.50
2013	4	464.23	73.39	19.51	252.90	850.30	145.77
2013	5	484.82	84.36	22.03	295.41	935.60	132.20
2013	6	562.97	102.03	25.88	352.83	1 099.51	179.93
2013	7	554.21	101.53	26.55	366.06	1 105.19	161.28
2013	8	569.27	107.15	25.66	353.31	1 158.73	192.27
2013	9	392.82	71.83	16.05	179.56	899.04	119.27
2013	10	387.97	66.68	14.49	151.09	832.21	139.52
2013	11	255.03	38.15	9.06	73.77	528.72	93.88

（续）

年	月	总辐射/（MJ/m²）	反射辐射/（MJ/m²）	紫外辐射/（MJ/m²）	净辐射/（MJ/m²）	光合有效辐射/（mol/m²）	日照小时数/h
2013	12	275.84	47.34	9.02	62.41	569.07	115.33
2014	1	273.04	49.13	8.81	69.18	545.61	118.32
2014	2	169.10	62.83	6.00	20.20	350.61	43.07
2014	3	379.60	55.70	14.71	165.96	810.31	117.92
2014	4	300.28	47.46	12.23	137.33	653.64	68.75
2014	5	351.66	63.95	15.44	165.83	780.26	64.57
2014	6	380.99	71.35	17.06	201.72	882.25	66.52
2014	7	600.70	116.03	26.39	341.37	1 431.30	202.70
2014	8	376.38	70.53	16.80	177.39	862.48	107.15
2014	9	343.25	59.53	17.85	167.70	678.39	106.87
2014	10	354.80	61.07	17.07	139.24	669.00	131.80
2014	11	198.89	33.58	9.85	61.44	375.97	70.72
2014	12	251.88	45.15	11.02	55.77	451.82	119.50
2015	1	197.48	48.26	8.94	46.29	366.84	85.87
2015	2	167.58	58.83	8.14	36.82	315.18	54.55
2015	3	349.66	53.38	16.64	152.49	635.18	114.68
2015	4	428.87	70.57	21.41	193.97	801.97	142.20
2015	5	510.45	87.99	26.04	253.81	962.86	155.10
2015	6	372.86	65.82	20.76	189.07	736.67	79.05
2015	7	607.21	102.99	32.04	314.18	1 156.47	193.42
2015	8	559.39	101.32	29.62	290.05	1 041.78	181.00
2015	9	325.63	56.57	17.98	156.48	597.67	79.62
2015	10	347.84	62.45	17.49	141.60	568.58	131.83
2015	11	172.55	28.57	8.78	60.39	275.15	57.37
2015	12	220.85	38.34	10.32	62.01	341.87	99.43

3.1.7.6 结果分析

2008—2015年的年均总辐射为（4 169.37±368.34）MJ/m²，年均反射辐射为（769.09±57.52）MJ/m²，年均紫外辐射为（173.15±27.63）MJ/m²，年均净辐射为（1 869.88±261.38）MJ/m²，年均光合有效辐射为（8 675.90±663.88）mol/m²，年均日照时数为（1 309.63±163.0）h。辐射的年际变化略呈上升趋势，其中紫外辐射增加显著。各类型辐射季节动态明显，1—7月逐渐升高，至8月达到最大，随后逐渐下降。月均总辐射为（347.45±118.78）MJ/m²，月均反射辐射为（64.09±16.28）MJ/m²，年均紫外辐射为（14.43±5.40）MJ/m²，年均净辐射为（155.82±88.87）MJ/m²，年均光合有效辐射为（712.86±282.96）mol/m²，年均日照时数为（109.14±28.10）h

（图 3-7）。

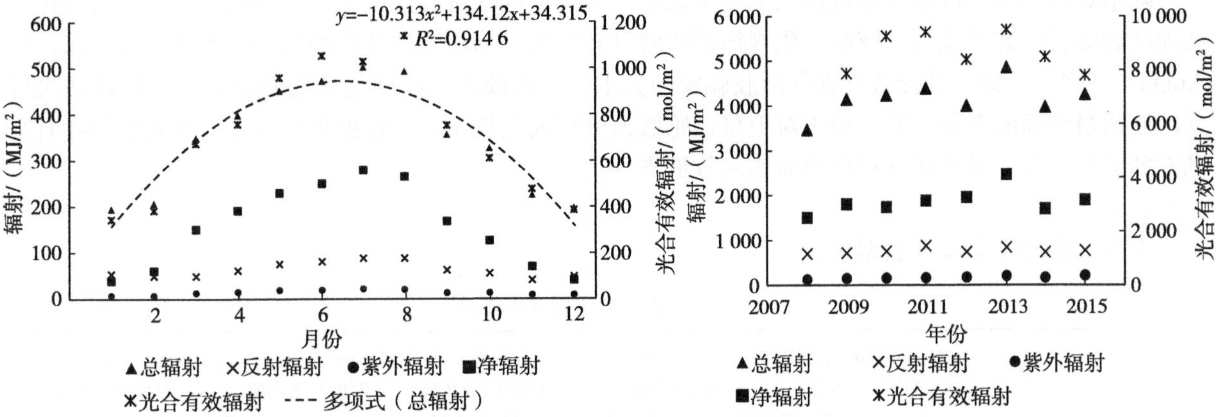

图 3-7　神农架站辐射值季节和年际动态

3.1.8　气溶胶光学厚度

3.1.8.1　概述

大气气溶胶是悬浮在大气中直径为 10^{-3}～10 μm 的固体或液体的细微颗粒，是大气的重要组成部分之一。大气气溶胶通过反射太阳入射光冷却气候系统，同时吸收太阳入射辐射使大气升温并导致地表温度降低，影响地球的辐射平衡和全球气候变化。大气气溶胶也是大气的主要污染物，在生物有机体、病原体等的传播中发挥着重要的作用，可引起或增强呼吸道、心血管、传染性和变异性疾病，对人体健康产生危害。气溶胶光学厚度（aerosol optical depth，AOD）是大气气溶胶的一个重要参数，获取准确的气溶胶光学厚度并对其进行研究具有重要的意义。

神农架地区是气溶胶聚集地，是气溶胶研究热点地区。然而国内关于神农架地区气溶胶的研究较少，且缺乏地面实测数据支持。本数据集包括神农架站不同波段的气溶胶光学厚度监测数据。

3.1.8.2　数据采集和处理方法

数据采集时间为 2013 年 3 月至 2018 年 6 月，在固定采样点（110°13′1.2″E，31°22′58.8″N）使用太阳光度计 MICROTOPS II 采集大气气溶胶光学厚度数据。太阳光度计 MICROTOPS II 的初始参数已经统一设定，可以根据接收不同波段的太阳光产生的电信号自动算出该波段的气溶胶光学厚度。采集时选择晴或多云的天气（避免云层对太阳光的遮挡），在卫星过境的时间内进行数据采集，分别是 10:00、13:00、14:00、14:30，共 4 次。

数据处理主要为根据已有研究对数据中的异常值进行筛选、分析和处理。筛选异常数据的方法为对获得的实验数据进行阈值和标准差校验，筛选出可疑的结果，然后根据当天的天气记录分析可能的原因，然后决定是否剔除该异常数据。

在卫星过境的时间内进行观测，一般在白天 10:00 到 14:00 之间的时段内。每 30 min 内进行一次观测操作，要求尽可能在整点和半点时观测，以保证观测时间的统一。

3.1.8.3　数据质量控制和评估

本数据集的质量控制分为以下两类：

（1）数据采集前的质量控制。神农架站设有经过培训、专门负责测量的人员，在气溶胶光学厚度数据采集的过程中，严格按照实验操作规范来开展相关工作。

（2）数据采集后的质量控制。对获得的实验数据进行阈值和标准差校验，筛选出可疑的结果，然后根据当天的天气记录分析可能的原因。之后对数据进行可视化处理，可以更为清晰地查看数据的分布，并与其他研究获得的数据进行对比。

3.1.8.4 数据价值和推荐使用方法

除本数据之外，没有其他数据长期连续记录神农架地区气溶胶光学厚度，因此该数据对研究神农架地区和森林生态系统的气溶胶变化规律都非常具有价值。利用不同波段的气溶胶光学厚度可以计算Angstrom参数，该参数能够反映气溶胶颗粒的大小。气溶胶光学厚度是从地面仪器中远程评估大气气溶胶的最全面的变量，并可用于对卫星遥感数据进行大气校正，本数据集可为气溶胶光学厚度时空动态的遥感反演和模型建立提供地面实测数据支持。

3.1.8.5 数据

大气气溶胶光学厚度数据见表3-8。

表3-8 大气气溶胶光学厚度

年	月	440 nm气溶胶光学厚度月平均值	500 nm气溶胶光学厚度月平均值	675 nm气溶胶光学厚度月平均值	870 nm气溶胶光学厚度月平均值	936 nm气溶胶光学厚度月平均值
2013	3	0.833	0.701	0.626	0.586	0.534
2013	4	0.757	0.653	0.576	0.535	0.487
2013	5	0.874	0.787	0.693	0.647	0.589
2013	6	0.788	0.667	0.569	0.515	0.468
2013	7	0.737	0.624	0.532	0.495	0.451
2013	8	0.624	0.501	0.426	0.394	0.359
2013	9	0.524	0.407	0.347	0.330	0.301
2013	10	0.725	0.599	0.483	0.429	0.390
2013	11	0.568	0.485	0.443	0.444	0.404
2013	12	0.259	0.182	0.158	0.169	0.154
2014	1	0.687	0.601	0.478	0.393	0.357
2014	2	0.685	0.595	0.482	0.404	0.368
2014	3	0.804	0.706	0.602	0.540	0.491
2014	4	0.827	0.708	0.578	0.507	0.461
2014	5	0.910	0.821	0.786	0.776	0.706
2014	6	1.233	1.102	0.952	0.872	0.794
2014	7	0.691	0.576	0.460	0.421	0.383
2014	8	0.985	0.865	0.705	0.630	0.574
2014	9	0.631	0.535	0.455	0.445	0.405
2014	10	0.562	0.478	0.438	0.424	0.385
2014	11	0.492	0.476	0.431	0.409	0.372
2014	12	0.351	0.323	0.253	0.210	0.191
2015	1	0.700	0.624	0.516	0.448	0.408
2015	2	0.884	0.816	0.727	0.669	0.609
2015	3	0.633	0.587	0.474	0.418	0.380
2015	4	0.650	0.627	0.549	0.510	0.464

（续）

年	月	440 nm气溶胶光学厚度月平均值	500 nm气溶胶光学厚度月平均值	675 nm气溶胶光学厚度月平均值	870 nm气溶胶光学厚度月平均值	936 nm气溶胶光学厚度月平均值
2015	5	0.664	0.650	0.577	0.549	0.499
2015	6	0.629	0.610	0.497	0.456	0.415
2015	7	0.706	0.699	0.582	0.540	0.491
2015	8	0.647	0.614	0.516	0.479	0.436
2015	9	0.616	0.556	0.469	0.409	0.373
2015	10	0.522	0.480	0.425	0.398	0.363
2015	11	0.302	0.289	0.252	0.243	0.221
2015	12	0.464	0.444	0.391	0.368	0.334
2016	1	0.644	0.617	0.559	0.535	0.487
2016	2	0.682	0.643	0.554	0.513	0.467
2016	3	0.649	0.600	0.489	0.428	0.389
2016	4	0.723	0.672	0.576	0.525	0.478
2016	5	0.709	0.677	0.585	0.537	0.489
2016	6	0.501	0.482	0.426	0.408	0.371
2016	7	0.491	0.476	0.417	0.378	0.344
2016	8	0.569	0.542	0.454	0.394	0.358
2016	9	0.688	0.641	0.509	0.431	0.392
2016	10	0.754	0.695	0.565	0.486	0.442
2016	11	0.476	0.457	0.424	0.426	0.388
2016	12	0.441	0.412	0.353	0.323	0.294
2017	1	0.665	0.618	0.512	0.447	0.407
2017	2	0.582	0.528	0.458	0.428	0.389
2017	3	0.695	0.647	0.563	0.528	0.481
2017	4	0.756	0.698	0.636	0.609	0.554
2017	5	0.581	0.523	0.461	0.430	0.391
2017	6	0.816	0.732	0.603	0.528	0.481
2017	7	0.440	0.378	0.294	0.255	0.232
2017	8	0.837	0.789	0.716	0.681	0.620
2017	9	0.631	0.583	0.530	0.518	0.472
2017	10	0.542	0.500	0.441	0.410	0.373
2017	11	0.427	0.382	0.314	0.275	0.250
2017	12	0.466	0.425	0.348	0.297	0.270

（续）

年	月	440 nm气溶胶光学厚度月平均值	500 nm气溶胶光学厚度月平均值	675 nm气溶胶光学厚度月平均值	870 nm气溶胶光学厚度月平均值	936 nm气溶胶光学厚度月平均值
2018	1	0.418	0.389	0.313	0.260	0.237
2018	2	0.622	0.597	0.520	0.478	0.435
2018	3	0.744	0.721	0.619	0.557	0.507
2018	4	0.426	0.423	0.366	0.334	0.304
2018	5	0.686	0.684	0.601	0.555	0.506
2018	6	0.512	0.502	0.424	0.384	0.350

3.1.8.6 结果分析

2013—2018年，神农架站不同波段气溶胶光学厚度分别为440 nm、年均值为（0.64±0.06），500 nm、年均值为（0.58±0.03），675 nm、年均值为（0.50±0.03），870 nm、年均值为（0.46±0.02），936 nm、年均值为（0.42±0.02）。随着波长的增加，气溶胶光学厚度减少。2013—2018年，各波长气溶胶光学厚度逐渐降低。

各波段气溶胶光学厚度季节动态变化明显，呈单峰曲线。总体来讲春季气溶胶光学厚度要高于秋冬季，1—7月逐渐升高，至7月达到最大值，随后逐渐下降（图3-8）。

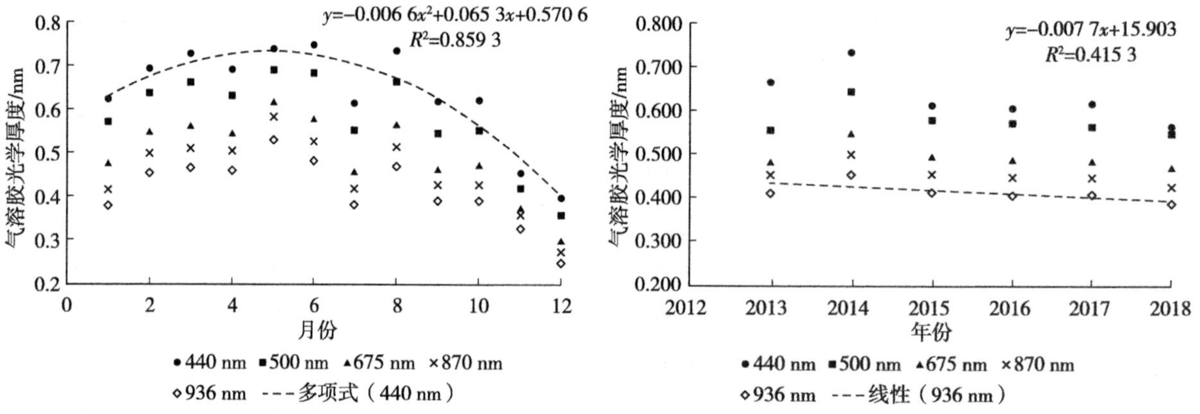

图3-8 神农架站气溶胶光学厚度

3.2 生物观测数据

3.2.1 动植物名录

3.2.1.1 概述

本数据集来自神农架站的长期生物观测，包含了神农架在开展动物观测和植物观测过程中所记录的动植物种类。时间范围为2009—2015年；动物名录的字段包括动物名称、拉丁名、动物类别，植物名录的字段包括植物种名、拉丁名、属名、科名；数据量：505条，其中，植物362条，鸟类109条，兽类34条。

3.2.1.2 数据采集和处理方法

鸟类名录是通过样线法和样点法调查、拍摄照片，并经过专家和相关文献资料鉴定后获得。哺乳动物通过红外相机、视频监控以及样线法和样点法调查，经过专家和相关文献资料鉴定获得。土壤动物名录通过样方法调查，并经专家和相关文献资料鉴定获得。植物名录通过样地调查、样地周边采集植物标本、拍摄照片，经专家和相关文献资料鉴定获得。

3.2.1.3　数据质量控制和评估

将获取的物种名录与历史监测资料以及周边调查文献资料、标本采集资料进行对比，有证实资料（标本采集记录、照片、视频等）才将新的物种纳入名录。

3.2.1.4　数据价值/数据使用方法和建议

动植物名录是生物监测的基础数据，奠定了长期定位监测的基础，是生物观测必不可少的基础资料。使用该动植物名录对于在神农架周边开展植被调查、生物多样性观测、动物调查具有参考价值。

3.2.1.5　数据

神农架站生物观测植物、鸟类和哺乳类动物名录，详见表 3－9 至表 3－11。

表 3－9　神农架站生物监测植物名录

序号	植物种名	拉丁名	属名	科名
1	蛇足石杉	*Huperzia serrata*	石杉属	石杉科
2	紫萁	*Osmunda japonica*	紫萁属	紫萁科
3	蕨	*Pteridium aquilinum* var. *latiusculum*	蕨属	蕨科
4	铁线蕨	*Adiantum capillus-veneris*	铁线蕨属	铁线蕨科
5	灰背铁线蕨	*Adiantum myriosorum*	铁线蕨属	铁线蕨科
6	普通凤丫蕨	*Coniogramme intermedia*	凤丫蕨属	裸子蕨科
7	虎尾铁角蕨	*Asplenium incisum*	铁角蕨属	铁角蕨科
8	金星蕨	*Parathelypteris glanduligera*	金星蕨属	金星蕨科
9	中日金星蕨	*Parathelypteris nipponica*	金星蕨属	金星蕨科
10	紫柄蕨	*Pseudophegopteris pyrrhorhachis*	紫柄蕨属	金星蕨科
11	荚果蕨	*Matteuccia struthiopteris*	荚果蕨属	球子蕨科
12	东方荚果蕨	*Pentarhizidium orientale*	东方荚果蕨属	球子蕨科
13	狗脊	*Woodwardia japonica*	狗脊属	乌毛蕨科
14	大叶假冷蕨	*Athyrium atkinsonii*	蹄盖蕨属	蹄盖蕨科
15	峨眉蹄盖蕨	*Athyrium omeiense*	蹄盖蕨属	蹄盖蕨科
16	贯众	*Cyrtomium fortunei*	贯众属	鳞毛蕨科
17	大叶贯众	*Cyrtomium macrophyllum*	贯众属	鳞毛蕨科
18	变异鳞毛蕨	*Dryopteris varia*	鳞毛蕨属	鳞毛蕨科
19	革叶耳蕨	*Polystichum neolobatum*	耳蕨属	鳞毛蕨科
20	日本水龙骨	*Goniophlebium niponicum*	棱脉蕨属	水龙骨科
21	瓦韦	*Lepisorus thunbergianus*	瓦韦属	水龙骨科
22	巴山冷杉	*Abies fargesii*	冷杉属	松科
23	华山松	*Pinus armandii*	松属	松科
24	红豆杉	*Taxus wallichiana* var. *chinensis*	红豆杉属	红豆杉科

（续）

序号	植物种名	拉丁名	属名	科名
25	巴山榧	*Torreya fargesii*	榧属	红豆杉科
26	蕺菜	*Houttuynia cordata*	蕺菜属	三白草科
27	山杨	*Populus davidiana*	杨属	杨柳科
28	紫枝柳	*Salix heterochroma*	柳属	杨柳科
29	兴山柳	*Salix mictotricha*	柳属	杨柳科
30	皂柳	*Salix wallichiana*	柳属	杨柳科
31	青钱柳	*Cyclocarya paliurus*	青钱柳属	胡桃科
32	化香树	*Platycarya strobilacea*	化香树属	胡桃科
33	红桦	*Betula albosinensis*	桦木属	桦木科
34	狭翅桦	*Betula fargesii*	桦木属	桦木科
35	香桦	*Betula insignis*	桦木属	桦木科
36	亮叶桦	*Betula luminifera*	桦木属	桦木科
37	华千金榆	*Carpinus cordata* var. *chinensis*	鹅耳枥属	桦木科
38	川陕鹅耳枥	*Carpinus fargesiana*	鹅耳枥属	桦木科
39	小叶鹅耳枥	*Carpinus stipulata*	鹅耳枥属	桦木科
40	华榛	*Corylus chinensis*	榛属	桦木科
41	藏刺榛	*Corylus ferox* var. *thibetica*	榛属	桦木科
42	铁木	*Ostrya japonica*	铁木属	桦木科
43	锥栗	*Castanea henryi*	栗属	壳斗科
44	多脉青冈	*Quercus multinernis*	青冈属	壳斗科
45	曼青冈	*Quercus oxyodon*	青冈属	壳斗科
46	米心水青冈	*Fagus engleriana*	水青冈属	壳斗科
47	台湾水青冈	*Fagus hayatae*	水青冈属	壳斗科
48	包果柯	*Lithocarpus cleistocarpus*	柯属	壳斗科
49	灰柯	*Lithocarpus henryi*	柯属	壳斗科
50	锐齿槲栎	*Quercus aliena* var. *acutiserrata*	栎属	壳斗科
51	巴东栎	*Quercus engleriana*	栎属	壳斗科
52	短柄枹栎	*Quercus serrata* var. *brevipetiolata*	栎属	壳斗科
53	刺叶高山栎	*Quercus spinosa*	栎属	壳斗科
54	异叶榕	*Ficus heteromorpha*	榕属	桑科
55	鸡桑	*Morus australis*	桑属	桑科
56	钝叶楼梯草	*Elatostema obtusum*	楼梯草属	荨麻科
57	庐山楼梯草	*Elatostema stewardii*	楼梯草属	荨麻科

（续）

序号	植物种名	拉丁名	属名	科名
58	珠芽艾麻	*Laportea bulbifera*	艾麻属	荨麻科
59	矮冷水花	*Pilea peploides*	冷水花属	荨麻科
60	宽叶荨麻	*Urtica laetevirens*	荨麻属	荨麻科
61	川桑寄生	*Taxillus sutchuenensis*	钝果寄生属	桑寄生科
62	异叶关木通	*Isotrema heterophyllum*	关木通属	马兜铃科
63	单叶细辛	*Asarum himalaicum*	细辛属	马兜铃科
64	抱茎蓼	*Bistorta amplexicaulis*	蓼属	蓼科
65	松林蓼	*Persicaria pinetorum*	拳参属	蓼科
66	赤胫散	*Polygonum runcinatum* var. *sinense*	蓼属	蓼科
67	狗筋蔓	*Silene baccifera*	蝇子草属	石竹科
68	巫山浅裂繁缕	*Stellaria wushanensis*	浅裂繁缕属	石竹科
69	领春木	*Euptelea pleiospermum*	领春木属	领春木科
70	连香树	*Cercidiphyllum japonicum*	连香树属	连香树科
71	类叶升麻	*Actaea asiatica*	类叶升麻属	毛茛科
72	大火草	*Anemone tomentosa*	银莲花属	毛茛科
73	星果草	*Asteropyrum peltatum*	星果草属	毛茛科
74	小木通	*Clematis armandii*	铁线莲属	毛茛科
75	威灵仙	*Clematis chinensis*	铁线莲属	毛茛科
76	粗齿铁线莲	*Clematis grandidentata*	铁线莲属	毛茛科
77	绣球藤	*Clematis montana*	铁线莲属	毛茛科
78	钝萼铁线莲	*Clematis peterae*	铁线莲属	毛茛科
79	神农架铁线莲	*Clematis shenlungchiaensis*	铁线莲属	毛茛科
80	黄连	*Coptis chinensis*	黄连属	毛茛科
81	川鄂獐耳细辛	*Hepatica henryi*	獐耳细辛属	毛茛科
82	盾叶唐松草	*Thalictrum ichangense*	唐松草属	毛茛科
83	三叶木通	*Akebia trifoliata*	木通属	木通科
84	猫儿屎	*Decaisnea insignis*	猫儿屎属	木通科
85	鹰爪枫	*Holboellia coriacea*	八月瓜属	木通科
86	五月瓜藤	*Holboellia angustifolia*	八月瓜属	木通科
87	串果藤	*Sinofranchetia chinensis*	串果藤属	木通科
88	风龙	*Sinomenium acutum*	风龙属	防己科
89	兴山五味子	*Schisandra incarnata*	五味子属	木兰科
90	华中五味子	*Schisandra sphenanthera*	五味子属	木兰科

（续）

序号	植物种名	拉丁名	属名	科名
91	武当玉兰	*Yulania sprengeri*	玉兰属	木兰科
92	川桂	*Cinnamomum wilsonii*	樟属	樟科
93	香叶树	*Lindera communis*	山胡椒属	樟科
94	香叶子	*Lindera fragrans*	山胡椒属	樟科
95	黑壳楠	*Lindera megaphylla*	山胡椒属	樟科
96	三桠乌药	*Lindera obtusiloba*	山胡椒属	樟科
97	川钓樟	*Lindera pulcherrima* var. *hemsleyana*	山胡椒属	樟科
98	黄丹木姜子	*Litsea elongata*	木姜子属	樟科
99	宜昌木姜子	*Litsea ichangensis*	木姜子属	樟科
100	毛叶木姜子	*Litsea mollis*	木姜子属	樟科
101	宜昌润楠	*Machilus ichangensis*	润楠属	樟科
102	光头山碎米荠	*Cardamine engleriana*	碎米荠属	十字花科
103	大落新妇	*Astilbe grandis*	落新妇属	虎耳草科
104	绵毛金腰	*Chrysosplenium lanuginosum*	金腰属	虎耳草科
105	柔毛金腰	*Chrysosplenium pilosum* var. *valdepilosum*	金腰属	虎耳草科
106	四川溲疏	*Deutzia setchuenensis*	溲疏属	虎耳草科
107	冠盖绣球	*Hydrangea anomala*	绣球属	虎耳草科
108	白背绣球	*Hydrangea hypoglauca*	绣球属	虎耳草科
109	莼兰绣球	*Hydrangea longipes*	绣球属	虎耳草科
110	粗枝绣球	*Hydrangea robusta*	绣球属	虎耳草科
111	蜡莲绣球	*Hydrangea strigosa*	绣球属	虎耳草科
112	四川挂苦绣球	*Hydrangea xanthoneura* var. *setchuenensis*	绣球属	虎耳草科
113	鸡肫梅花草	*Parnassia wightiana*	梅花草属	虎耳草科
114	绢毛山梅花	*Philadelphus sericanthus*	山梅花属	虎耳草科
115	鄂西茶藨子	*Ribes franchetii*	茶藨子属	虎耳草科
116	冰川茶藨子	*Ribes glaciale*	茶藨子属	虎耳草科
117	糖茶藨子	*Ribes himalense*	茶藨子属	虎耳草科
118	长序茶藨子	*Ribes longiracemosum*	茶藨子属	虎耳草科
119	宝兴茶藨子	*Ribes moupinense*	茶藨子属	虎耳草科
120	细枝茶藨子	*Ribes tenue*	茶藨子属	虎耳草科
121	七叶鬼灯檠	*Rodgersia aesculifolia*	鬼灯檠属	虎耳草科
122	黄水枝	*Tiarella polyphylla*	黄水枝属	虎耳草科
123	狭叶海桐	*Pittosporum glabratum* var. *neriifolium*	海桐花属	海桐花科

（续）

序号	植物种名	拉丁名	属名	科名
124	阔蜡瓣花	*Corylopsis platypetala*	蜡瓣花属	金缕梅科
125	蜡瓣花	*Corylopsis sinensis*	蜡瓣花属	金缕梅科
126	水丝梨	*Sycopsis sinensis*	水丝梨属	金缕梅科
127	唐棣	*Amelanchier sinica*	唐棣属	蔷薇科
128	灰栒子	*Cotoneaster acutifolius*	栒子属	蔷薇科
129	泡叶栒子	*Cotoneaster bullatus*	栒子属	蔷薇科
130	麻核栒子	*Cotoneaster foveolatus*	栒子属	蔷薇科
131	平枝栒子	*Cotoneaster horizontalis*	栒子属	蔷薇科
132	纤细草莓	*Fragaria gracilis*	草莓属	蔷薇科
133	棣棠	*Kerria japonica*	棣棠花属	蔷薇科
134	光叶陇东海棠	*Malus kansuensis* var. *calva*	苹果属	蔷薇科
135	川鄂海棠	*Malus yunnanensis* var. *veitchii*	苹果属	蔷薇科
136	中华绣线梅	*Neillia sinensis*	绣线梅属	蔷薇科
137	短梗稠李	*Padus brachypoda*	稠李属	蔷薇科
138	绢毛稠李	*Padus wilsonii*	稠李属	蔷薇科
139	中华石楠	*Photinia beauverdiana*	石楠属	蔷薇科
140	微毛樱桃	*Prunus clarofolia*	李属	蔷薇科
141	四川臭樱	*Prunus hypoxantha*	李属	蔷薇科
142	四川樱桃	*Prunus szechuanica*	李属	蔷薇科
143	峨眉蔷薇	*Rosa omeiensis*	蔷薇属	蔷薇科
144	钝叶蔷薇	*Rosa sertata*	蔷薇属	蔷薇科
145	刺梗蔷薇	*Rosa setipoda*	蔷薇属	蔷薇科
146	竹叶鸡爪茶	*Rubus bambusarum*	悬钩子属	蔷薇科
147	白叶莓	*Rubus innominatus*	悬钩子属	蔷薇科
148	鄂西绵果悬钩子	*Rubus lasiostylus* var. *hubeiensis*	悬钩子属	蔷薇科
149	菰帽悬钩子	*Rubus pileatus*	悬钩子属	蔷薇科
150	水榆花楸	*Sorbus alnifolia*	花楸属	蔷薇科
151	美脉花楸	*Sorbus caloneura*	花楸属	蔷薇科
152	石灰花楸	*Sorbus folgneri*	花楸属	蔷薇科
153	湖北花楸	*Sorbus hupehensis*	花楸属	蔷薇科
154	陕甘花楸	*Sorbus koehneana*	花楸属	蔷薇科
155	大果花楸	*Sorbus megalocarpa*	花楸属	蔷薇科
156	华西花楸	*Sorbus wilsoniana*	花楸属	蔷薇科

（续）

序号	植物种名	拉丁名	属名	科名
157	神农架花楸	*Sorbus yuana*	花楸属	蔷薇科
158	长果花楸	*Sorbus zahlbruckneri*	花楸属	蔷薇科
159	中华绣线菊	*Spiraea chinensis*	绣线菊属	蔷薇科
160	渐尖粉花绣线菊	*Spiraea japonica* var. *acuminata*	绣线菊属	蔷薇科
161	鄂西绣线菊	*Spiraea veitchii*	绣线菊属	蔷薇科
162	波叶红果树	*Stranvaesia davidiana* var. *undulata*	红果树属	蔷薇科
163	小花香槐	*Cladrastis delavayi*	香槐属	豆科
164	美丽胡枝子	*Lespedeza thunbergii* subsp. *formosa*	胡枝子属	豆科
165	山酢浆草	*Oxalis griffithii*	酢浆草属	酢浆草科
166	臭檀吴萸	*Tetradium daniellii*	吴茱萸属	芸香科
167	楝子吴萸	*Tetradium glanrifolium*	吴茱萸属	芸香科
168	茵芋	*Skimmia reevesiana*	茵芋属	芸香科
169	狭叶花椒	*Zanthoxylum stenophyllum*	花椒属	芸香科
170	浪叶花椒	*Zanthoxylum undulatifolium*	花椒属	芸香科
171	苦木	*Picrasma quassioides*	苦木属	苦木科
172	香椿	*Toona sinensis*	香椿属	楝科
173	交让木	*Daphniphyllum macropodium*	虎皮楠属	虎皮楠科
174	黄杨	*Buxus sinica*	黄杨属	黄杨科
175	马桑	*Coriaria nepalensis*	马桑属	马桑科
176	青皮木	*Schoepfia jasminodora*	青皮木属	铁青树科
177	盐麸木	*Rhus chinensis*	盐麸木属	漆树科
178	青麸杨	*Rhus potaninii*	盐麸木属	漆树科
179	刺果毒漆藤	*Toxicodendron radicans* subsp. *hispidum*	漆属	漆树科
180	漆	*Toxicodendron vernicifluum*	漆属	漆树科
181	狭叶冬青	*Ilex fargesii*	冬青属	冬青科
182	具柄冬青	*Ilex pedunculosa*	冬青属	冬青科
183	猫儿刺	*Ilex pernyi*	冬青属	冬青科
184	高贵云南冬青	*Ilex yunnanensis* var. *gentilis*	冬青属	冬青科
185	短梗南蛇藤	*Celastrus rosthornianus*	南蛇藤属	卫矛科
186	卫矛	*Euonymus alatus*	卫矛属	卫矛科
187	冷地卫矛	*Euonymus frigidus*	卫矛属	卫矛科
188	西南卫矛	*Euonymus hamiltonianus*	卫矛属	卫矛科
189	野鸦椿	*Euscaphis japonica*	野鸦椿属	省沽油科

（续）

序号	植物种名	拉丁名	属名	科名
190	太白深灰槭	*Acer caesium* subsp. *giraldii*	槭属	槭树科
191	多齿长尾槭	*Acer caudatum* var. *multiserratum*	槭属	槭树科
192	青榨槭	*Acer davidii*	槭属	槭树科
193	扇叶槭	*Acer flabellatum*	槭属	槭树科
194	血皮槭	*Acer griseum*	槭属	槭树科
195	五尖槭	*Acer maximowiczii*	槭属	槭树科
196	五裂槭	*Acer oliverianum*	槭属	槭树科
197	鸡爪槭	*Acer palmatum*	槭属	槭树科
198	五角槭	*Acer pictum* subsp. *mono*	槭属	槭树科
199	中华槭	*Acer sinense*	槭属	槭树科
200	深裂中华槭	*Acer sinense* var. *longilobum*	槭属	槭树科
201	四蕊槭	*Acer stachyophyllum* subsp. *betulifolium*	槭属	槭树科
202	四川槭	*Acer sutchuenense*	槭属	槭树科
203	金钱槭	*Dipteronia sinensis*	金钱槭属	槭树科
204	垂枝泡花树	*Meliosma flexuosa*	泡花树属	清风藤科
205	暖木	*Meliosma veitchiorum*	泡花树属	清风藤科
206	四川清风藤	*Sabia schumanniana*	清风藤属	清风藤科
207	神农架凤仙花	*Impatiens shennongensis*	凤仙花属	凤仙花科
208	多花勾儿茶	*Berchemia floribunda*	勾儿茶属	鼠李科
209	桦叶葡萄	*Vitis betulifolia*	葡萄属	葡萄科
210	粉椴	*Tilia oliveri*	椴树属	椴树科
211	灰背椴	*Tilia oliveri* var. *cinerascens*	椴树属	椴树科
212	京梨猕猴桃	*Actinidia callosa* var. *henryi*	猕猴桃属	猕猴桃科
213	美味猕猴桃	*Actinidia chinensis* var. *deliciosa*	猕猴桃属	猕猴桃科
214	繁花藤山柳	*Clematoclethra scandens* subsp. *hemsleyi*	藤山柳属	猕猴桃科
215	短柱柃	*Eurya brevistyla*	柃木属	山茶科
216	紫茎	*Stewartia sinensis*	紫茎属	山茶科
217	鸡腿堇菜	*Viola acuminata*	堇菜属	堇菜科
218	深圆齿堇菜	*Viola davidii*	堇菜属	堇菜科
219	柔毛堇菜	*Viola fargesii*	堇菜属	堇菜科
220	长梗紫花堇菜	*Viola faurieana*	堇菜属	堇菜科
221	茜堇菜	*Viola phalacrocarpa*	堇菜属	堇菜科

（续）

序号	植物种名	拉丁名	属名	科名
222	山桐子	*Idesia polycarpa*	山桐子属	大风子科
223	中国旌节花	*Stachyurus chinensis*	旌节花属	旌节花科
224	西域旌节花	*Stachyurus himalaicus*	旌节花属	旌节花科
225	尖瓣瑞香	*Daphne acutiloba*	瑞香属	瑞香科
226	披针叶胡颓子	*Elaeagnus lanceolata*	胡颓子属	胡颓子科
227	瓜木	*Alangium platanifolium*	八角枫属	八角枫科
228	高山露珠草	*Circaea alpina*	露珠草属	柳叶菜科
229	楤木	*Aralia elata*	楤木属	五加科
230	红毛五加	*Eleutherococcus giraldii*	五加属	五加科
231	蜀五加	*Eleutherococcus leucorrhizus* var. *setchuenensis*	五加属	五加科
232	常春藤	*Hedera nepalensis* var. *sinensis*	常春藤属	五加科
233	刺楸	*Kalopanax septemlobus*	刺楸属	五加科
234	异叶梁王茶	*Metapanax davidii*	梁王茶属	五加科
235	秀丽假人参	*Panax pseudo-ginseng* var. *elegantior*	人参属	五加科
236	鸭儿芹	*Cryptotaenia japonica*	鸭儿芹属	伞形科
237	短毛独活	*Heracleum moellendorffii*	独活属	伞形科
238	藁本	*Conioselinum anthriscoides*	山芎属	伞形科
239	异叶茴芹	*Pimpinella diversifolia*	茴芹属	伞形科
240	异叶囊瓣芹	*Pternopetalum heterophyllum*	囊瓣芹属	伞形科
241	直刺变豆菜	*Sanicula orthacantha*	变豆菜属	伞形科
242	斑叶珊瑚	*Aucuba albopunctifolia*	桃叶珊瑚属	山茱萸科
243	灯台树	*Cornus controversa*	山茱萸属	山茱萸科
244	四照花	*Cornus kousa* subsp. *chinensis*	山茱萸属	山茱萸科
245	卷毛梾木	*Cornus ulotricha*	山茱萸属	山茱萸科
246	青荚叶	*Helwingia japonica*	青荚叶属	山茱萸科
247	城口桤叶树	*Clethra fargesii*	桤叶树属	桤叶树科
248	喜冬草	*Chimaphila japonica*	喜冬草属	鹿蹄草科
249	灯笼树	*Enkianthus chinensis*	吊钟花属	杜鹃花科
250	狭叶珍珠花	*Lyonia ovalifolia* var. *lanceolata*	珍珠花属	杜鹃花科
251	美丽马醉木	*Pieris formosa*	马醉木属	杜鹃花科
252	普通鹿蹄草	*Pyrola decorata*	鹿蹄草属	鹿蹄草科
253	毛肋杜鹃	*Rhododendron augustinii*	杜鹃属	杜鹃花科

（续）

序号	植物种名	拉丁名	属名	科名
254	耳叶杜鹃	*Rhododendron auriculatum*	杜鹃属	杜鹃花科
255	粉白杜鹃	*Rhododendron hypoglaucum*	杜鹃属	杜鹃花科
256	麻花杜鹃	*Rhododendron maculiferum*	杜鹃属	杜鹃花科
257	粉红杜鹃	*Rhododendron oreodoxa* var. *fargesii*	杜鹃属	杜鹃花科
258	无梗越橘	*Vaccinium henryi*	越橘属	杜鹃花科
259	湖北杜茎山	*Maesa hupehensis*	杜茎山属	紫金牛科
260	鄂报春	*Primula obconica*	报春花属	报春花科
261	卵叶报春	*Primula ovalifolia*	报春花属	报春花科
262	君迁子	*Diospyros lotus*	柿属	柿科
263	薄叶山矾	*Symplocos anomala*	山矾属	山矾科
264	光亮山矾	*Symplocos lucida*	山矾属	山矾科
265	白檀	*Symplocos tanakana*	山矾属	山矾科
266	老鸹铃	*Styrax hemsleyanus*	安息香属	安息香科
267	齿缘苦枥木	*Fraxinus insularis* var. *henryana*	梣属	木犀科
268	尖萼梣	*Fraxinus odontocalyx*	梣属	木犀科
269	红柄木樨	*Osmanthus armatus*	木犀属	木犀科
270	垂丝丁香	*Syringa komarowii* var. *reflexa*	丁香属	木犀科
271	灰绿龙胆	*Gentiana yokusai*	龙胆属	龙胆科
272	獐牙菜	*Swertia bimaculata*	獐牙菜属	龙胆科
273	峨眉双蝴蝶	*Tripterospermum cordatum*	双蝴蝶属	龙胆科
274	络石	*Trachelospermum jasminoides*	络石属	夹竹桃科
275	紫珠	*Callicarpa bodinieri*	紫珠属	马鞭草科
276	海州常山	*Clerodendrum trichotomum*	大青属	马鞭草科
277	紫背金盘	*Ajuga nipponensis*	筋骨草属	唇形科
278	动蕊花	*Teuctium ornatum*	香料科属	唇形科
279	掌叶石蚕	*Rubiteucris palmata*	掌叶石蚕属	唇形科
280	华鼠尾草	*Salvia chinensis*	鼠尾草属	唇形科
281	锯叶峨眉黄芩	*Scutellaria omeiensis* var. *serratifolia*	黄芩属	唇形科
282	陕川婆婆纳	*Veronica tsinglingensis*	婆婆纳属	玄参科
283	六叶葎	*Galium hoffmeisteri*	拉拉藤属	茜草科

（续）

序号	植物种名	拉丁名	属名	科名
284	鸡屎藤	*Paederia foetida*	鸡屎藤属	茜草科
285	茜草	*Rubia cordifolia*	茜草属	茜草科
286	四子马蓝	*Strobilanthes tetrasperma*	紫云菜属	爵床科
287	南方六道木	*Zabelia dielsii*	六道木属	忍冬科
288	蓮梗花	*Abelia uniflora*	六道木属	忍冬科
289	淡红忍冬	*Lonicera acuminata*	忍冬属	忍冬科
290	须蕊忍冬	*Lonicera chrysantha* var. *koehneana*	忍冬属	忍冬科
291	唐古特忍冬	*Lonicera tangutica*	忍冬属	忍冬科
292	接骨木	*Sambucus williamsii*	接骨木属	忍冬科
293	穿心莛子藨	*Triosteum himalayanum*	莛子藨属	忍冬科
294	桦叶荚蒾	*Viburnum betulifolium*	荚蒾属	忍冬科
295	紫药红荚蒾	*Viburnum erubescens* var. *prattii*	荚蒾属	忍冬科
296	巴东荚蒾	*Viburnum henryi*	荚蒾属	忍冬科
297	宜昌荚蒾	*Viburnum erosum*	荚蒾属	忍冬科
298	皱叶荚蒾	*Viburnum rhytidophyllum*	荚蒾属	忍冬科
299	陕西荚蒾	*Viburnum schensianum*	荚蒾属	忍冬科
300	合轴荚蒾	*Viburnum sympodiale*	荚蒾属	忍冬科
301	半边月	*Weigela japonica* var. *sinica*	锦带花属	忍冬科
302	柔垂缬草	*Valeriana flaccidissima*	缬草属	败酱科
303	直穗小檗	*Berberis dasystachya*	小檗属	小檗科
304	豪猪刺	*Berberis julianae*	小檗属	小檗科
305	芒齿小檗	*Berberis triacanthophora*	小檗属	小檗科
306	红毛七	*Caulophyllum robustum*	红毛七属	小檗科
307	三枝九叶草	*Epimedium sagittatum*	淫羊藿属	小檗科
308	阔叶十大功劳	*Mahonia bealei*	十大功劳属	小檗科
309	灯台兔儿风	*Ainsliaea kawakamii*	兔儿风属	菊科
310	微糙三脉紫菀	*Aster ageratoides* var. *scaberulus*	紫菀属	菊科
311	三脉紫菀	*Aster ageratoides*	紫菀属	菊科
312	暗花金挖耳	*Carpesium triste*	天名精属	菊科
313	甘菊	*Chrysanthemum lavandulifolium*	茼蒿属	菊科
314	刺苞蓟	*Cirsium henryi*	蓟属	菊科
315	多须公	*Eupatorium chinense*	泽兰属	菊科
316	薄雪火绒草	*Leontopodium japonicum*	火绒草属	菊科

（续）

序号	植物种名	拉丁名	属名	科名
317	大黄橐吾	*Ligularia duciformis*	橐吾属	菊科
318	矢叶橐吾	*Ligularia fargesii*	橐吾属	菊科
319	莲叶橐吾	*Ligularia nelumbifolia*	橐吾属	菊科
320	窄头橐吾	*Ligularia stenocephala*	橐吾属	菊科
321	兔儿风蟹甲草	*Parasenecio ainsliiflorus*	蟹甲草属	菊科
322	无毛蟹甲草	*Parasenecio albus*	蟹甲草属	菊科
323	紫背蟹甲草	*Parasenecio ianthophyllus*	蟹甲草属	菊科
324	白头蟹甲草	*Parasenecio leucocephalus*	蟹甲草属	菊科
325	毛裂蜂斗菜	*Petasites tricholobus*	蜂斗菜属	菊科
326	心叶风毛菊	*Saussurea cordifolia*	风毛菊属	菊科
327	大耳叶风毛菊	*Saussurea macrota*	风毛菊属	菊科
328	多头风毛菊	*Saussurea ploycephala*	风毛菊属	菊科
329	华蟹甲	*Sinacalia tangutica*	华蟹甲属	菊科
330	异叶黄鹌菜	*Youngia heterophylla*	黄鹌菜属	菊科
331	野青茅	*Deyeuxia pyramidalis*	野青茅属	禾本科
332	龙头箭竹	*Fargesia dracocephala*	箭竹属	禾本科
333	箭竹	*Fargesia spathacea*	箭竹属	禾本科
334	阔叶箬竹	*Indocalamus latifolius*	箬竹属	禾本科
335	林地早熟禾	*Poa nemoralis*	早熟禾属	禾本科
336	花南星	*Arisaema lobatum*	天南星属	天南星科
337	褐果薹草	*Carex brunnea*	薹草属	莎草科
338	大舌薹草	*Carex grandiligulata*	薹草属	莎草科
339	亚柄薹草	*Carex lanceolata* var. *subpediformis*	薹草属	莎草科
340	披针薹草	*Carex lancifolia*	薹草属	莎草科
341	藏薹草	*Carex thibetica*	薹草属	莎草科
342	散序地杨梅	*Luzula effusa*	地杨梅属	灯心草科
343	七筋姑	*Clintonia udensis*	七筋姑属	百合科
344	万寿竹	*Disporum cantoniense*	万寿竹属	百合科
345	少叶鹿药	*Maianthemum stenolobum*	舞鹤草属	百合科
346	麦冬	*Ophiopogon japonicus*	沿阶草属	百合科
347	华重楼	*Paris polyphylla* var. *chinensis*	重楼属	百合科
348	轮叶黄精	*Polygonatum verticillatum*	黄精属	百合科
349	菝葜	*Smilax china*	菝葜属	百合科

（续）

序号	植物种名	拉丁名	属名	科名
350	黑果菝葜	*Smilax glaucochina*	菝葜属	百合科
351	小叶菝葜	*Smilax microphylla*	菝葜属	百合科
352	鞘柄菝葜	*Smilax stans*	菝葜属	百合科
353	糙柄菝葜	*Smilax trachypoda*	菝葜属	百合科
354	黄花油点草	*Tricyrtis pilosa*	油点草属	百合科
355	毛叶藜芦	*Veratrum grandiflorum*	藜芦属	百合科
356	穿龙薯蓣	*Dioscorea nipponica*	薯蓣属	薯蓣科
357	肾唇虾脊兰	*Calanthe brevicornu*	虾脊兰属	兰科
358	三棱虾脊兰	*Calanthe tricarinata*	虾脊兰属	兰科
358	银兰	*Cephalanthera erecta*	头蕊兰属	兰科
360	凹舌兰	*Dactylorhiza viridis*	掌裂兰属	兰科
361	蕙兰	*Cymbidium faberi*	兰属	兰科
362	小斑叶兰	*Goodyera repens*	斑叶兰属	兰科

表 3-10　神农架站生物监测鸟类名录

序号	动物名称	拉丁名	目名
1	珠颈斑鸠	*Streptopelia chinensis*	鸽形目
2	山斑鸠	*Streptopelia orientalis*	鸽形目
3	斑鸠属某种	*Streptopelia* sp.	鸽形目
4	红腹锦鸡	*Chrysolophus pictus*	鸡形目
5	雉科某种	*Phasianidae* sp.	鸡形目
6	环颈雉	*Phasianus colchicus*	鸡形目
7	勺鸡	*Pucrasia macrolopha*	鸡形目
8	白冠长尾雉	*Syrmaticus reevesii*	鸡形目
9	红腹角雉	*Tragopan temminckii*	鸡形目
10	四声杜鹃	*Cuculus micropterus*	鹃形目
11	红头长尾山雀	*Aegithalos concinnus*	雀形目
12	蓝喉太阳鸟	*Aethopyga gouldiae*	雀形目
13	山鹨	*Anthus sylvanus*	雀形目
14	白腹短翅鸲	*Brachypteryx major*	雀形目
15	蓝短翅鸫	*Brachypteryx montana*	雀形目
16	金腰燕	*Cecropis daurica*	雀形目
17	欧亚旋木雀	*Certhia familiaris*	雀形目
18	棕顶树莺	*Cettia brunnifrons*	雀形目

（续）

序号	动物名称	拉丁名	目名
19	大树莺	*Cettia major*	雀形目
20	树莺属某种	*Cettia* sp.	雀形目
21	褐河乌	*Cinclus pallasii*	雀形目
22	锡嘴雀	*Coccothraustes coccothraustes*	雀形目
23	红嘴鸦雀	*Conostoma aemodium*	雀形目
24	鹊鸲	*Copsychus saularis*	雀形目
25	大嘴乌鸦	*Corvus macrorhynchos*	雀形目
26	白颈鸦	*Corvus pectoralis*	雀形目
27	红头穗鹛	*Cyanoderma ruficeps*	雀形目
28	山鹡鸰	*Dendronanthus indicus*	雀形目
29	黑卷尾	*Dicrurus macrocercus*	雀形目
30	黄眉鹀	*Emberiza chrysophrys*	雀形目
31	黄喉鹀	*Emberiza elegans*	雀形目
32	鹀属某种	*Emberiza* sp.	雀形目
33	灰头鹀	*Emberiza spodocephala*	雀形目
34	白额燕尾	*Enicurus leschenaulti*	雀形目
35	白额燕尾	*Enicurus leschenaulti*	雀形目
36	小燕尾	*Enicurus scouleri*	雀形目
37	棕胸蓝姬鹟	*Ficedula hyperythra*	雀形目
38	白喉噪鹛	*Garrulax albogularis*	雀形目
39	画眉	*Garrulax canorus*	雀形目
40	灰翅噪鹛	*Garrulax cineraceus*	雀形目
41	斑背噪鹛	*Garrulax lunulatus*	雀形目
42	大噪鹛	*Garrulax maximus*	雀形目
43	小黑领噪鹛	*Garrulax monileger*	雀形目
44	眼纹噪鹛	*Garrulax ocellatus*	雀形目
45	黑领噪鹛	*Garrulax pectoralis*	雀形目
46	白颊噪鹛	*Garrulax sannio*	雀形目
47	噪鹛属某种	*Garrulax* sp.	雀形目
48	松鸦	*Garrulus glandarius*	雀形目
49	家燕	*Hirundo rustica*	雀形目
50	黄腹树莺	*Horornis acanthizoides*	雀形目
51	暗灰鹃䴗	*Lalage melaschistos*	雀形目

（续）

序号	动物名称	拉丁名	目名
52	红尾伯劳	*Lanius cristatus*	雀形目
53	红嘴相思鸟	*Leiothrix lutea*	雀形目
54	白腰文鸟	*Lonchura striata*	雀形目
55	歌鸲属某种	*Luscinia* sp.	雀形目
56	白鹡鸰	*Motacilla alba*	雀形目
57	灰鹡鸰	*Motacilla cinerea*	雀形目
58	黄鹡鸰	*Motacilla tschutschensis*	雀形目
59	鹟科某种	Muscicapidae sp.	雀形目
60	紫啸鸫	*Myophonus caeruleus*	雀形目
61	星鸦	*Nucifraga caryocatactes*	雀形目
62	黑枕黄鹂	*Oriolus chinensis*	雀形目
63	黄腹山雀	*Pardaliparus venustulus*	雀形目
64	山雀科某种	Paridae sp.	雀形目
65	大山雀	*Parus cinereus*	雀形目
66	绿背山雀	*Parus monticolus*	雀形目
67	山雀属某种	*Parus* sp.	雀形目
68	山麻雀	*Passer cinnamomeus*	雀形目
69	麻雀	*Passer montanus*	雀形目
70	小灰山椒鸟	*Pericrocotus cantonensis*	雀形目
71	山椒鸟属某种	*Pericrocotus* sp.	雀形目
72	煤山雀	*Periparus ater*	雀形目
73	黑冠山雀	*Periparus rubidiventris*	雀形目
74	北红尾鸲	*Phoenicurus auroreus*	雀形目
75	黄腹柳莺	*Phylloscopus affinis*	雀形目
76	黄腰柳莺	*Phylloscopus proregulus*	雀形目
77	柳莺属某种	*Phylloscopus* sp.	雀形目
78	喜鹊	*Pica pica*	雀形目
79	棕颈钩嘴鹛	*Pomatorhinus ruficollis*	雀形目
80	钩嘴鹛属某种	*Pomatorhinus* sp.	雀形目
81	鹎科某种	Pycnonotidae sp.	雀形目
82	白头鹎	*Pycnonotus sinensis*	雀形目
83	黄臀鹎	*Pycnonotus xanthorrhous*	雀形目
84	红尾水鸲	*Rhyacornis fuliginosa*	雀形目

（续）

序号	动物名称	拉丁名	目名
85	金眶鹟莺	*Seicercus burkii*	雀形目
86	栗头鹟莺	*Seicercus castaniceps*	雀形目
87	棕头鸦雀	*Sinosuthora webbiana*	雀形目
88	普通䴓	*Sitta europaea*	雀形目
89	领雀嘴鹎	*Spizixos semitorques*	雀形目
90	灰椋鸟	*Spodiopsar cineraceus*	雀形目
91	印度寿带	*Terpsiphone paradisi*	雀形目
92	画眉科某种	Timaliidae sp.	雀形目
93	橙翅噪鹛	*Trochalopteron elliotii*	雀形目
94	鸫科某种	Turdidae sp.	雀形目
95	宝兴歌鸫	*Turdus mupinensis*	雀形目
96	红嘴蓝鹊	*Urocissa erythroryncha*	雀形目
97	虎斑地鸫	*Zoothera aurea*	雀形目
98	池鹭	*Ardeola bacchus*	鹈形目
99	戴胜	*Upupa epops*	犀鸟目
100	短嘴金丝燕	*Aerodramus brevirostris*	夜鹰目
101	金雕	*Aquila chrysaetos*	鹰形目
102	黑鸢	*Milvus migrans*	鹰形目
103	星头啄木鸟	*Dendrocopos canicapillus*	啄木鸟目
104	赤胸啄木鸟	*Dendrocopos cathpharius*	啄木鸟目
105	大斑啄木鸟	*Dendrocopos major*	啄木鸟目
106	啄木鸟属某种	*Dendrocopos* sp.	啄木鸟目
107	蚁䴕	*Jynx torquilla*	啄木鸟目
108	啄木鸟科某种	Picidae sp.	啄木鸟目
109	灰头绿啄木鸟	*Picus canus*	啄木鸟目

表 3-11　神农架站生物监测哺乳动物名录

序号	动物名称	拉丁名	目名
1	猕猴	*Macaca mulatta*	灵长目
2	姬鼠属某种	*Apodemus* sp.	啮齿目
3	中华姬鼠	*Apodemus draco*	啮齿目
4	大林姬鼠	*Apodemus peninsulae*	啮齿目

（续）

序号	动物名称	拉丁名	目名
5	赤腹松鼠	*Callosciurus erythraeus*	啮齿目
6	红腿长吻松鼠	*Dremomys pyrrhomerus*	啮齿目
7	黑腹绒鼠	*Eothenomys melanogaster*	啮齿目
8	中国豪猪	*Hystrix hodgsoni*	啮齿目
9	小泡巨鼠	*Leopoldamys edwardsi*	啮齿目
10	安氏白腹鼠	*Niviventer andersoni*	啮齿目
11	北社鼠	*Niviventer confucianus*	啮齿目
12	灰头小鼯鼠	*Petaurista caniceps*	啮齿目
13	黄毛鼠	*Rattus losea*	啮齿目
14	褐家鼠	*Rattus norvegicus*	啮齿目
15	拟家鼠	*Rattus pyctoris*	啮齿目
16	中华竹鼠	*Rhizomys sinensis*	啮齿目
17	岩松鼠	*Sciurotamias davidianus*	啮齿目
18	北松鼠	*Sciurus vulgaris*	啮齿目
19	隐纹花鼠	*Tamiops swinhoei*	啮齿目
20	猪尾鼠	*Typhlomys cinereus*	啮齿目
21	中华鬣羚	*Capricornis milneedwardsii*	偶蹄目
22	毛冠鹿	*Elaphodus cephalophus*	偶蹄目
23	林麝	*Moschus berezovskii*	偶蹄目
24	喜马拉雅斑羚	*Naemorhedus goral*	偶蹄目
25	野猪	*Sus scrofa*	偶蹄目
26	猪獾	*Arctonyx collaris*	食肉目
27	豹猫	*Felis bengalensis*	食肉目
28	鼬獾	*Melogale moschata*	食肉目
29	花面狸	*Paguma larvata*	食肉目
30	亚洲黑熊	*Ursus thibetanus*	食肉目
31	藏鼠兔	*Ochotona thibetana*	兔形目
32	四川短尾鼩	*Anourosorex squamipes*	食虫目
33	鼩鼱科某种	Soricidae sp.	食虫目
34	斯氏缺齿鼩	*Chodsigoa smithii*	猬行目

3.2.2 常绿落叶阔叶混交林乔木物种组成与生物量

3.2.2.1 概述

本数据集来自神农架站的长期生物观测。观测场地位于神农架站常绿落叶阔叶混交林综合观测场永久性样地，样地代码为 SNFZH01ABC _ 01。时间范围为 2010—2015 年；数据项为乔木物种组成与生物量，字段包括植物种名、株数、平均胸径、平均高度、树干干重、树枝干重、树叶干重、树皮干重、地上部总干重和地下部总干重；数据量为 185 条。

3.2.2.2 数据采集和处理方法

神农架站常绿落叶阔叶混交林综合观测场永久样地面积为 100 m×100 m，划分为 100 个 10 m×10 m 的Ⅱ级样方作为乔木层调查样方，每个样方的四角用水泥标桩固定，样方号从 1 至 100。在每个乔木样方，对胸径≥1 cm 的木本植物挂牌，逐个调查其种名、胸径、高度、活枝下高和冠幅。乔木生物量采用异速生长方程法，选择适用的生物量方程，分种或分类别进行计算。

3.2.2.3 数据质量控制和评估

本数据集的质量控制主要从野外调查、数据录入及分析计算 3 方面进行。

（1）野外永久样地完全按照中国生态系统网络（CERN）长期观测规范——《陆地生态系统生物观测指标与规范》进行布设和调查规范。样方尺寸均为水平投影面积。胸径调查需清除藤蔓、苔藓地衣等杂物，并且避开树杈、畸形生长等特殊情形，胸径尺寸松紧适度，胸径 4 cm 以下的个体用游标卡尺测定垂直的两个方向（最好沿树干截面的长轴和短轴方向）求平均值，以保证测量准确。树高尽量采用测杆或测高仪实际测量，受地形、遮挡等无法实际测量的，则需尽量估测准确。尽量采集凭证标本进行物种鉴定。

（2）纸质版数据录入电脑的过程中，采用 2 人同时输入数据的方式，自查并相互检查，以确保数据输入的准确性。纸质原始数据资料，经扫描备份后妥善保存，以备将来核查。

（3）生物量方程选择，尽量选择临近区域、相似或相同的生态地理区、相同或相似物种的生物量方程。并且结合本地调查数据，进行敏感性、有效性检验，最后选择最适用的生物量方程。

3.2.2.4 数据价值/数据使用方法和建议

植物物种组成和生物量是森林生态系统结构和功能的重要基础数据，为分析研究森林群落的物种多样性、群落结构、物质生产、物质循环、能量流动、生物固碳等方面提供基础数据。本数据集包含 2010—2015 年常绿落叶阔叶混交林乔木物种组成和生物量的动态数据，可为北亚热带森林生态系统的生物多样性、群落动态、物种循环、能量流动、森林固碳等研究提供重要的基础数据支持。

3.2.2.5 数据

神农架站常绿落叶阔叶混交林综合观测场永久性样地乔木物种组成与生物量数据见表 3-12。

表 3-12 常绿落叶阔叶混交林综合观测场永久性样地乔木物种组成与生物量

年份	植物种名	株数	平均胸径/cm	平均高度/m	树干干重/kg	树枝干重/kg	树叶干重/kg	树皮干重/kg	地上部总干重/kg	地下部总干重/kg
2010	巴东荚蒾	11	6.1	7.1	69.45	21.63	8.09	4.99	104.16	15.18
2010	巴东栎	127	14.8	8.5	6 284.59	819.69	490.33	451.21	8 045.82	1 887.82
2010	巴山榧树	4	3.2	3.0	4.61	1.12	1.87	0.95	8.55	2.67
2010	包果柯	96	11.0	5.9	2 910.84	224.50	211.76	208.99	3 556.09	976.72
2010	薄叶山矾	12	5.2	6.1	48.96	17.12	6.12	3.52	75.71	11.51
2010	波叶红果树	2	4.4	9.0	10.36	3.87	1.31	0.80	16.34	3.15
2010	城口桤叶树	166	7.9	7.8	2 240.64	781.40	237.74	159.15	3 418.93	775.40
2010	臭檀吴萸	1	10.8	12.0	30.70	10.51	3.15	2.10	46.44	10.76

（续）

年份	植物种名	株数	平均胸径/cm	平均高度/m	树干干重/kg	树枝干重/kg	树叶干重/kg	树皮干重/kg	地上部总干重/kg	地下部总干重/kg
2010	川钓樟	381	3.3	5.5	553.68	243.52	86.09	39.76	923.04	159.34
2010	川鄂海棠	22	11.2	9.0	592.32	204.59	58.35	42.15	897.41	216.70
2010	川陕鹅耳枥	192	16.0	10.3	12 909.07	4 473.36	1 139.90	952.72	19 475.05	5 107.45
2010	垂枝泡花树	8	5.1	7.6	44.51	16.40	5.53	3.44	69.88	13.74
2010	楤木	6	7.5	8.8	83.02	29.01	9.02	5.88	126.92	28.10
2010	大果花楸	13	16.3	10.0	886.10	310.33	76.34	65.87	1 338.64	356.03
2010	灯笼树	137	7.2	6.9	1 360.62	479.57	150.53	98.72	2 089.44	457.04
2010	灯台树	26	8.4	8.1	452.40	159.48	44.02	33.95	689.85	168.84
2010	短柄枹栎	100	26.6	13.4	17 374.37	6 061.33	1 465.17	1 293.20	26 194.06	7 062.06
2010	短柱柃	251	6.0	5.3	1 399.46	389.68	148.62	100.48	2 038.24	368.43
2010	多脉青冈	168	7.4	5.7	1 756.57	331.15	156.30	126.12	2 370.14	515.34
2010	耳叶杜鹃	1	33.6	16.0	270.29	11.49	18.13	19.41	319.31	95.39
2010	粉白杜鹃	522	9.4	7.0	7 814.73	2 212.17	749.78	561.07	11 337.74	1 894.95
2010	粉椴	1	10.7	6.5	21.13	7.26	2.25	1.44	32.09	7.18
2010	粉红杜鹃	5	9.1	7.2	76.14	22.27	7.22	5.47	111.10	18.84
2010	光亮山矾	68	7.3	5.8	648.02	194.39	64.46	46.53	953.40	160.67
2010	合轴荚蒾	29	3.1	4.5	56.36	22.25	7.93	4.36	90.89	16.00
2010	黑壳楠	4	15.1	8.3	168.76	22.43	13.87	12.12	217.18	47.10
2010	红豆杉	5	6.8	5.1	28.70	7.60	8.18	5.92	50.40	13.41
2010	红桦	7	17.4	10.8	496.94	173.43	43.66	36.71	750.74	196.67
2010	湖北杜茎山	1	1.3	3.5	0.43	0.19	0.07	0.03	0.72	0.10
2010	湖北花楸	2	2.3	4.8	2.39	0.99	0.37	0.18	3.94	0.63
2010	华山松	13	12.1	4.7	228.77	70.13	39.09	43.51	381.50	92.99
2010	华西花楸	60	8.8	8.3	1 062.43	372.04	105.13	79.55	1 619.14	392.11
2010	华榛	1	25.5	16.0	177.10	61.26	15.36	13.25	266.97	70.95
2010	化香树	199	7.6	7.7	2 485.98	877.44	260.38	184.76	3 808.56	877.29
2010	黄丹木姜子	2	3.7	6.0	3.35	1.53	0.56	0.24	5.67	0.89
2010	尖萼楞	20	7.1	6.1	230.60	80.79	23.45	16.88	351.71	83.62
2010	交让木	7	4.9	5.4	26.25	8.53	3.18	1.88	39.84	6.16
2010	金钱槭	2	8.3	9.8	34.97	12.14	3.73	2.44	53.28	11.97
2010	具柄冬青	20	6.3	5.8	105.91	36.00	12.18	7.60	161.70	25.70
2010	卷毛梾木	20	18.7	12.2	1 764.08	609.95	156.84	130.68	2 661.55	695.39

（续）

年份	植物种名	株数	平均胸径/cm	平均高度/m	树干干重/kg	树枝干重/kg	树叶干重/kg	树皮干重/kg	地上部总干重/kg	地下部总干重/kg
2010	绢毛稠李	8	16.4	10.4	485.88	167.55	44.29	35.45	733.16	188.11
2010	君迁子	2	9.3	10.5	34.63	11.89	3.78	2.68	52.98	11.67
2010	苦树	5	6.0	6.6	40.23	14.15	4.37	2.80	61.55	13.72
2010	阔叶荚蒾	25	3.0	5.7	53.27	20.89	7.41	4.12	85.69	15.25
2010	阔叶十大功劳	25	2.5	3.0	10.42	6.18	2.11	0.75	19.46	5.26
2010	老鸹铃	38	11.7	8.2	1 396.66	485.93	124.94	104.08	2 111.61	549.70
2010	亮叶桦	4	21.8	13.5	570.57	199.55	47.83	42.71	860.66	232.85
2010	领春木	87	7.7	8.0	1 174.78	410.55	123.77	85.85	1 794.95	411.13
2010	曼青冈	405	6.9	6.7	3 714.04	963.93	369.09	266.66	5 313.72	945.39
2010	猫儿刺	243	5.3	5.2	1 000.06	336.81	115.17	71.80	1 523.84	250.83
2010	美丽马醉木	14	5.0	4.2	36.11	14.53	4.84	2.59	58.08	9.49
2010	美脉花楸	14	5.4	6.0	79.34	28.39	9.02	5.77	122.52	26.31
2010	米心水青冈	738	10.0	8.0	15 912.66	5 526.01	1 568.49	1 161.73	24 168.90	5 853.23
2010	南方六道木	27	4.7	5.6	111.31	41.72	14.26	8.61	175.89	33.68
2010	暖木	2	13.4	12.3	80.43	27.45	7.96	5.49	121.32	29.01
2010	披针叶胡颓子	37	2.9	4.1	30.32	15.32	5.43	2.18	53.25	10.62
2010	漆	14	5.1	7.0	83.00	29.95	9.68	6.10	128.73	26.98
2010	青麸杨	1	2.7	5.5	1.74	0.71	0.26	0.13	2.84	0.48
2010	青荚叶	1	1.5	5.5	0.28	0.19	0.06	0.02	0.54	0.18
2010	青皮木	2	11.6	6.0	37.50	12.92	3.85	2.57	56.84	13.19
2010	青钱柳	13	4.7	5.8	56.61	20.99	7.12	4.38	89.10	17.37
2010	青榨槭	64	5.3	6.7	392.31	141.31	45.05	28.71	607.39	129.50
2010	三桠乌药	22	12.9	8.6	828.22	285.45	77.92	60.30	1 251.89	314.48
2010	色木槭	3	6.9	7.7	33.74	11.84	3.70	2.36	51.63	11.36
2010	山桐子	1	15.1	10.0	40.96	13.98	4.07	2.80	61.81	14.70
2010	神农架花楸	2	12.5	6.3	41.14	14.16	4.19	2.82	62.31	14.58
2010	石灰花楸	51	10.4	7.7	1 157.80	399.68	112.70	82.25	1 752.44	427.42
2010	水丝梨	2	21.5	12.5	226.48	12.19	16.12	16.26	271.05	75.06
2010	水榆花楸	1	32.4	14.0	233.04	81.08	19.72	17.44	351.28	94.58
2010	四照花	158	13.3	9.2	6 379.73	2 201.83	596.79	462.88	9 641.24	2 425.94
2010	台湾水青冈	19	30.8	10.3	3 567.91	1 252.97	293.39	266.52	5 380.79	1 471.89
2010	唐棣	1	5.4	7.5	6.09	2.25	0.76	0.47	9.57	1.87

（续）

年份	植物种名	株数	平均胸径/cm	平均高度/m	树干干重/kg	树枝干重/kg	树叶干重/kg	树皮干重/kg	地上部总干重/kg	地下部总干重/kg
2010	微毛樱桃	22	11.0	8.0	522.73	180.67	51.52	38.02	792.94	192.10
2010	五尖槭	26	6.1	6.5	193.78	68.89	21.43	13.83	297.92	65.55
2010	五裂槭	128	10.3	9.0	3 127.60	1 081.13	308.90	225.28	4 742.92	1 143.92
2010	武当玉兰	2	15.3	8.5	115.44	39.65	10.48	8.64	174.21	45.18
2010	西南卫矛	1	6.8	9.0	9.78	3.50	1.15	0.76	15.18	3.13
2010	狭翅桦	48	15.1	11.6	2 293.86	784.58	220.83	161.02	3 460.30	849.06
2010	狭叶冬青	1	2.6	6.0	0.86	0.46	0.16	0.06	1.54	0.32
2010	狭叶珍珠花	4	5.6	5.7	21.46	7.84	2.62	1.66	33.58	6.71
2010	香椿	2	2.2	4.5	2.16	0.90	0.34	0.17	3.56	0.57
2010	香桦	41	21.0	13.4	4 677.42	1 628.01	401.98	345.84	7 053.24	1 879.09
2010	香叶树	4	4.3	6.5	11.80	4.40	1.57	0.85	18.61	2.90
2010	香叶子	172	3.1	4.7	192.19	88.81	31.40	13.80	326.20	60.59
2010	小花香槐	13	6.4	7.8	117.26	41.53	12.83	8.31	179.94	39.89
2010	小叶鹅耳枥	2	10.8	12.0	54.17	18.49	5.61	3.88	82.15	18.90
2010	血皮槭	14	17.6	12.0	1 087.70	378.58	95.28	79.07	1 640.63	430.43
2010	盐麸木	3	3.3	5.3	6.98	2.75	0.98	0.54	11.24	1.98
2010	野鸦椿	4	2.9	5.5	7.57	3.03	1.09	0.59	12.28	2.11
2010	宜昌木姜子	269	4.6	6.5	1 185.60	440.61	149.43	91.43	1 867.07	363.27
2010	异叶榕	7	2.6	4.9	11.06	4.42	1.59	0.86	17.93	3.09
2010	皂柳	20	14.4	8.9	991.27	345.48	87.89	73.62	1 498.26	391.94
2010	长果花楸	3	20.0	13.0	244.62	83.64	22.61	17.53	368.40	93.58
2010	中华槭	2	7.2	10.8	24.71	8.61	2.78	1.91	38.01	8.18
2010	中华石楠	3	3.3	6.0	7.78	3.00	1.05	0.60	12.43	2.28
2010	紫茎	16	10.1	8.8	325.33	112.44	34.16	22.94	494.87	112.66
2015	巴东荚蒾	9	6.6	7.2	63.13	19.87	7.23	4.53	94.76	14.02
2015	巴东栎	123	15.6	8.8	6 654.99	834.51	516.25	477.80	8 483.55	2 017.18
2015	巴山榧树	4	3.8	3.0	6.37	1.60	2.39	1.31	11.67	3.51
2015	包果柯	89	11.8	6.2	2 853.87	212.18	209.10	204.89	3 480.04	948.25
2015	薄叶山矾	5	5.4	7.2	23.75	8.15	2.98	1.71	36.58	5.34
2015	波叶红果树	1	4.7	10.0	6.13	2.27	0.77	0.47	9.64	1.88
2015	城口桤叶树	138	9.0	7.8	2 246.17	780.33	235.09	159.41	3 421.01	784.74
2015	臭檀吴萸	1	11.8	12.0	34.08	11.66	3.45	2.33	51.52	12.05

（续）

年份	植物种名	株数	平均胸径/cm	平均高度/m	树干干重/kg	树枝干重/kg	树叶干重/kg	树皮干重/kg	地上部总干重/kg	地下部总干重/kg
2015	川钓樟	331	4.1	5.6	773.52	279.31	103.87	55.54	1 212.24	208.08
2015	川鄂滇池海棠	22	11.8	8.6	601.96	207.94	59.51	42.86	912.27	219.61
2015	川陕鹅耳枥	178	17.2	10.4	13 081.23	4 531.58	1 155.57	967.80	19 736.18	5 176.19
2015	垂枝泡花树	9	6.1	7.0	61.72	22.56	7.55	4.77	96.60	19.24
2015	楤木	4	10.0	10.5	92.33	31.78	9.54	6.46	140.12	32.32
2015	大果花楸	14	17.3	9.4	940.02	328.01	82.25	69.34	1 419.62	373.63
2015	灯笼树	127	7.9	7.7	1 586.74	555.84	172.11	114.11	2 428.80	540.01
2015	灯台树	26	9.7	8.5	555.03	193.38	54.51	40.58	843.50	204.39
2015	短柄枹栎	96	27.1	13.1	16 336.60	5 691.81	1 385.32	1 216.84	24 630.57	6 620.09
2015	短柱柃	237	6.2	5.4	1 384.87	382.19	146.34	99.43	2 012.82	368.74
2015	多脉青冈	156	7.7	6.2	1 770.15	363.68	160.32	127.09	2 421.25	507.64
2015	耳叶杜鹃	1	34.2	16.0	277.14	11.89	18.54	19.90	327.47	98.16
2015	粉白杜鹃	491	9.4	7.2	7 540.79	2 112.31	721.46	541.40	10 915.97	1 832.42
2015	粉椴	1	11.2	12.0	32.04	10.97	3.27	2.19	48.47	11.27
2015	粉红杜鹃	5	9.8	7.4	82.81	23.63	7.92	5.95	120.30	19.89
2015	光亮山矾	72	7.4	6.3	746.49	222.30	74.36	53.60	1 096.75	183.76
2015	合轴荚蒾	22	3.7	5.3	60.98	23.54	8.24	4.72	97.48	17.78
2015	黑壳楠	2	8.7	9.5	32.84	9.38	3.10	2.36	47.68	7.99
2015	红豆杉	5	7.8	5.8	36.32	9.68	9.82	7.49	63.32	16.48
2015	红桦	6	13.3	11.9	232.45	79.36	23.13	15.87	350.80	83.46
2015	湖北花楸	1	2.8	4.5	1.59	0.65	0.24	0.12	2.59	0.43
2015	华山松	11	14.0	8.2	394.92	129.21	55.16	71.66	650.95	160.27
2015	华西花楸	56	9.6	8.3	1 147.29	400.54	113.37	85.22	1 746.42	422.66
2015	华榛	1	24.6	12.0	133.08	45.76	11.84	9.96	200.64	52.60
2015	化香树	142	9.9	9.0	3 105.00	1 079.40	310.77	224.69	4 719.85	1 123.81
2015	黄丹木姜子	2	4.2	7.0	4.89	2.08	0.77	0.35	8.09	1.09
2015	尖萼梣	15	8.2	6.9	239.81	83.98	23.40	17.82	365.01	89.50
2015	交让木	7	5.4	5.5	32.67	9.93	3.85	2.35	48.79	7.22
2015	金钱槭	2	11.0	10.0	50.06	17.25	5.10	3.47	75.88	17.75
2015	具柄冬青	19	6.8	6.5	146.84	46.53	15.86	10.54	219.78	35.05
2015	卷毛梾木	19	21.1	12.7	2 022.24	699.72	177.94	149.45	3 049.35	801.26
2015	绢毛稠李	7	17.6	10.9	529.24	182.96	47.41	38.77	798.38	207.09

（续）

年份	植物种名	株数	平均胸径/cm	平均高度/m	树干干重/kg	树枝干重/kg	树叶干重/kg	树皮干重/kg	地上部总干重/kg	地下部总干重/kg
2015	绢毛山梅花	23	3.8	5.7	65.65	25.26	8.82	5.08	104.81	19.24
2015	君迁子	2	11.6	12.0	66.46	22.74	6.75	4.54	100.49	23.44
2015	苦树	5	7.3	6.7	50.10	17.57	5.35	3.50	76.52	17.31
2015	阔叶荚蒾	24	3.3	5.9	58.90	22.86	8.04	4.56	94.36	17.08
2015	阔叶十大功劳	24	2.6	2.7	10.56	6.19	2.12	0.76	19.63	5.18
2015	浪叶花椒	1	2.3	6.0	1.47	0.60	0.22	0.11	2.40	0.40
2015	老鸹铃	28	13.9	8.4	1 297.88	450.61	116.62	96.28	1 961.40	508.96
2015	亮叶桦	4	22.7	14.4	577.97	201.98	48.81	43.30	872.05	234.82
2015	领春木	73	8.7	8.4	1 251.00	434.44	129.36	91.08	1 905.88	443.24
2015	曼青冈	388	7.4	6.6	4 009.16	998.86	387.66	287.85	5 683.53	1 045.02
2015	猫儿刺	224	5.5	5.4	1 029.24	343.09	117.58	73.90	1 563.81	254.85
2015	美丽马醉木	19	5.0	5.4	61.35	23.53	8.09	4.40	97.38	15.24
2015	美脉花楸	16	6.8	6.4	140.86	49.54	15.01	9.95	215.36	48.93
2015	米心水青冈	707	10.8	8.4	17 698.91	6 133.57	1 730.89	1 287.93	26 851.30	6 537.95
2015	暖木	2	17.1	13.0	110.98	37.78	10.69	7.58	167.02	40.85
2015	漆	7	7.6	6.9	82.25	28.67	8.72	5.90	125.55	28.54
2015	青皮木	2	12.2	7.0	43.47	14.96	4.41	2.99	65.83	15.44
2015	青钱柳	9	6.1	7.2	71.85	25.75	8.33	5.29	111.22	23.32
2015	青榨槭	59	6.3	7.3	499.45	177.37	55.64	36.28	768.74	167.79
2015	三桠乌药	19	14.7	9.9	912.92	314.46	84.71	66.48	1 378.56	349.59
2015	色木槭	4	7.0	7.9	47.13	16.53	5.08	3.32	72.04	16.11
2015	山桐子	1	15.3	11.0	44.01	15.01	4.34	3.00	66.37	15.89
2015	神农架花楸	2	12.4	6.0	43.46	14.93	4.38	2.98	65.74	15.51
2015	石灰花楸	52	10.4	8.4	1 197.77	413.33	117.36	85.00	1 813.46	440.32
2015	水丝梨	3	18.1	9.0	235.05	12.54	16.62	16.88	281.08	78.95
2015	水榆花楸	1	32.1	13.0	216.49	75.20	18.44	16.20	326.33	87.56
2015	四照花	152	13.9	9.0	6 153.72	2 119.52	580.38	447.44	9 301.06	2 329.35
2015	台湾水青冈	20	31.8	12.7	4 356.56	1 530.67	356.47	325.91	6 569.60	1 801.99
2015	唐棣	1	5.8	8.0	7.09	2.60	0.87	0.55	11.11	2.21
2015	唐古特忍冬	1	3.0	5.0	1.90	0.76	0.28	0.15	3.09	0.53
2015	微毛樱桃	17	13.1	9.5	604.15	208.48	57.76	43.51	913.89	226.21
2015	五尖槭	27	7.4	6.4	339.75	119.30	34.53	25.38	518.96	123.80

（续）

年份	植物种名	株数	平均胸径/cm	平均高度/m	树干干重/kg	树枝干重/kg	树叶干重/kg	树皮干重/kg	地上部总干重/kg	地下部总干重/kg
2015	五裂槭	116	11.1	9.6	3 256.98	1 123.30	320.37	232.59	4 933.24	1 192.26
2015	武当木兰	2	16.0	9.5	131.82	45.40	11.83	9.87	198.91	51.89
2015	西南卫矛	1	7.8	8.0	10.98	3.89	1.27	0.85	16.99	3.55
2015	狭翅桦	49	15.4	11.6	2 494.88	853.89	238.51	176.14	3 763.42	929.14
2015	狭叶冬青	2	2.9	5.9	2.10	1.06	0.38	0.15	3.68	0.70
2015	狭叶珍珠花	2	5.8	5.0	10.09	3.71	1.25	0.78	15.83	3.13
2015	香椿	2	3.1	6.8	4.98	1.96	0.70	0.38	8.02	1.41
2015	香桦	41	22.0	12.1	4 771.96	1 662.91	408.44	353.57	7 196.89	1 922.50
2015	香叶树	1	4.6	7.0	2.97	1.22	0.46	0.21	4.86	0.61
2015	香叶子	161	3.5	5.2	244.11	107.35	37.99	17.53	406.99	70.17
2015	小花香槐	15	7.6	6.7	146.75	51.84	16.14	10.40	225.14	49.56
2015	小叶鹅耳枥	2	10.9	8.0	42.57	14.66	4.53	3.04	64.80	14.57
2015	血皮槭	14	18.2	11.0	1 090.83	379.17	95.93	79.76	1 645.69	431.28
2015	盐麸木	2	4.0	6.8	7.40	2.82	0.98	0.57	11.77	2.19
2015	野鸦椿	3	3.0	5.0	5.68	2.28	0.82	0.44	9.21	1.57
2015	宜昌木姜子	230	5.3	6.9	1 355.61	493.71	164.35	103.84	2 117.52	426.70
2015	异叶梁王荼	1	4.8	4.5	2.11	0.93	0.34	0.15	3.54	0.51
2015	异叶榕	7	3.1	5.1	13.89	5.53	1.99	1.07	22.48	3.89
2015	皂柳	16	16.8	10.0	1 072.58	373.25	94.34	79.35	1 619.52	425.45
2015	长果花楸	3	21.9	13.2	303.56	104.38	27.34	21.93	457.20	118.12
2015	中华槭	2	8.2	10.5	36.64	12.71	3.90	2.56	55.81	12.55
2015	中华石楠	3	3.5	5.8	8.41	3.23	1.13	0.65	13.42	2.47
2015	紫茎	15	10.6	9.7	343.59	118.33	35.65	24.38	521.95	120.13

3.2.2.6　数据分析

（1）物种组成变化。神农架站常绿落叶阔叶混交林综合观测场永久性样地乔木物种共有胸径≥1 cm的木本植物 94 种，隶属于 37 科 59 属，其中，常绿阔叶树种 24 种，隶属于 11 科 15 属，落叶阔叶树种 67 种，隶属于 30 科 45 属，常绿针叶树种 3 种，隶属于 2 科 3 属。2010 年共有木本植物 92 种，其中，常绿阔叶树种 23 种，落叶阔叶树种 66 种，常绿针叶树种 3 种。2015 年共有木本植物 93 种，其中，常绿阔叶树种 24 种，落叶阔叶树种 65 种，常绿针叶树种 3 种。2010—2015 年减少物种 1 种，青麸杨为落叶阔叶小乔木；增加物种 2 种，浪叶花椒（落叶阔叶小乔木）和异叶梁王荼（常绿阔叶小乔木或灌木）。2010 年和 2015 年，落叶阔叶树种与常绿阔叶树种物种数的比值分别为 2.87 和 2.75，变化不明显。

（2）植株数量变化。常绿落叶阔叶混交林综合观测场永久性样地 2010 年有胸径≥1 cm 的木本植物共计 5 482 株，其中常绿阔叶树种 2 541 株，落叶阔叶树种 2 919 株，常绿针叶树种 20 株；2015 年有 5 040 株，其中常绿阔叶树种 2 372 株，落叶阔叶树种 2 648 株，常绿针叶树种 20 株。2015 年比 2010 年减少 442 株，其中常绿阔叶树种 169 株，落叶阔叶树种 271 株，常绿针叶树种 2 株。

（3）生物量变化。常绿落叶阔叶混交林综合观测场永久性样地乔木生物量 2010 年为216.74 t/hm^2，其中常绿阔叶树种 45.33 t/hm^2，落叶阔叶树种 170.86 t/hm^2，常绿针叶树种0.55 t/hm^2；2015 年的生物量为 225.66 t/hm^2，其中常绿阔叶树种 46.32 t/hm^2，落叶阔叶树种 178.44 t/hm^2，常绿针叶树种

0.91 t/hm²。2015 年比 2010 年总生物量增加 8.93 t/hm²，其中常绿阔叶树种 0.99 t/hm²，落叶阔叶树种7.58 t/hm²，常绿针叶树种 0.36 t/hm²；平均每年增加 1.79 t/hm²。

3.2.3 亚高山针叶林乔木物种组成与生物量

3.2.3.1 概述

本数据集来自神农架站的长期生物观测。观测场地位于神农架站亚高山针叶林辅助观测场，样地代码为 SNFFZ01ABC_01。时间范围为 2010—2015 年；数据项为乔木物种组成与生物量，字段包括植物种名、株数、平均胸径、平均高度、树干干重、树枝干重、树叶干重、树皮干重、地上部总干重和地下部总干重；数据量为 35 条。

3.2.3.2 数据采集和处理方法

神农架站亚高山针叶林辅助观测场的永久性样地面积为 100 m×100 m，划分为 100 个 10 m×10 m的Ⅱ级样方作为乔木层调查样方，每个样方的四角用水泥标桩固定。在每个乔木样方，对胸径≥1 cm的木本植物挂牌，逐个调查其种名、胸径、高度、活枝下高、冠幅。乔木生物量采用异速生长方程法，选择适用的生物量方程，分种或分类别进行计算。

3.2.3.3 数据质量控制和评估

本数据集的质量控制主要从野外调查、数据录入及分析计算 3 方面进行：

（1）野外永久样地完全按照中国生态系统网络（CERN）长期观测规范——《陆地生态系统生物观测指标与规范》进行布设和调查规范。样方尺寸均为水平投影面积，胸径调查需清除藤蔓、苔藓地衣等杂物，并且避开树杈、畸形生长等特殊情形，胸径尺寸松紧适度，胸径 4 cm 以下的个体用游标卡尺测定垂直的两个方向（最好沿树干截面的长轴和短轴方向）求平均值，以保证测量准确。树高尽量采用测杆或测高仪实际测量，受地形、遮挡等无法实际测量的，则需尽量估测准确。尽量采集凭证标本进行物种鉴定。

（2）纸质版数据录入电脑的过程中，采用 2 人同时输入数据的方式，自查并相互检查，以确保数据输入的准确性。纸质原始数据资料，经扫描备份后妥善保存，以备将来核查。

（3）生物量方程选择，尽量选择临近区域、相似或相同的生态地理区、相同或相似物种的生物量方程。并且结合本地调查数据，进行敏感性、有效性检验，最后选择最适用的生物量方程。

3.2.3.4 数据价值/数据使用方法和建议

植物物种组成和生物量是森林生态系统结构和功能的重要基础数据，为分析研究森林群落的物种多样性、群落结构、物质生产、物质循环、能量流动、生物固碳等方面提供基础数据。本数据集包含2010—2015 年亚高山针叶林乔木物种组成和生物量的动态数据，可为北亚热带亚高山针叶林森林生态系统的生物多样性、群落动态、物种循环、能量流动、森林固碳等研究提供重要的基础数据支持。

3.2.3.5 数据

神农架站亚高山针叶林辅助观测场永久性样地乔木物种组成与生物量数据见表 3-13。

表 3-13 亚高山针叶林辅助观测场永久性样地乔木物种组成与生物量

年份	植物种名	株数	平均胸径/cm	平均高度/m	树干干重/kg	树枝干重/kg	树叶干重/kg	树皮干重/kg	地上部总干重/kg	地下部总干重/kg
2010	巴山冷杉	389	36.3	16.8	197 553.31	32 071.53	14 191.1	25 162.11	268 978.06	71 814.47
2010	藏刺榛	11	2.8	3.1	12.93	5.24	1.91	1	21.08	3.56
2010	多齿长尾槭	240	3.9	3.2	571.49	213.57	71.23	42.09	898.38	179.75
2010	粉红杜鹃	7	11.5	6.1	137.83	38.91	12.63	9.9	199.27	34.28

（续）

年份	植物种名	株数	平均胸径/cm	平均高度/m	树干干重/kg	树枝干重/kg	树叶干重/kg	树皮干重/kg	地上部总干重/kg	地下部总干重/kg
2010	高贵云南冬青	32	9.3	5.7	357.09	105.14	35.56	25.64	523.43	84.98
2010	光叶陇东海棠	1	2.9	3.5	1.39	0.57	0.21	0.11	2.28	0.37
2010	红桦	51	27.1	16.2	10 785.36	3 777.62	891.19	804.25	16 258.41	4 435.93
2010	四川臭樱	27	2.4	3.1	25.75	10.7	3.97	1.99	42.41	6.86
2010	接骨木	3	4.1	2.6	5.63	2.24	0.8	0.44	9.1	1.58
2010	麻花杜鹃	51	11.2	6.7	993.3	255.35	91.13	71.32	1 411.1	248.69
2010	青榨槭	1	4.8	5	3.8	1.45	0.5	0.29	6.05	1.12
2010	山杨	2	37.6	29.5	1 069.55	378.69	84.03	80.03	1 612.3	451.52
2010	陕甘花楸	14	9.1	6.3	253.81	87.74	25.21	18.53	385.29	92.9
2010	四蕊槭	263	2.9	3.7	381.28	153.39	55.53	29.49	619.69	105.74
2010	太白深灰槭	20	16.77	9.04	1 379.04	478.19	121.25	102.06	2 080.54	547.37
2010	微毛樱桃	1	7.6	4	6.34	2.34	0.79	0.49	9.96	1.95
2010	五尖槭	26	3.9	3	77.8	28.01	8.62	5.47	119.91	26.81
2010	紫药红荚蒾	21	2.8	3	23.8	9.71	3.56	1.84	38.92	6.5
2015	巴山冷杉	369	37.5	17.6	203 442.13	32 965.27	14 519.97	25 911.68	276 839.05	73 667.72
2015	藏刺榛	8	3.7	3.1	14.33	5.7	2.04	1.11	23.18	4.03
2015	多齿长尾槭	221	4.4	3.6	684.86	253.93	83.83	50.24	1 072.87	217.53
2015	粉红杜鹃	6	12.5	6.8	146.03	40.79	13.31	10.48	210.61	36.05
2015	高贵云南冬青	34	9.7	6.7	472.97	134.77	45.66	33.96	687.35	112.52
2015	红桦	42	28	16.7	9 340.27	3 270.43	772.95	697.48	14 081.13	3 839.08
2015	四川臭樱	32	2.8	3.5	42.75	17.46	6.39	3.31	69.91	11.61
2015	接骨木	2	5.4	4	7.56	2.89	1	0.59	12.05	2.22
2015	麻花杜鹃	49	10.7	7.9	974.54	274.23	91.09	69.97	1 409.83	236.56
2015	青榨槭	2	4.7	7	9.92	3.68	1.25	0.77	15.62	3.04
2015	山杨	2	37.9	29.5	1 379.04	478.19	121.25	102.06	2 080.54	547.37
2015	陕甘花楸	28	6.9	5.5	303.23	105.88	30.94	22.08	462.13	109.32
2015	四蕊槭	224	3.2	4.2	425.67	167.9	59.84	32.93	686.34	121.03
2015	太白深灰槭	9	17.7	12.2	671.58	230.72	60.65	48.84	1 011.78	261.72
2015	微毛樱桃	14	3	4.1	23.24	9.35	3.38	1.8	37.76	6.43
2015	五尖槭	18	2.4	2.8	15.93	6.7	2.51	1.23	26.37	4.17
2015	紫药红荚蒾	11	3	3.2	14.49	5.83	2.11	1.12	23.56	4.03

3.2.3.6 数据分析

（1）物种组成变化。神农架站亚高山林辅助观测场永久样地乔木物种共有胸径≥1 cm的木本植物18种，隶属于8科12属，其中，常绿阔叶树种3种，隶属于2科2属，落叶阔叶树种14种，隶属于5科9属，常绿针叶树种1种，隶属于1科1属。2010年共有木本植物18种，隶属于8科12属，其中，常绿阔叶树种3种，隶属于2科2属，落叶阔叶树种14种，隶属于5科9属，常绿针叶树种1种，隶属于1科1属。2015年共有木本植物17种，隶属于18科11属，其中，常绿阔叶树种3种，隶属于2科2属，落叶阔叶树种13种，隶属于5科8属，常绿针叶树种1种，隶属于1科1属。2010—2015年减少的物种为落叶木本植物光叶陇东海棠，无新增物种。

（2）植株数量变化。亚高山针叶林辅助观测场永久样地2010年有胸径≥1 cm的木本植物共计1 160株，其中常绿阔叶90株，落叶阔叶681株，常绿针叶389株；2015年有1 071株，其中常绿阔叶89株，落叶阔叶613株，常绿针叶369株。2015年比2010年减少89株，其中常绿阔叶1株，落叶阔叶68株，常绿针叶20株。

（3）生物量变化。亚高山针叶林辅助观测场永久样地乔木生物量2010年为371.26 t/hm^2，其中常绿阔叶树种2.50 t/hm^2，落叶阔叶树种27.97 t/hm^2，常绿针叶树种340.79 t/hm^2；2015年的生物量为377.93 t/hm^2，其中常绿阔叶树种2.69 t/hm^2，落叶阔叶树种24.73 t/hm^2，常绿针叶树种350.51 t/hm^2。2015年比2010年总生物量增加6.67 t/hm^2，平均每年增加1.33 t/hm^2，其中常绿阔叶树种增加0.19 t/hm^2，落叶阔叶树种减少3.23 t/hm^2，常绿针叶树种增加9.71 t/hm^2。

3.2.4 凋落物回收量及现存量动态

3.2.4.1 概述

本数据集来自神农架站的长期生物监测。监测场地位于神农架站综合观测场土壤生物采样地1号永久性样地，样地代码为SNFZH01ABC _ 01。时间范围为2009—2015年；数据项为凋落物每月回收量和现存量，字段包括叶、枝、花果、树皮、苔藓地衣、杂物、总重；数据量为91条。

3.2.4.2 数据采集和处理方法

将100 m×100 m的固定样地划分为100个10 m×10 m的次级样方，样方号为1～100，按照机械布点的方式选择13个次级样方（样方号分别为1、5、10、23、28、46、50、51、73、78、91、96、100），并在每个样方内选取一个1 m×1 m的小样方，在离地面一定距离水平放置一个面积为1 m^{2}的方框式收集器（框深≥15 cm），收集器底部采用尼龙网眼窗纱，四周用木框固定。自2009年1月至2015年12月，每月末收回收集器中的全部凋落物用于记录凋落物回收量，并在每年7月下旬（植物生长盛期，凋落物现存量最少）在凋落物收集器邻近地表选择一处投影面积为1 m×1 m的样方，收集其中全部凋落物用于记录凋落物现存量。将每次回收的凋落物按枝、叶、花果（繁殖器官）、树皮、苔藓地衣、杂物等分开，并将附着的杂质清理干净，再在65 ℃下烘干至恒重并称量记录。本数据集中，凋落物动态数据为13个收集框的每月平均值，凋落物现存量数据为13个收集样方的平均值。

3.2.4.3 数据质量控制和评估

本数据集的质量控制主要从凋落物的收集、室内处理及数据录入3方面进行。凋落物的收集方法完全遵照中国生态系统网络（CERN）长期观测规范——《陆地生态系统生物观测指标与规范》进行的。野外收集严格按照时间收取，如遇凋落物框或纱窗破损要及时更换；注意保持凋落物框水平，保证凋落物收集面积为投影的1 m^2。室内处理方面，收集凋落物样品后，带回实验室，在阴凉处摊开风干，要经常翻动防止发霉腐烂，然后按器官分拣，烘干后，使用同一天平重复称量3次，取其平均值作为该样方的凋落物干重。纸质版数据录入电脑的过程中，采用2人同时输入数据的方式，自查并相互检查，以确保数据输入的准确性。纸质原始数据资料经扫描备份后妥善保存，以备将来核查。

3.2.4.4　数据价值/数据使用方法和建议

凋落物回收量和现存量动态数据是研究森林生态系统动态特征的基础数据。凋落物是森林地上净生产量回归地表的主要方式，是森林生态系统养分归还的重要途径，对保持森林生态系统物质循环和养分平衡有重要作用。而且，凋落物是森林生态系统碳循环的重要环节，凋落物的长期监测对揭示森林生态系统的碳循环机理，预测森林碳循环对气候变化的响应等方面具有重要意义。北亚热带常绿落叶阔叶混交林是我国南北过渡带一类特殊、重要的植被类型，对全球气候变化敏感。目前公开发表的凋落物动态数据较少，尚未发现关于常绿落叶阔叶混交林这一森林类型的动态数据。本数据集包含2009—2015 年常绿落叶阔叶混交林的凋落物回收量月动态数据及凋落物现存量的年动态数据，可为该森林类型凋落物产量的季节动态研究、产量与现存量的年际动态研究以及不同森林类型凋落物产量、现存量的比较研究提供数据支持。

3.2.4.5　数据

神农架站综合观测场凋落数据见表 3－14、表 3－15。

表 3－14　神农架站常绿落叶阔叶混交林综合观测场永久性样地凋落物回收量季节动态

年	月	枯枝干重/(g/m²)	枯叶干重/(g/m²)	落果（花）干重/(g/m²)	树皮干重/(g/m²)	苔藓地衣干重/(g/m²)	杂物干重/(g/m²)	总干重/(g/m²)
2009	1	10.65	15.64	0.01	0.92	0.66	0.55	28.43
2009	2	162.93	63.57	5.64	17.15	1.75	22.38	273.42
2009	3	59.68	41.82	6.25	11.87	2.65	34.64	156.91
2009	4	107.69	256.28	90.98	47.51	2.52	49.84	554.82
2009	5	31.78	313.05	36.25	6.62	0.84	67.67	456.21
2009	6	37.28	203.95	28.95	8.16	1.68	43.01	323.02
2009	7	82.43	142.45	29.41	39.01	2.41	31.39	327.09
2009	8	32.28	177.26	37.88	20.13	1.49	33.22	302.26
2009	9	52.72	523.59	94.38	7.90	0.76	28.31	707.67
2009	10	264.41	1 781.29	326.29	57.98	2.92	25.61	2 458.51
2009	11	106.04	250.02	14.14	18.09	0.72	16.87	405.88
2009	12	75.00	59.95	14.00	17.45	0.88	10.38	177.66
2010	1	38.95	14.62	1.61	11.55	0.59	3.05	70.36
2010	2	46.62	19.89	7.92	11.07	0.48	7.38	93.35
2010	3	133.20	65.13	7.02	26.33	2.32	14.41	248.41
2010	4	39.56	158.05	4.73	17.90	1.45	20.26	241.95
2010	5	48.14	392.55	12.95	6.41	0.85	14.25	475.15
2010	6	9.75	198.96	11.02	2.28	0.39	12.24	234.65
2010	7	20.93	202.65	10.18	6.72	0.79	14.29	255.58
2010	8	83.86	168.01	7.18	16.25	0.87	25.08	301.25

（续）

年	月	枯枝干重/(g/m²)	枯叶干重/(g/m²)	落果（花）干重/(g/m²)	树皮干重/(g/m²)	苔藓地衣干重/(g/m²)	杂物干重/(g/m²)	总干重/(g/m²)
2010	9	100.93	412.30	9.75	3.35	0.25	13.65	540.24
2010	10	22.58	1 517.02	5.25	1.58	0.21	16.64	1 563.27
2010	11	94.78	1 055.50	3.93	4.27	0.49	11.74	1 170.72
2010	12	53.15	26.92	1.21	4.82	0.16	2.08	88.33
2011	1	117.85	19.76	0.54	10.02	1.38	2.65	152.20
2011	2	82.23	17.92	0.74	3.77	0.43	1.94	107.03
2011	3	445.16	145.75	3.75	33.02	1.44	21.57	650.68
2011	4	123.45	357.09	7.50	14.72	0.58	13.30	516.65
2011	5	62.25	453.42	48.38	22.65	1.16	31.09	618.96
2011	6	39.38	219.02	21.70	13.49	0.42	18.92	312.94
2011	7	55.25	119.41	72.29	17.31	3.00	22.10	289.36
2011	8	37.78	136.06	21.88	19.92	0.65	20.29	236.58
2011	9	66.60	369.42	37.59	5.23	0.27	7.34	486.45
2011	10	137.72	2 381.35	172.82	3.28	0.55	9.44	2 705.15
2011	11	75.39	920.70	16.14	20.44	0.87	8.36	1 041.90
2011	12	144.28	511.33	5.44	4.56	0.13	1.86	667.61
2012	1	119.88	19.80	8.72	13.47	0.61	2.44	164.92
2012	2	87.78	31.04	4.41	13.17	0.89	7.47	144.75
2012	3	433.80	131.80	10.36	36.15	2.41	17.62	632.14
2012	4	34.11	214.96	9.08	6.15	0.18	9.25	273.73
2012	5	53.65	335.21	37.58	2.59	0.30	12.17	441.51
2012	6	70.68	316.02	47.70	11.37	0.97	30.65	477.38
2012	7	39.48	101.38	21.53	5.28	0.13	25.00	192.80
2012	8	53.90	233.27	21.40	5.88	0.86	18.25	333.56
2012	9	46.55	420.64	95.77	6.85	0.56	25.09	595.46
2012	10	99.41	2 150.38	86.75	4.95	0.97	18.78	2 361.23
2012	11	69.14	199.78	8.47	4.98	1.46	5.58	289.42
2012	12	133.15	47.52	8.80	3.22	0.34	4.40	197.44
2013	1	40.77	36.89	8.82	4.31	0.72	4.82	96.33
2013	2	60.92	17.22	6.05	2.20	0.42	6.49	93.30
2013	3	39.96	76.56	12.40	38.27	1.18	8.21	176.58
2013	4	92.17	418.52	38.92	9.77	0.32	6.74	566.44
2013	5	42.42	274.67	54.41	5.51	0.66	31.57	409.24
2013	6	16.45	101.35	12.15	13.39	0.84	11.85	156.02
2013	7	30.52	157.08	13.95	77.88	0.55	25.35	305.32
2013	8	134.54	277.24	40.32	5.93	0.56	27.27	485.85
2013	9	16.18	505.59	35.91	3.29	0.44	17.76	579.18
2013	10	40.48	1 580.15	36.76	5.72	1.31	8.16	1 672.58

（续）

年	月	枯枝干重/(g/m²)	枯叶干重/(g/m²)	落果（花）干重/(g/m²)	树皮干重/(g/m²)	苔藓地衣干重/(g/m²)	杂物干重/(g/m²)	总干重/(g/m²)
2013	11	220.12	957.18	10.68	7.14	0.18	8.96	1 204.26
2013	12	16.18	18.38	1.77	4.11	0.07	3.50	44.02
2014	1	16.16	20.36	1.83	2.07	0.18	2.12	42.73
2014	2	705.15	47.12	25.49	25.07	1.34	6.60	810.77
2014	3	413.73	67.73	13.47	12.95	0.92	9.08	517.88
2014	4	32.81	223.37	26.68	4.47	0.85	8.92	297.09
2014	5	65.42	376.04	32.86	6.69	0.14	32.12	513.26
2014	6	18.55	232.81	25.90	5.88	1.34	36.60	321.08
2014	7	19.78	184.96	40.19	7.26	0.85	30.15	283.20
2014	8	332.76	250.25	21.62	5.11	0.35	16.63	626.73
2014	9	68.98	411.74	12.20	8.50	0.33	25.46	527.21
2014	10	66.88	1 368.48	10.86	6.98	0.42	14.23	1 467.85
2014	11	93.06	1 201.22	8.88	6.45	0.67	9.56	1 319.85
2014	12	52.65	53.02	9.76	12.34	0.29	8.25	136.32
2015	1	43.74	12.20	5.24	9.47	3.18	10.00	83.83
2015	2	40.90	18.31	11.33	14.22	9.15	12.64	106.55
2015	3	29.85	15.75	14.62	18.28	6.66	13.43	98.60
2015	4	21.07	83.37	10.54	12.04	5.75	11.25	144.02
2015	5	155.67	237.86	16.35	24.68	7.42	24.52	466.50
2015	6	13.92	51.02	8.78	14.65	1.99	12.33	102.69
2015	7	9.08	41.23	6.91	4.41	1.92	10.44	73.98
2015	8	13.73	72.26	9.93	9.02	1.48	11.68	118.11
2015	9	15.45	114.50	9.94	7.07	1.18	11.78	159.92
2015	10	109.06	1 751.45	38.21	5.34	0.62	47.44	1 952.12
2015	11	11.57	143.34	3.90	6.65	2.37	9.45	177.28
2015	12	23.03	18.55	8.31	8.75	3.45	11.00	73.08

表 3-15 神农架站常绿落叶阔叶混交林综合观测场永久性样地凋落物现存量

年份	枯枝干重/(g/m²)	枯叶干重/(g/m²)	落果（花）干重/(g/m²)	树皮干重/(g/m²)	苔藓地衣干重/(g/m²)	杂物干重/(g/m²)	总干重/(g/m²)
2009	2 938.57	6 385.59	23.72	794.98	94.48	1 626.19	11 863.53
2010	2 204.94	7 084.45	49.45	193.29	54.12	885.99	10 472.23
2011	2 550.45	8 219.54	35.67	227.22	42.06	1 206.72	12 281.65
2012	3 333.81	7 898.02	19.91	124.27	15.58	1 220.32	12 611.91
2013	1 651.31	8 127.12	16.09	82.64	8.41	717.37	10 602.93
2014	2 470.47	6 794.75	88.28	157.49	21.90	1 080.09	10 612.98
2015	1 682.19	2 338.82	17.55	87.26	17.32	623.37	4 766.50

3.2.4.6 数据分析

（1）凋落物产量年际动态。2009—2015年的监测结果表明，凋落物总产量平均值为5.94 t/hm^2，2009—2014年无明显的年际变化趋势，2015年显著降低（图3-9）。凋落物各组分年均产量（t/hm^2）表现为叶（2.56～5.65）＞枝（0.49～1.89）＞繁殖器官（0.08～0.68）＞杂物（0.16～0.36）＞树皮（0.10～0.25）＞苔藓地衣（0.01～0.05），分别占凋落物总量的71.5%、17.4%、5.1%、3.3%、2.5%和0.3%。叶是凋落物的主要成分，其年际动态与凋落物总量的年际动态一致；枝的凋落物总量年际动态较为稳定，仅在2014年产量较高；繁殖器官、树皮及苔藓地衣无明显变化趋势（图3-9）。

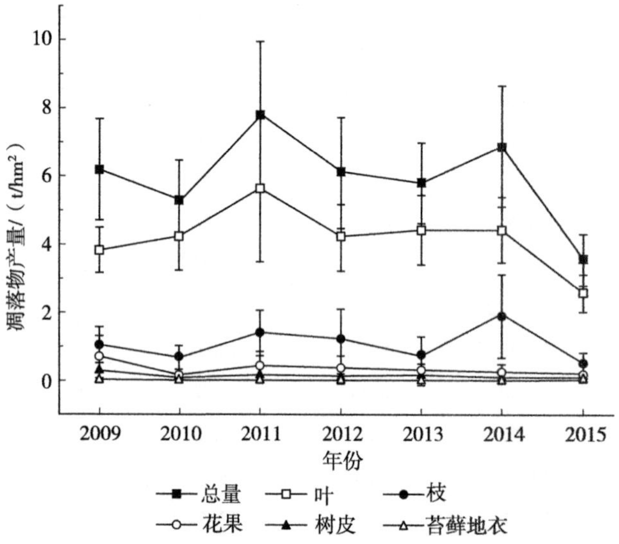

图3-9　2009—2015年凋落物产量年际动态变化（平均值±标准偏差）

Pearson相关分析结果显示，凋落物年际总产量及各组分产量与气象因素之间并无明显的相关关系（$n=7$，$p>0.05$）。凋落叶产量在2015年显著低于其他年份，同年4月（即树木生叶期间）发生了长达12天的倒春寒现象，显著长于其他年份（图3-10）。

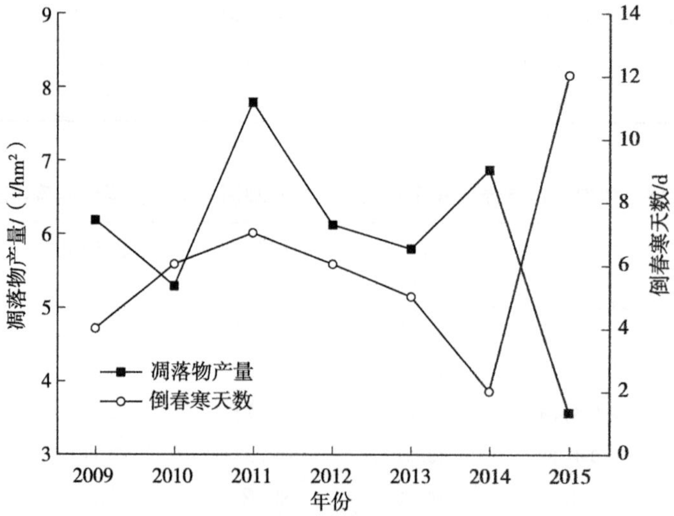

图3-10　2009—2015年凋落物产量与倒春寒天数的关系

（2）凋落物产量的季节动态。年内凋落物总产量以具有一定时间规律的双峰曲线波动（图

3-11)，10月是明显的凋落高峰期，仅一个月内的凋落物就占全年凋落物产量的34%；3—5月为次高峰期，共占全部凋落物产量的20%。凋落叶产量的年内动态与总量的年内动态基本一致，表现为双峰曲线波动，分别在4—5月及10月出现凋落高峰，对应的凋落量分别占凋落总量的14%及42%。枝及繁殖器官年内凋落物产量无稳定的时间规律。

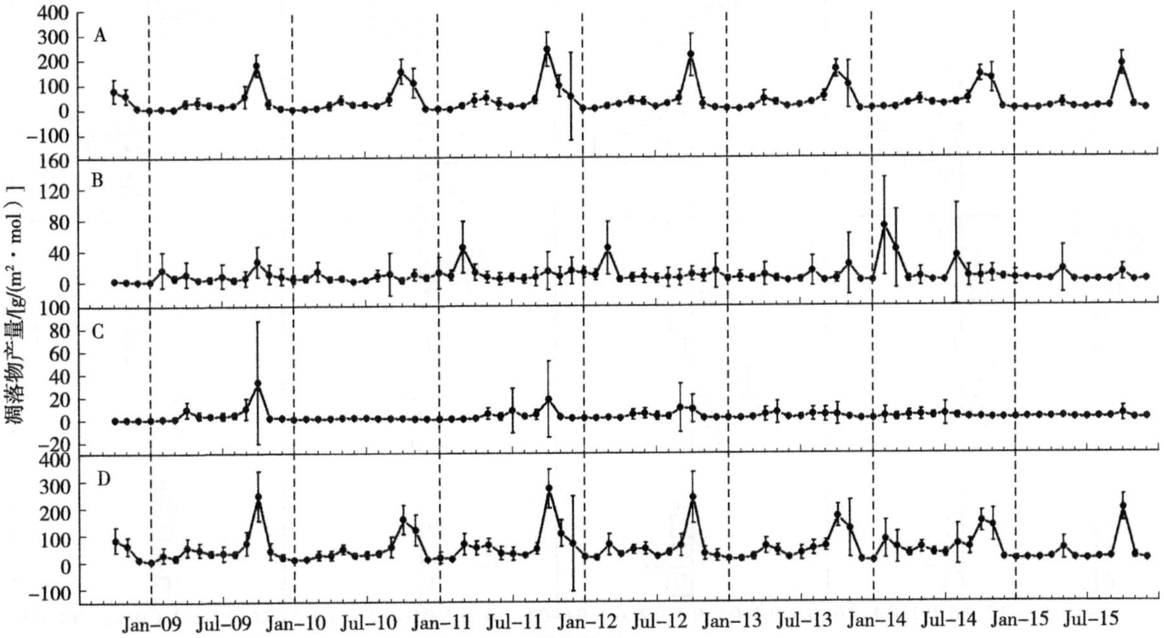

图3-11 2009—2015年不同组分的凋落物产量的年内动态变化（平均值±标准偏差）

注：每一个数据点为13个凋落物收集框的月平均值。A、B、C、D分别表示凋落叶、凋落枝、繁殖器官凋落物和总凋落物。

凋落物总产量及各组分产量与月平均气温、月平均相对湿度进行的相关分析显示，凋落物产量明显受到平均气温及平均相对湿度的滞后影响，且平均气温影响更为显著（图3-12）。凋落物总产量与当月前1～4个月的月平均气温正相关，与当月前8～10个月的月平均气温负相关；凋落叶产量受温度的滞后影响与凋落物总量类似。凋落物总产量与当月前6～7个月及10个月的月平均相对湿度负相关；凋落叶产量受相对湿度的滞后影响与凋落总量相同。

利用向量代数模型计算凋落物季节性指数（Parsons et al.，2014）。计算公式如下：

$$m_x = \frac{1}{12}\sum L_{mon}\cos(30\times i)$$

$$m_y = \frac{1}{12}\sum L_{mon}\sin(30\times i)$$

$$m = (m_x, m_y)$$

$$SL = \frac{\| m \|}{L}$$

式中，i代表月份，L_{mon}代表当月的凋落物产量，L代表全年的凋落物产量，SL代表季节性指数。

季节性指数衡量的是凋落物产量在一年中不同月份的分配情况，其范围在0～1之间，越趋近于0代表凋落物产量在一年中不同月份之间越接近于平均分布，越趋近于1代表其越接近集中分布于1个月内。凋落物动态变化、凋落物季节性的影响因素分别采用相关分析（CCF）及相关性分析，显著性水平设为0.05。

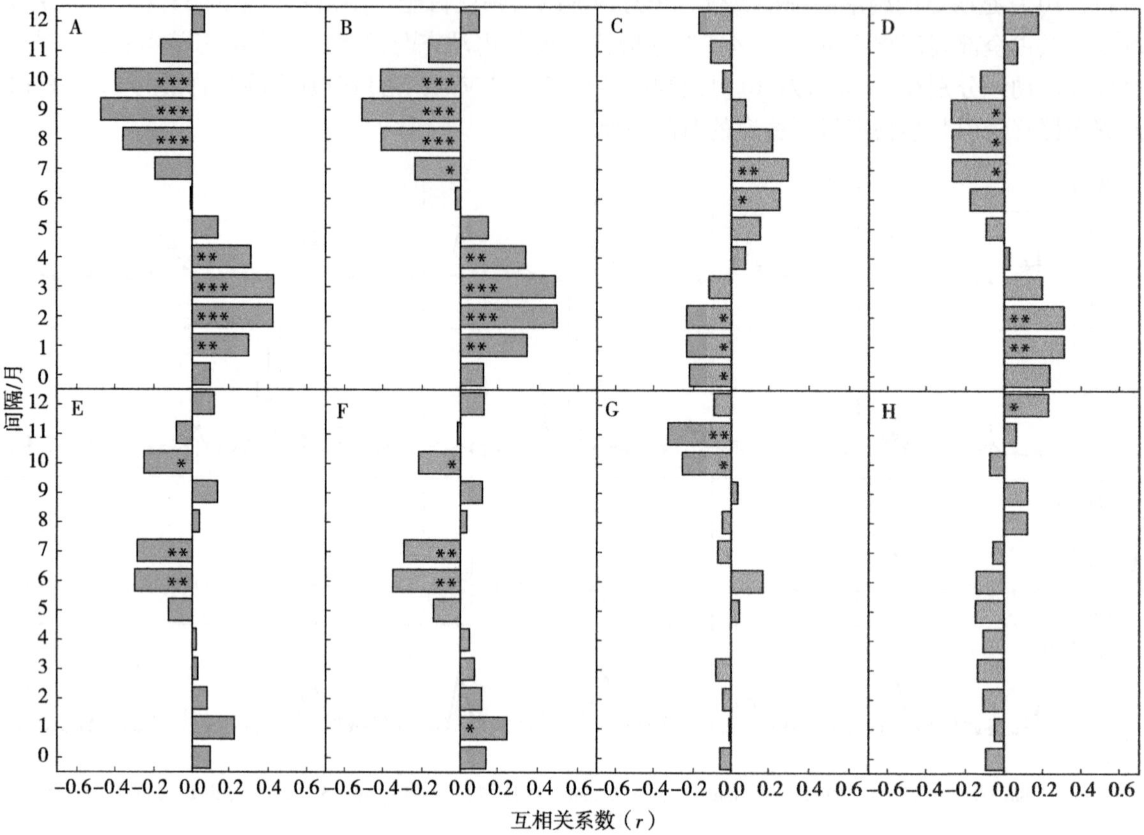

图 3-12 凋落物总产量、叶、枝、繁殖器官产量与月平均气温（A、B、C、D）及月平均相对湿度（E、F、G、H）的互相关系数

注：$n=87$，* $p<0.05$，** $p<0.01$，*** $p<0.001$。凋落物时间序列落后于月平均气温和月平均相对湿度。

2009—2015 年凋落物季节性指数平均值为 0.032（图 3-13）。Pearson 相关分析表明，凋落物产量季节性指数与年平均温度相关性显著，相关系数 $R=0.77$（$n=7$，$p<0.05$），而与其他气象要素无明显相关关系。

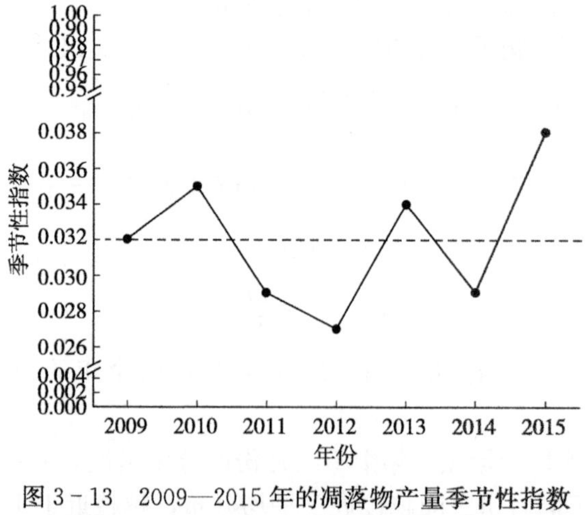

图 3-13 2009—2015 年的凋落物产量季节性指数

注：虚线表示 7 年凋落物季节性指数的平均值。

（3）凋落物现存量年际动态。2009—2015 年 7 年监测结果显示，凋落物现存量每年平均值为 10.46 t/hm^2，2009—2014 年均保持在（11.41 ± 0.92）t/hm^2 的水平上，2015 年显著下降

（图 3-14）。凋落物现存量各组分含量大小与年产量各组分含量大小存在部分差异，杂物含量显著高于繁殖器官、树皮及苔藓地衣，具体表现为叶（2.34～8.22）>枝（1.65～3.33）>杂物（0.62～1.72）>树皮（0.08～0.79）>繁殖器官（0.02～0.09）>苔藓地衣（0.01～0.09）。叶的现存量动态与总量的现存量动态类似，枝及其他组分的凋落物现存量在 7 年间基本保持稳定。Pearson 相关分析表明，凋落物产量与现存量相关性显著，相关系数 $r=0.35$（$n=91$，$p<0.001$）。

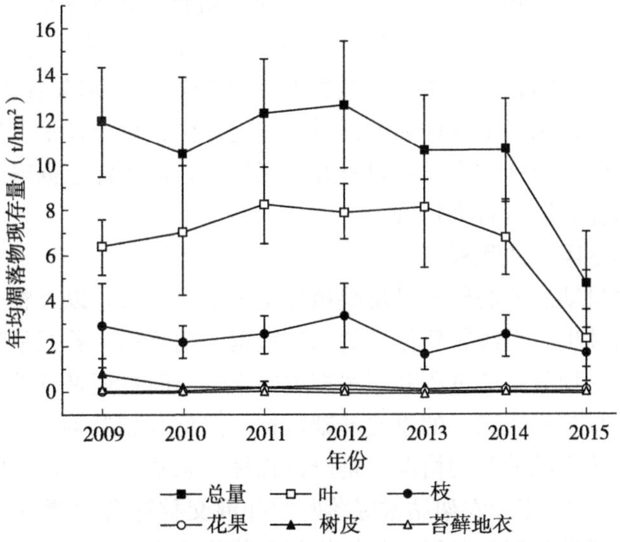

图 3-14　2009—2015 年的凋落物现存量年际动态变化（平均值±标准偏差）

注：每一个数据点为 13 个凋落物现存量收集框的年平均值。

3.2.5　优势植物和凋落物的矿质元素与能值

3.2.5.1　概述

本数据集来自神农架站的长期生物监测。监测场地位于神农架站常绿落叶阔叶混交林综合观测场、亚高山针叶林辅助观测场和常绿落叶阔叶混交林辅助观测场的破坏性采样地，样地代码为：SNFZH01ABC_02、SNFFZ01ABC_02、SNFFZ02ABC_02，凋落物样品采样地为上述 3 个观测场的永久性样地，样地代码为 SNFZH01ABC_01、SNFFZ01ABC_01、SNFFZ02ABC_01。时间范围为 2010—2015 年；数据项为各层优势植物和凋落物的矿质元素与能值，字段包括年月、植物名、采样部位（乔木植物为干、根、皮、叶、枝；灌木植物为根、叶、枝；草本为地上、地下）、全碳、全氮、全磷、全钾、全硫、全钙、全镁、干重热值、灰分；数据量为 149 条。

3.2.5.2　数据采集和处理方法

在上述 3 个观测场的破坏性采样地中，①选取乔木层的优势树种，每种植物选取 3 株正常生长的成熟植株，按照树干、树根、树皮、树叶和树枝分部分取样，树根需清洗掉泥土，带回实验室烘干，粉碎过筛后送实验室测试；②选取灌木层的优势树种，每种植物设置 3 个 2 m×2 m 灌木样方，收获地上部分，挖出根系，按照根、叶和枝分部分取样，清洗根系的泥土，带回实验室烘干，粉碎过筛后送实验室测试；③设置 10 个 1m×1 m 的草本样方，收获地上部分，挖出根系，按照地上和地下两部分取样，清洗地下部分根系的泥土，带回实验室烘干，粉碎过筛后送实验室测试；④在神农架站的上述 3 个观测场的永久性样地，收取凋落物样品。在常绿落叶阔叶混交林综合观测场 10 月收集的 13 个凋落物样品中，分拣出凋落叶和凋落物枝作为凋落物样品，烘干、粉碎过筛后送实验室测试；在亚高山针叶林辅助观测场和常绿落叶阔叶混交林辅助观测场，在生长季节分别收取 13 个和 6 个凋落物现场量样品，分拣出现存凋落叶和现存凋落枝，烘干、粉碎过筛后送实验室测试。本数据集中，各层优势植物和凋落物的矿质元素与能值的数据为上述样品分年月、分种、分部位的平均值。

3.2.5.3 数据质量控制和评估

本数据集的质量控制主要从植物样品的收集、室内分析测试及数据录入 3 方面进行。各层优势植物和凋落物的收集方法完全遵照中国生态系统网络（CERN）长期观测规范——《陆地生态系统生物观测指标与规范》进行。各层优势植物样品的采集时间为植物生长季节，一般为 7—9 月，凋落物样品采样集中在落叶期样品，现存凋落物的采集时间为一年中凋落物最少的，一般为 7—9 月。收取新鲜样品后，及时风干、烘干，防止霉变腐烂。植物叶片和幼嫩枝干需先在烘箱中杀青。室内分析测试，为保证测试的准确性，送测试植物样品的同时，测定标样、盲样及平行样。纸质版数据录入电脑的过程中，采用 2 人同时输入数据的方式，自查并相互检查，以确保数据输入的准确性。纸质原始数据，经扫描备份后妥善保存，以备将来核查。

3.2.5.4 数据价值/数据使用方法和建议

优势植物营养元素含量动态监测数据是反映植物是否正常生长，以及整个植物群落营养元素总量的重要基础数据、研究森林生态系统物质循环的基础数据。凋落物营养元素的含量是决定凋落物质量的重要参数，它不仅对凋落物分解的进程和速率有重要影响，而且还是营养元素返还土壤的重要基础数据，也是研究森林生态系统物质循环的重要基础数据。热值是植物对太阳能转换效率的直接反映，可反映森林生态系统对自然资源的利用情况，是研究森林生态系统能力流动的重要基础数据。

本数据集包含 2010—2015 年神农架站常绿落叶阔叶混交林综合观测场、亚高山针叶林辅助观测场和常绿落叶阔叶混交林辅助观测场各层优势植物和凋落物的矿质元素与能值的动态数据，可为研究我国北亚热带地区森林生态系统物种循环、能量流动、森林健康评估等项目提供基础数据支持。

3.2.5.5 数据

神农架站 2010—2015 年凋落物和优势植物矿质元素与能值数据见表 3-16 至表 3-19。

表 3-16 神农架站常绿落叶阔叶混交林综合观测场凋落物矿质元素与能值

年	月	采样部位	全碳/(g/kg)	全氮/(g/kg)	全磷/(g/kg)	全钾/(g/kg)	全硫/(g/kg)	全钙/(g/kg)	全镁/(g/kg)	干重热值/(MJ/kg)	灰分/%
2010	10	凋落叶	492.91	11.17	0.54	2.27	1.48	18.09	2.31	18.91	6.63
2015	10	凋落叶	469.76	10.59	0.37	1.85	1.22	16.76	2.26	18.82	6.32
2010	10	凋落枝	497.03	11.79	0.52	3.46	1.46	18.34	3.06	19.19	6.25
2015	10	凋落枝	484.43	9.10	0.35	1.29	1.05	16.56	0.88	18.28	5.93
2010	7	现存凋落叶	445.67	16.81	0.84	1.85	2.02	22.37	4.22	16.97	15.86
2015	7	现存凋落叶	430.03	15.27	0.60	1.24	1.67	22.72	3.89	17.07	14.66
2010	7	现存凋落枝	487.71	7.79	0.35	0.86	1.02	15.06	1.04	18.83	6.03
2015	7	现存凋落枝	463.24	8.21	0.29	0.84	1.09	19.78	1.38	18.12	6.92

表 3-17 神农架站亚高山针叶林辅助观测场现存凋落物矿质元素与能值

年	月	采样部位	全碳/(g/kg)	全氮/(g/kg)	全磷/(g/kg)	全钾/(g/kg)	全硫/(g/kg)	全钙/(g/kg)	全镁/(g/kg)	干重热值/(MJ/kg)	灰分/%
2010	7	现存凋落叶	442.99	17.09	1.25	2.57	2.18	10.99	2.61	17.03	17.09
2015	7	现存凋落叶	438.94	16.03	1.00	1.45	1.69	11.68	1.93	17.67	14.28

（续）

年	月	采样部位	全碳/(g/kg)	全氮/(g/kg)	全磷/(g/kg)	全钾/(g/kg)	全硫/(g/kg)	全钙/(g/kg)	全镁/(g/kg)	干重热值/(MJ/kg)	灰分/%
2010	7	现存凋落枝	509.98	9.90	0.67	1.21	1.17	9.63	0.98	19.92	5.30
2015	7	现存凋落枝	488.59	8.79	0.47	0.95	0.92	9.00	0.90	19.04	4.85

表 3-18　神农架站常绿落叶阔叶混交林综合观测场优势植物矿质元素与能值

年	月	植物种名	采样部位	全碳/(g/kg)	全氮/(g/kg)	全磷/(g/kg)	全钾/(g/kg)	全硫/(g/kg)	全钙/(g/kg)	全镁/(g/kg)	干重热值/(MJ/kg)	灰分/%
2010	8	川陕鹅耳枥	干	483.34	1.56	0.18	0.93	0.19	1.69	0.33	18.80	0.67
2010	8	川陕鹅耳枥	根	494.80	7.15	0.52	3.98	1.61	9.95	2.26	19.25	3.97
2010	8	川陕鹅耳枥	皮	450.29	5.83	0.31	1.84	1.59	45.94	1.12	16.83	12.20
2010	8	川陕鹅耳枥	叶	485.93	21.88	1.14	7.22	1.82	15.14	2.60	19.29	5.65
2010	8	川陕鹅耳枥	枝	477.01	8.73	0.90	3.74	1.01	16.08	1.26	18.61	4.62
2010	8	短柄枹栎	干	485.50	1.15	0.10	1.22	0.16	2.95	0.07	18.74	0.93
2010	8	短柄枹栎	根	476.30	3.74	0.37	4.34	1.30	15.42	2.54	18.55	5.81
2010	8	短柄枹栎	皮	476.67	4.51	0.24	2.23	0.71	28.63	0.62	17.79	7.73
2010	8	短柄枹栎	叶	501.95	22.42	1.33	7.49	1.81	8.94	1.78	19.19	4.73
2010	8	短柄枹栎	枝	484.15	5.77	0.74	3.65	0.65	18.38	0.92	18.60	5.30
2010	8	多脉青冈	干	483.27	1.53	0.17	1.38	0.20	4.15	0.33	18.73	1.36
2010	8	多脉青冈	根	487.80	5.97	0.62	3.36	0.99	16.06	3.70	18.75	5.71
2010	8	多脉青冈	皮	460.36	6.68	0.42	3.38	0.89	30.46	2.73	17.32	9.77
2010	8	多脉青冈	叶	511.55	19.39	1.41	9.38	1.75	5.74	3.57	21.56	3.86
2010	8	多脉青冈	枝	484.80	7.13	1.02	5.73	0.72	10.26	2.46	19.05	4.11
2010	8	粉白杜鹃	干	492.64	0.77	0.11	0.69	0.16	0.96	0.30	19.20	1.12
2010	8	粉白杜鹃	根	490.58	6.66	0.56	5.00	1.91	15.09	3.12	18.78	6.00
2010	8	粉白杜鹃	皮	493.69	6.56	0.47	2.08	1.19	29.20	1.20	19.14	9.34
2010	8	粉白杜鹃	叶	489.45	10.21	0.77	6.80	1.20	19.91	2.83	19.58	6.74
2010	8	粉白杜鹃	枝	492.60	5.36	0.58	3.05	0.85	12.34	1.01	19.34	4.10
2010	8	曼青冈	干	484.51	1.67	0.18	1.70	0.19	2.39	0.34	18.80	0.98
2010	8	曼青冈	根	483.86	5.21	0.43	3.71	1.79	15.62	3.14	18.80	5.70
2010	8	曼青冈	皮	456.67	5.98	0.37	3.66	0.86	29.24	2.21	17.15	9.52
2010	8	曼青冈	叶	513.49	17.62	0.96	8.05	1.54	10.69	2.52	21.33	5.36
2010	8	曼青冈	枝	485.83	6.86	0.83	5.78	0.80	11.68	1.56	18.70	4.16

（续）

年	月	植物种名	采样部位	全碳/(g/kg)	全氮/(g/kg)	全磷/(g/kg)	全钾/(g/kg)	全硫/(g/kg)	全钙/(g/kg)	全镁/(g/kg)	干重热值/(MJ/kg)	灰分/%
2010	8	米心水青冈	干	483.08	1.15	0.17	1.17	0.17	1.20	0.31	18.94	0.58
2010	8	米心水青冈	根	506.43	6.03	0.41	3.11	1.04	13.00	2.77	20.15	6.35
2010	8	米心水青冈	皮	457.99	4.88	0.31	1.98	0.77	31.17	1.51	17.51	11.40
2010	8	米心水青冈	叶	513.02	23.14	1.22	7.72	2.11	11.96	2.32	21.12	5.25
2010	8	米心水青冈	枝	490.23	8.00	0.93	2.92	0.81	16.94	1.00	19.29	4.90
2015	9	川陕鹅耳枥	干	465.50	3.42	0.37	2.32	2.68	14.14	1.02	18.20	2.54
2015	9	川陕鹅耳枥	根	465.42	3.45	0.46	2.63	0.92	15.46	1.71	18.18	1.54
2015	9	川陕鹅耳枥	皮	436.39	6.36	0.32	2.05	1.43	47.12	1.29	17.27	4.00
2015	9	川陕鹅耳枥	叶	472.14	17.80	1.06	6.52	1.45	14.56	3.01	18.86	5.31
2015	9	川陕鹅耳枥	枝	461.57	7.77	0.79	3.46	1.05	18.47	1.83	18.26	3.22
2015	9	短柄枹栎	干	481.26	3.99	0.52	3.87	0.93	13.19	1.45	19.05	4.26
2015	9	短柄枹栎	根	448.67	3.60	0.25	2.92	0.70	18.63	2.14	17.57	6.12
2015	9	短柄枹栎	皮	485.64	5.12	0.17	1.26	0.76	23.84	0.82	18.51	6.06
2015	9	短柄枹栎	叶	476.85	19.44	0.85	6.40	1.27	13.29	1.80	19.13	4.91
2015	9	短柄枹栎	枝	473.47	6.52	0.53	4.39	0.79	16.79	1.69	18.45	4.93
2015	9	多脉青冈	干	461.61	2.47	0.23	2.23	0.29	9.16	0.75	18.25	5.00
2015	9	多脉青冈	根	457.24	3.53	0.39	2.83	0.41	13.45	0.94	17.22	4.59
2015	9	多脉青冈	皮	439.47	5.83	0.37	3.21	0.73	32.11	1.67	16.99	6.30
2015	9	多脉青冈	叶	491.28	16.71	1.12	6.29	1.35	10.23	2.64	20.22	6.49
2015	9	多脉青冈	枝	467.86	6.99	0.68	4.65	0.71	15.77	2.23	18.14	4.83
2015	9	粉白杜鹃	干	486.45	2.17	0.13	1.11	0.34	5.86	0.62	19.11	1.74
2015	9	粉白杜鹃	根	482.51	2.78	0.17	1.85	0.45	5.81	1.50	18.76	3.28
2015	9	粉白杜鹃	皮	493.20	5.93	0.30	1.13	1.05	23.17	1.12	19.75	7.63
2015	9	粉白杜鹃	叶	476.96	9.35	0.65	7.06	1.11	17.25	2.82	18.77	6.00
2015	9	粉白杜鹃	枝	493.51	4.74	0.37	2.19	0.78	12.34	0.73	19.50	3.81
2015	9	曼青冈	干	463.21	2.84	0.39	2.45	0.37	11.27	0.68	17.87	4.70
2015	9	曼青冈	根	469.07	3.93	0.52	2.76	0.43	7.65	1.11	18.23	4.69
2015	9	曼青冈	皮	445.98	6.04	0.37	4.23	0.79	29.86	1.66	17.01	4.83
2015	9	曼青冈	叶	495.19	16.00	0.91	6.79	1.25	8.22	1.86	19.97	6.27
2015	9	曼青冈	枝	469.65	6.16	0.89	5.93	0.72	14.10	1.37	18.56	2.84

（续）

年	月	植物种名	采样部位	全碳/(g/kg)	全氮/(g/kg)	全磷/(g/kg)	全钾/(g/kg)	全硫/(g/kg)	全钙/(g/kg)	全镁/(g/kg)	干重热值/(MJ/kg)	灰分/%
2015	9	米心水青冈	干	471.96	3.41	0.21	1.83	0.59	9.83	0.66	18.73	3.01
2015	9	米心水青冈	根	475.80	3.60	0.19	1.28	0.49	8.52	0.76	19.08	2.81
2015	9	米心水青冈	皮	459.26	7.08	0.35	2.25	1.15	32.63	0.90	18.80	8.61
2015	9	米心水青冈	叶	479.12	23.75	1.36	11.38	2.30	16.78	3.38	19.59	7.11
2015	9	米心水青冈	枝	474.25	8.90	0.73	3.62	1.03	17.81	1.20	19.17	4.68
2010	8	箭竹	根	466.44	4.67	0.39	7.49	1.36	5.75	1.86	18.39	6.80
2010	8	箭竹	叶	410.95	18.44	1.07	9.78	1.84	3.38	1.13	16.79	16.55
2010	8	箭竹	枝	459.45	3.90	0.32	4.96	0.73	0.49	0.30	18.07	6.33
2010	8	阔叶箬竹	根	452.55	9.14	0.51	5.43	1.71	3.71	3.01	17.87	8.85
2010	8	阔叶箬竹	叶	430.88	21.02	1.27	10.87	2.18	3.60	1.19	17.49	13.82
2010	8	阔叶箬竹	枝	465.86	6.60	0.39	4.17	0.67	0.69	0.50	18.32	5.24
2015	9	箭竹	根	442.44	4.74	0.24	5.73	0.84	3.05	1.93	17.84	8.21
2015	9	箭竹	叶	406.33	17.82	0.92	7.63	1.69	4.04	1.81	17.62	14.35
2015	9	箭竹	枝	442.26	4.34	0.28	5.70	0.79	4.98	0.43	17.29	6.97
2015	9	阔叶箬竹	根	431.25	9.07	1.55	8.69	1.07	2.62	2.34	17.49	9.49
2015	9	阔叶箬竹	叶	433.90	23.54	2.00	12.27	1.88	7.58	2.11	18.26	10.54
2015	9	阔叶箬竹	枝	454.38	7.23	0.73	4.69	0.79	4.67	0.96	18.56	4.73
2010	8	草本	地上	440.07	11.95	0.90	8.65	1.98	14.03	4.07	16.70	9.03
2010	8	草本	地下	456.77	15.19	0.93	16.55	2.36	8.25	2.78	18.07	8.23
2015	9	草本	地上	399.65	18.72	1.08	19.89	2.45	18.37	7.47	16.79	19.29
2015	9	草本	地下	415.11	14.08	0.99	8.04	2.36	15.44	6.63	16.63	11.68

表3-19 神农架站亚高山针叶林辅助观测场优势植物矿质元素与能值

年	月	植物种名	采样部位	全碳/(g/kg)	全氮/(g/kg)	全磷/(g/kg)	全钾/(g/kg)	全硫/(g/kg)	全钙/(g/kg)	全镁/(g/kg)	干重热值/(MJ/kg)
2010	8	巴山冷杉	皮	506.67	4.57	0.39	2.52	0.60	11.73	0.52	19.73
2010	8	巴山冷杉	叶	527.58	14.25	1.49	7.41	1.20	5.33	0.83	21.68
2010	8	巴山冷杉	枝	503.87	5.12	0.65	3.21	0.54	6.82	0.64	19.98
2010	8	红桦	皮	507.90	5.33	0.31	1.19	0.43	7.34	0.45	19.84
2010	8	红桦	叶	509.60	24.45	1.77	12.40	1.63	4.77	1.31	20.31
2010	8	红桦	枝	500.86	7.49	0.70	2.29	0.60	5.94	0.61	19.65

（续）

年	月	植物种名	采样部位	全碳/(g/kg)	全氮/(g/kg)	全磷/(g/kg)	全钾/(g/kg)	全硫/(g/kg)	全钙/(g/kg)	全镁/(g/kg)	干重热值/(MJ/kg)
2010	8	宝兴茶藨子	根	480.14	6.77	0.85	3.56	0.86	8.61	0.48	18.65
2010	8	宝兴茶藨子	叶	466.13	23.89	2.40	25.15	1.76	15.31	2.27	17.96
2010	8	宝兴茶藨子	枝	489.87	5.66	0.85	4.23	0.62	5.69	0.53	19.09
2010	8	刺梗蔷薇	根	481.02	6.23	0.89	1.90	0.53	3.91	0.78	18.27
2010	8	刺梗蔷薇	叶	460.48	19.85	1.54	12.43	1.75	18.46	4.08	17.99
2010	8	刺梗蔷薇	枝	485.86	6.31	0.89	3.50	0.58	6.13	1.10	19.02
2010	8	草本	地上	446.66	18.44	1.54	33.77	2.75	10.09	2.95	17.27
2015	9	巴山冷杉	干	485.61	2.91	0.22	2.19	0.38	7.20	0.63	19.57
2015	9	巴山冷杉	根	485.64	3.53	0.31	2.77	0.69	9.26	0.80	18.74
2015	9	巴山冷杉	皮	489.24	4.54	0.35	3.11	0.64	10.13	0.61	19.20
2015	9	巴山冷杉	叶	514.17	10.70	0.95	5.84	1.15	6.79	1.04	21.38
2015	9	巴山冷杉	枝	493.31	7.55	0.89	6.28	0.81	6.98	1.32	19.88
2015	9	红桦	干	471.67	3.92	0.38	2.76	0.44	5.89	0.64	19.02
2015	9	红桦	根	486.87	6.57	0.38	2.13	0.60	6.07	0.64	19.29
2015	9	红桦	皮	502.75	7.03	0.45	2.19	0.60	11.45	0.83	19.75
2015	9	红桦	叶	492.25	23.38	1.44	12.51	1.54	7.63	1.57	19.91
2015	9	红桦	枝	478.76	12.07	1.07	3.82	1.03	9.38	1.32	19.89
2015	9	刺梗蔷薇	根	450.34	7.18	0.71	3.66	0.75	6.38	1.73	17.82
2015	9	刺梗蔷薇	叶	426.38	19.04	1.41	11.63	1.80	25.23	5.60	17.41
2015	9	刺梗蔷薇	枝	467.07	6.95	1.03	4.99	0.69	8.34	1.45	18.63
2015	9	绢毛山梅花	根	463.83	9.01	0.94	3.27	0.52	2.61	0.80	18.46
2015	9	绢毛山梅花	叶	411.11	26.75	1.79	26.90	1.97	32.55	4.21	16.44
2015	9	绢毛山梅花	枝	472.91	9.32	1.05	5.43	0.77	4.89	0.65	18.94
2015	9	草本	地上	412.69	23.72	1.53	28.36	2.32	14.41	3.85	16.44
2015	9	草本	地下	432.44	18.02	1.44	11.94	2.14	10.86	2.38	16.79

3.2.6 优势乔木、灌木和草本植物物候观测数据

3.2.6.1 概述

本数据集来自神农架站的长期生物监测。监测场地位于神农架站站区植物物候观测样地，共 2 个调查点，样地代码为 SNFZQ02A00 _ 01、SNFZQ02A00 _ 02。时间范围为 2009—2015 年；数据项为优势乔木、灌木和草本植物物候，字段包括年、植物名、物候期 [木本植物物候期包括芽开放期、展叶期、开花始期、开花盛期、果实或种子成熟期、叶秋季变色期、落叶期；草本植物物候期包括萌动期（返青期）、开花期、果实或种子成熟期、种子散布期、黄枯期]；数据量为 112 条。

3.2.6.2 数据采集和处理方法

自2009年起，对神农架常绿落叶阔叶混交林的建群种米心水青冈、多脉青冈、短柄枹栎及群落优势种粉白杜鹃、四照花、短柱柃、猫儿刺、卷毛梾木等进行物候观测。2010年起增加两个灌木植物物候观测对象，分别为灌木层分布面积较广的主要植物箭竹及地带性植物宜昌荚蒾。草本植物方面，自2009年开始选择地带性植物黄水枝、七叶鬼灯檠、卵叶报春等进行物候观测，2010年起根据草本分布状况增加普通鹿蹄草、三枝九叶草、茜草、蕺菜等4个观测物种。所选择的植物物候观测点位于自然保护区的核心地带，人类活动很少，影响程度较轻，较好地保持了自然状态。

人工物候观测方法参考《中国物候观测方法》及《陆地生态系统生物观测规范》。选择地势平坦、开阔，有连续气象、水文、生物和土壤要素观测的样地，在观测期内，选取森林群落内的10个乔、灌木优势种和7个草本优势种每天观测。植物物候现象通常出现在高温之后，所以除早上出现的物候现象外，观测时间为13:00至14:00居多。木本植物采用单株观测法，每个种确定3～5株为观测对象进行观测，通过挂牌对每株观测对象进行标记；草本植物采用种群观测法，确定3～5个定点样方进行观测，并对每个观测样方树立标识牌。对于若干株同种植物，将所有的观测植株作为总体进行物候观测，超过半数植株达到某个物候期，则是到了某个物候期。

本数据集的原始数据为神农架站10种木本和7种草本优势种2009—2015年的人工物候观测数据，即各物候现象出现的日期。采用序日（day of the year，DOY）换算方法，将逐年物候现象出现日期转换成距当年1月1日的实际天数，得到各物种物候期的时间序列。

3.2.6.3 数据质量控制和评估

为了提高人工物候观测数据集的精度和质量，本数据集采取以下4个方面的数据质量控制措施：

（1）参考《中国物候观测方法》及《陆地生态系统生物观测规范》，选择具有区域代表性的观测样地，制定明确的人工物候观测技术方法。结合神农架站综合观测场的环境状况及常绿落叶阔叶混交林的植物种类，观测对象涵盖乔木、灌木、草本3类，均为综合观测场内具有代表性的优势物种。

（2）查阅书籍结合实地考察，明确综合观测场内的植物种类和观测对象的识别特征，系统总结植物各个物候期的特征和判断方法，同时尽量做到相同人员长期连续观测，以减少主观因素带来的误差，保证物候数据的准确性和可靠性。

（3）对记录的物候期数据进行多级审核，对物候数据中物种中文名、拉丁名等重要数据项进行规范和复查，避免错误。同时对比逐年数据，检查疑似异常值，核对原始记录数据并进行修正。其中，多脉青冈、粉白杜鹃、猫儿刺、短柱柃等常绿树种没有明显或整齐的秋季变色期和落叶期，一般在春季换叶；箭竹为林下优势常绿灌木，没有明显的秋季变色期和落叶期，一般50～60年甚至上百年才开一次花，因此开花、结实的物候很难观测到；卵叶报春、普通鹿蹄草、三叶九枝草、茜草为多年生草本，冬季有常绿叶片，因此没有明确的黄枯期。特殊情况（如小年未见结实等）已在备注中标明。

（4）人工物候观测数据除了记录物候现象出现的日期外，采用序日换算方法，将木本和草本优势种各物候期换算成时间序列，便于后续分析和使用，物候期的逐年变化趋势较为清晰明了，且与前人研究结果相比一致，数据集成果具有可信度。

3.2.6.4 数据价值/数据使用方法和建议

本数据集收录了神农架站站区北亚热带地带性植被即常绿落叶阔叶混交林优势植物物种的人工观测数据，可为以区域尺度或物种水平为单位的物候研究提供可靠的数据基础。另外，可以结合温度、降水等环境观测数据，分析植物对环境变化的响应及其反馈机制，为气候变化、碳循环等方面的研究提供数据支持。本数据集展示了逐年物候期变化，可以结合环境、气候变化分析物候变化趋势的驱动因素，也可以通过物候变化来反映区域环境变化。

3.2.6.5 数据

神农架站站区 2009—2015 年物候观测数据见表 3-20、表 3-21。

表 3-20 神农架站站区 2009—2015 年木本植物物候观测数据

年份	植物种名	M1	M2	M3	M4	M5	M6	M7	备注
2009	米心水青冈	2009/04/06	2009/04/25	2009/04/15	2009/05/04	2009/09/10	2009/09/10	2009/10/02	
2009	短柄枹栎	2009/04/06	2009/04/20	2009/04/10	2009/05/04	2009/09/01	2009/09/10	2009/10/15	
2009	多脉青冈	2009/05/04	2009/06/01	—	—	—	—	—	
2009	粉白杜鹃	2009/05/04	2009/06/01	2009/04/15	2009/04/25	2009/07/03	—	—	
2009	四照花	—	2009/04/06	2009/05/15	2009/06/01	2009/09/10	2009/10/15	2009/11/10	
2009	箭竹	2009/05/04	2009/05/15	—	—	—	—	—	
2009	猫儿刺	2009/06/01	2009/06/15	2009/05/10	2009/05/25	2009/10/15	—	—	
2009	短柱柃	2009/04/06	2009/05/04	—	—	—	—	—	
2010	米心水青冈	2010/04/16	2010/04/28	2010/04/28	2010/05/05	—	2010/10/02	2010/10/24	小年未见结实
2010	短柄枹栎	2010/04/16	2010/05/02	2010/04/28	2010/05/05	—	2010/10/13	2010/11/03	小年未见结实
2010	多脉青冈	2010/05/05	2010/06/01	2010/05/19	2010/06/23	—	—	—	小年未见结实
2010	粉白杜鹃	2010/04/16	2010/04/28	2010/05/05	2010/05/19	2010/06/23	—	—	
2010	四照花	2010/04/16	2010/04/28	—	—	—	2010/10/13	2010/11/03	小年未见开花结实
2010	箭竹	2010/04/28	2009/05/05	—	—	—	—	—	2010/05/05，出新笋
2010	猫儿刺	2010/06/02	2009/06/23	2010/04/16	2010/04/28	—	—	—	小年未见结实
2010	短柱柃	2010/04/28	2010/05/05	2010/03/10	2010/03/27	—	—	—	小年未见结实
2010	卷毛梾木	2010/04/28	2010/05/05	2010/06/02	2010/06/11	—	2010/10/13	2010/11/03	小年未见结实
2010	宜昌荚蒾	2010/04/16	2010/04/28	2010/03/10	2010/03/27	2010/10/02	2010/10/13	2010/10/24	
2011	米心水青冈	2011/04/19	2011/04/24	2011/04/24	2011/04/29	2011/09/16	2011/09/16	2011/10/09	
2011	短柄枹栎	2011/04/24	2011/04/29	2011/04/24	2011/05/07	2011/09/16	2011/10/09	2011/11/09	
2011	多脉青冈	2011/05/13	2011/06/09	2011/05/07	2011/05/13	2011/09/16	—	2011/05/07	常绿，换叶落叶
2011	粉白杜鹃	2011/04/29	2011/05/07	2011/05/07	2011/05/13	2011/09/27	—	—	
2011	四照花	2011/04/19	2011/04/24	2011/05/19	2011/05/26	2011/09/27	2011/10/09	2011/10/30	
2011	箭竹	2011/05/07	2011/06/22	—	—	—	—	—	
2011	猫儿刺	2011/05/07	2011/05/13	2011/05/19	2011/05/26	2011/10/30	—	—	
2011	短柱柃	2011/04/19	2011/04/24	2011/04/13	2011/04/19	2011/06/09	—	—	
2011	卷毛梾木	2011/04/24	2011/04/29	2011/06/02	2011/06/09	2011/09/16	2011/10/09	2011/10/30	
2011	宜昌荚蒾	2011/04/13	2011/04/19	2011/04/13	2011/04/19	2011/09/27	2011/09/27	2011/10/20	
2012	米心水青冈	2012/04/15	2012/04/23	2012/04/23	2012/05/02	2012/09/23	2012/09/23	2012/10/03	
2012	短柄枹栎	2012/04/15	2012/05/02	2012/05/02	2012/05/10	2012/09/23	2012/10/03	2012/11/05	
2012	多脉青冈	2012/05/02	2012/06/04	2012/05/02	2012/05/26	2012/09/10	—	2012/05/10	常绿，换叶落叶
2012	粉白杜鹃	2012/04/23	2012/05/10	2012/04/23	2012/05/10	2012/09/23	—	—	

（续）

年份	植物种名	M1	M2	M3	M4	M5	M6	M7	备注
2012	四照花	2012/04/15	2012/04/23	2012/05/18	2012/06/04	2012/09/23	2012/10/03	2012/11/05	
2012	箭竹	2012/05/02	2012/06/22	—	—	—	—	—	
2012	猫儿刺	2012/05/10	2012/05/18	2012/05/02	2012/05/10	2012/09/10	—	—	
2012	短柱柃	2012/04/15	2012/04/23	2012/04/08	2012/04/15	2012/06/10	—	—	
2012	卷毛梾木	2012/04/23	2012/05/10	2012/06/22	2012/07/03	2012/09/10	2012/10/03	2012/11/05	
2012	宜昌荚蒾	2012/04/08	2012/04/15	2012/05/02	2012/05/10	2012/09/23	2012/09/23	2012/10/14	
2013	短柄枹栎	2013/04/14	2013/04/21	2013/04/21	2013/05/03	2013/09/26	2013/10/04	2013/11/13	
2013	多脉青冈	2013/04/21	2013/05/18	2013/04/21	2013/05/24	2013/09/13	—	2013/04/14	常绿，换叶落叶
2013	粉白杜鹃	2013/04/21	2013/05/10	2013/04/16	2013/04/21	2013/09/26	—	—	
2013	四照花	2013/04/01	2013/04/07	2013/05/18	2013/05/24	2013/09/26	2013/10/03	2013/10/24	
2013	箭竹	2013/04/21	2013/06/21	—	—	—	—	—	2013/04/27，出新笋
2013	猫儿刺	2013/05/11	2013/05/18	2013/05/03	2013/05/11	2013/10/24	—	—	
2013	短柱柃	2013/04/07	2013/04/14	2013/03/13	2013/03/27	2013/06/11	—	—	
2013	卷毛梾木	2013/04/14	2013/04/21	2013/06/11	2013/06/21	2013/09/13	2013/10/04	2013/10/24	
2013	宜昌荚蒾	2013/03/13	2013/03/27	2013/04/01	2013/04/07	2013/09/26	2013/10/04	2013/10/13	
2014	米心水青冈	2014/03/03	2014/04/07	2014/04/07	2014/04/14	—	2014/09/26	2014/10/21	小年未见结实
2014	短柄枹栎	2014/04/14	2014/04/22	2014/04/22	2014/05/06	2014/10/08	2014/10/21	2014/11/12	
2014	多脉青冈	2014/05/21	2014/05/22	2014/05/22	2014/06/08	2014/09/14	—	2014/04/14	常绿，换叶落叶
2014	粉白杜鹃	2014/04/22	2014/05/06	2014/04/14	2014/04/22	2014/10/08	—	—	
2014	四照花	2014/03/30	2014/04/07	2014/05/22	2014/05/30	2014/10/08	2014/10/21	2014/11/02	
2014	箭竹	2014/04/30	2014/06/30	—	—	—	—	—	2014/05/06，出新笋
2014	猫儿刺	2014/04/22	2014/05/22	2014/04/22	2014/05/06	2014/10/08	—	—	
2014	短柱柃	2014/04/07	2014/04/14	2014/03/17	2014/03/30	2014/06/19	—	—	
2014	卷毛梾木	2014/04/14	2014/04/22	2014/06/08	2014/06/19	2014/09/14	2014/10/21	2014/11/02	
2014	宜昌荚蒾	2014/03/17	2014/03/30	2014/04/07	2014/04/14	2014/09/26	2014/10/21	2014/10/02	
2015	米心水青冈	2015/03/21	2015/04/09	2015/04/09	2015/04/16	2015/09/30	2015/09/30	2015/11/03	小年，种子较少
2015	短柄枹栎	2015/04/16	2015/04/23	2015/04/30	2015/05/10	2015/11/10	2015/10/23	2015/11/10	
2015	多脉青冈	2015/05/26	2015/06/06	2015/05/26	2015/06/06	2015/09/30	—	2015/04/16	常绿，换叶落叶
2015	粉白杜鹃	2015/04/16	2015/04/30	2015/04/23	2015/04/30	2015/10/10	—	—	
2015	四照花	2015/03/29	2015/04/09	2015/05/26	2015/06/06	2015/10/11	2015/10/23	2015/11/03	
2015	箭竹	2015/04/30	2015/07/01	—	—	—	—	—	2015/05/10，出新笋
2015	猫儿刺	2015/04/16	2015/05/26	2015/04/16	2015/05/10	2015/10/11	—	—	
2015	短柱柃	2015/04/09	2015/04/16	2015/03/12	2015/03/29	2015/07/01	—	—	

（续）

年份	植物种名	M1	M2	M3	M4	M5	M6	M7	备注
2015	卷毛梾木	2015/04/16	2015/04/23	2015/06/10	2015/06/18	2015/09/07	2015/10/11	2015/11/03	
2015	宜昌荚蒾	2015/03/12	2015/03/21	2015/04/09	2015/04/16	2015/09/30	2015/10/11	2015/10/17	

注：木本植物物候期：M1：芽开放期，M2：展叶期，M3：开花始期，M4：开花盛期，M5：果实或种子成熟期，M6：叶秋季变色期，M7：落叶期

表 3-21　神农架站站区 2009—2015 年草本植物物候观测数据

年份	植物种名	C1	C2	C3	C4	C5	备注
2009	黄水枝	2009/04/06	2009/05/04	2009/06/01	2009/06/01	2009/09/02	
2009	七叶鬼灯檠	2009/04/06	2009/05/15	2009/07/03	2009/07/03	2009/10/15	
2009	卵叶报春	—	2009/04/06	2009/05/04	2009/05/04	—	
2010	黄水枝	2010/04/28	2010/05/05	2010/09/01	2010/09/01	2010/10/02	
2010	七叶鬼灯檠	2010/04/06	2010/04/16	2010/07/20	2010/07/20	2010/12/07	
2010	卵叶报春	—	2010/03/10	2010/05/05	2010/05/05	—	
2010	普通鹿蹄草	2010/04/06	2010/06/23	—	—	—	常绿，花谢未见果
2010	三枝九叶草	2010/04/16	2010/04/28	—	—	—	常绿，花谢未见果
2010	茜草	2010/03/27	2010/04/06	2010/07/06	2010/07/06	2010/12/07	
2010	蕺菜	2010/05/05	2010/07/06	2010/09/02	2010/09/02	2010/11/03	
2011	黄水枝	2011/04/24	2011/06/09	2011/08/30	2011/09/16	2011/10/09	
2011	七叶鬼灯檠	2011/04/24	2011/05/19	2011/07/04	2011/07/04	2011/10/20	
2011	卵叶报春	2011/02/28	2011/03/15	—	—	—	
2011	普通鹿蹄草	2011/04/13	—	—	—	—	常绿，未见开花结果
2011	三枝九叶草	2011/03/30	2011/04/24	—	—	—	常绿，花谢未见果
2011	茜草	2011/04/29	—	—	—	—	常绿，未见开花结果
2011	蕺菜	2011/05/07	2011/04/19	2011/05/07	—	2011/10/09	未见果实成熟
2012	黄水枝	2012/04/15	2012/06/04	2012/08/30	2012/09/10	2012/10/14	
2012	七叶鬼灯檠	2012/04/24	2012/05/19	2012/07/04	2012/07/04	2012/10/20	
2012	卵叶报春	2012/03/14	2012/03/24	—	—	—	
2012	普通鹿蹄草	2012/04/15	—	—	—	—	常绿，未见开花结果
2012	三枝九叶草	2012/03/24	2012/04/23	—	—	—	常绿，花谢未见果
2012	茜草	2012/04/08	2012/04/15	—	—	—	常绿，未见开花结果
2012	蕺菜	2012/05/10	2012/06/12	2012/09/10	2012/09/23	2012/10/24	
2013	黄水枝	2013/04/14	2013/05/24	2013/09/01	2013/09/13	2013/10/13	
2013	七叶鬼灯檠	2013/04/01	2013/06/11	2013/07/01	2013/07/01	2013/11/03	

（续）

年份	植物种名	C1	C2	C3	C4	C5	备注
2013	卵叶报春	2013/03/02	2013/03/27	2013/04/21	2013/04/21	—	
2013	普通鹿蹄草	2013/04/14	—	—	—	—	常绿，未见开花结果
2013	三枝九叶草	2013/03/27	2013/04/07	2013/05/24	2013/05/24	—	常绿
2013	茜草	2013/04/27	—	—	—	—	常绿，未见开花结果
2013	蕺菜	2013/05/03	2013/06/01	2013/09/13	2013/09/13	2013/11/03	
2014	黄水枝	2014/04/22	2014/05/30	2014/09/14	2014/09/14	2014/11/12	
2014	七叶鬼灯檠	2014/04/14	2014/06/08	2014/07/30	2014/07/30	2014/11/02	
2014	卵叶报春	2014/03/01	2014/03/30	2014/05/06	2014/05/06	—	
2014	普通鹿蹄草	2014/04/22	—	—	—	—	常绿，未见开花结果
2014	三枝九叶草	2014/04/07	2014/04/14	2014/05/30	2014/05/30	—	常绿
2014	茜草	2014/05/12	—	—	—	—	常绿，未见开花结果
2014	蕺菜	2014/05/12	2014/06/19	2014/09/26	2014/09/26	2014/11/12	
2015	黄水枝	2015/04/09	2015/05/26	2015/08/20	2015/09/03	2015/11/03	
2015	七叶鬼灯檠	2015/03/29	2015/06/06	2015/08/20	2015/08/20	2015/11/03	
2015	卵叶报春	2015/03/02	2015/03/18	2015/05/10	2015/05/10	—	
2015	普通鹿蹄草	2015/04/16	2015/08/16	2015/09/07	2015/09/07	—	
2015	三枝九叶草	2015/03/27	2015/04/23	2015/06/06	2015/06/06	—	
2015	茜草	2015/04/23	2015/08/16	2015/10/11	2015/10/11	—	2015/11/03，有叶开始枯萎
2015	蕺菜	2015/04/30	2015/06/18	2015/09/07	2015/09/07	2015/11/03	

注：草本植物物候期：C1：萌动期（返青期），C2：开花期，C3：果实或种子成熟期，C4：种子散布期，C5：黄枯期

3.2.7　鸟类的种类与数量

3.2.7.1　概述

本数据集来自神农架站的长期生物监测。监测场地位于神农架站站区动物调查点，共 4 个调查点，样地代码为 SNFZQ01A00 _ 01、SNFZQ01A00 _ 02、SNFZQ01A00 _ 03、SNFZQ01A00 _ 04。时间范围为 2008—2015 年；数据项为鸟类的种类与数量，字段包括年月、样地代码、动物类别、动物名称、拉丁名、数量及备注；计量单位为只；数据量为 582 条。

3.2.7.2　数据采集和处理方法

在神农架站站区的南、东、西和北 4 个方向，设置 4 条调查样线，分别为神农架站至黄连坝、神农架站至三十六拐、神农架站至黄崩口和神农架站至小河口，在春夏秋冬 4 个季节，沿调查样线，采用走访、实地观察等方法，调查鸟类的种类和数量，做好观察记录。最后按照日期、样线分种统计。

3.2.7.3　数据质量控制和评估

本数据集的质量控制主要从鸟类的野外取样调查、数据录入和数据分析处理 3 方面进行。野外调查，分季节根据鸟类实体、叫声、羽毛、粪便等进行调查。做好现场调查记录，包括种类、数量和依据。纸质版数据录入电脑的过程中，采用 2 人同时输入数据的方式，自查并相互检查，以确保数据输

入的准确性。纸质原始数据资料，经扫描备份后妥善保存，以备将来核查。数据分析方面，首先是根据现场调查时采集的鸟类实物照片、录音、羽毛、标本、粪便等样本进行物种鉴定，然后按日期、分样线分种统计鸟类的个数，如有特殊情况做好备注。

3.2.7.4 数据价值/数据使用方法和建议

鸟类是森林生态系统的重要组成部分。森林中鸟类通过取食或捕猎其他动物等方式，参与组成生态系统完整的食物链，而且鸟类参与植物种子传播，促进森林更新，对于森林生态系统物种循环和能量流动、森林演替和动态更新具有重要作用，是森林生态系统生物多样性物种组成、生态系统功能维持的重要基础。本数据集包含 2008—2015 年神农架站站区鸟类的调查数据，可为该森林类型生态系统物质循环、生态系统功能维持和生物多样性研究提供数据支持。

3.2.7.5 数据

神农架站站区 2008—2015 年鸟类调查数据，见表 3-22。

表 3-22 神农架站站区 2008—2015 年鸟类的种类与数量

序号	时间（年-月-日）	样地代码	动物类别	动物名称	拉丁名	数量/只	备注
1	2008-08-13	SNFZQ01A00_01	鸽形目	珠颈斑鸠	*Streptopelia chinensis*	10	实体
2	2008-08-13	SNFZQ01A00_01	鹳形目	黑鸢	*Milvus migrans*	1	实体
3	2008-08-13	SNFZQ01A00_01	鸡形目	红腹锦鸡	*Chrysolophus pictus*	1	实体
4	2008-08-13	SNFZQ01A00_01	鸡形目	勺鸡	*Pucrasia macrolopha*	2	实体
5	2008-08-13	SNFZQ01A00_01	雀形目	红嘴蓝鹊	*Urocissa erythroryncha*	3	实体
6	2008-09-12	SNFZQ01A00_01	鸡形目	红腹锦鸡	*Chrysolophus pictus*	1	实体
7	2008-09-12	SNFZQ01A00_01	鸡形目	环颈雉	*Phasianus colchicus*	1	访问
8	2008-09-12	SNFZQ01A00_01	鸡形目	勺鸡	*Pucrasia macrolopha*	1	羽毛
9	2008-09-12	SNFZQ01A00_01	鸡形目	白冠长尾雉	*Syrmaticus reevesii*	1	访问
10	2008-09-12	SNFZQ01A00_01	鸡形目	红腹角雉	*Tragopan temminckii*	1	访问
11	2008-09-12	SNFZQ01A00_01	雀形目	大嘴乌鸦	*Corvus macrorhynchos*	2	实体
12	2008-09-12	SNFZQ01A00_01	雀形目	白颈鸦	*Corvus pectoralis*	1	实体
13	2008-10-20	SNFZQ01A00_02	鸡形目	红腹锦鸡	*Chrysolophus pictus*	1	粪便
14	2008-10-20	SNFZQ01A00_02	䴕形目	啄木鸟属某种	*Dendrocopos* sp.	2	啄木声
15	2008-10-20	SNFZQ01A00_02	雀形目	大嘴乌鸦	*Corvus macrorhynchos*	1	实体
16	2008-10-20	SNFZQ01A00_02	雀形目	白颈鸦	*Corvus pectoralis*	1	鸣声
17	2008-10-20	SNFZQ01A00_02	雀形目	鹀属某种	*Emberiza* sp.	4	实体、鸣声
18	2008-10-20	SNFZQ01A00_02	雀形目	红嘴相思鸟	*Leiothrix lutea*	1	实体
19	2008-10-20	SNFZQ01A00_02	雀形目	紫啸鸫	*Myophonus caeruleus*	2	鸣声
20	2008-10-20	SNFZQ01A00_02	雀形目	山雀属某种	*Parus* sp.	20	鸣声、实体
21	2008-10-20	SNFZQ01A00_02	雀形目	领雀嘴鹎	*Spizixos semitorques*	18	鸣声、实体
22	2008-10-20	SNFZQ01A00_02	雀形目	红嘴蓝鹊	*Urocissa erythroryncha*	1	鸣声
23	2008-10-20	SNFZQ01A00_04	鸽形目	珠颈斑鸠	*Streptopelia chinensis*	1	鸣声

（续）

序号	时间（年-月-日）	样地代码	动物类别	动物名称	拉丁名	数量/只	备注
24	2008-10-20	SNFZQ01A00_04	䴕形目	啄木鸟属某种	*Dendrocopos* sp.	1	啄木声
25	2008-10-20	SNFZQ01A00_04	䴕形目	蚁䴕	*Jynx torquilla*	1	实体
26	2008-10-20	SNFZQ01A00_04	雀形目	大嘴乌鸦	*Corvus macrorhynchos*	1	实体
27	2008-10-20	SNFZQ01A00_04	雀形目	白颈鸦	*Corvus pectoralis*	1	鸣声
28	2008-10-20	SNFZQ01A00_04	雀形目	红嘴相思鸟	*Leiothrix lutea*	42	实体
29	2008-10-20	SNFZQ01A00_04	雀形目	紫啸鸫	*Myophonus caeruleus*	2	实体
30	2008-10-20	SNFZQ01A00_04	雀形目	山雀属某种	*Parus* sp.	2	鸣声
31	2008-10-20	SNFZQ01A00_04	雀形目	领雀嘴鹎	*Spizixos semitorques*	23	鸣声、实体
32	2008-10-20	SNFZQ01A00_04	雀形目	红嘴蓝鹊	*Urocissa erythroryncha*	1	实体
33	2008-10-21	SNFZQ01A00_03	鸡形目	红腹锦鸡	*Chrysolophus pictus*	1	实体
34	2008-10-21	SNFZQ01A00_03	鸡形目	环颈雉（雌性）	*Phasianus colchicus*	1	实体
35	2008-10-21	SNFZQ01A00_03	鸡形目	环颈雉（雄性）	*Phasianus colchicus*	1	实体
36	2008-10-21	SNFZQ01A00_03	鸡形目	勺鸡	*Pucrasia macrolopha*	4	实体
37	2008-10-21	SNFZQ01A00_03	䴕形目	大斑啄木鸟	*Dendrocopos major*	1	实体
38	2008-10-21	SNFZQ01A00_03	䴕形目	啄木鸟属某种	*Dendrocopos* sp.	2	啄木声
39	2008-10-21	SNFZQ01A00_03	䴕形目	蚁䴕	*Jynx torquilla*	2	实体
40	2008-10-21	SNFZQ01A00_03	䴕形目	灰头绿啄木鸟	*Picus canus*	4	实体
41	2008-10-21	SNFZQ01A00_03	雀形目	大嘴乌鸦	*Corvus macrorhynchos*	10	鸣声
42	2008-10-21	SNFZQ01A00_03	雀形目	白颈鸦	*Corvus pectoralis*	4	鸣声、实体
43	2008-10-21	SNFZQ01A00_03	雀形目	鹀属某种	*Emberiza* sp.	1	实体
44	2008-10-21	SNFZQ01A00_03	雀形目	白喉噪鹛	*Garrulax albogularis*	1	实体
45	2008-10-21	SNFZQ01A00_03	雀形目	灰翅噪鹛	*Garrulax cineraceus*	1	实体
46	2008-10-21	SNFZQ01A00_03	雀形目	橙翅噪鹛	*Trochalopteron elliotii*	3	实体
47	2008-10-21	SNFZQ01A00_03	雀形目	噪鹛属某种	*Garrulax* sp.	5	鸣声、实体
48	2008-10-21	SNFZQ01A00_03	雀形目	松鸦	*Garrulus glandarius*	42	实体
49	2008-10-21	SNFZQ01A00_03	雀形目	红嘴相思鸟	*Leiothrix lutea*	101	鸣声、实体
50	2008-10-21	SNFZQ01A00_03	雀形目	鹟科某种	Muscicapidae sp.	2	鸣声
51	2008-10-21	SNFZQ01A00_03	雀形目	紫啸鸫	*Myophonus caeruleus*	1	实体
52	2008-10-21	SNFZQ01A00_03	雀形目	大山雀	*Parus cinereus*	20	实体
53	2008-10-21	SNFZQ01A00_03	雀形目	山雀属某种	*Parus* sp.	26	鸣声、实体
54	2008-10-21	SNFZQ01A00_03	雀形目	黄腹山雀	*Pardaliparus venustulus*	1	实体
55	2008-10-21	SNFZQ01A00_03	雀形目	领雀嘴鹎	*Spizixos semitorques*	29	鸣声、实体

（续）

序号	时间（年-月-日）	样地代码	动物类别	动物名称	拉丁名	数量/只	备注
56	2008-10-21	SNFZQ01A00_03	雀形目	红嘴蓝鹊	*Urocissa erythroryncha*	10	鸣声、实体
57	2008-10-23	SNFZQ01A00_01	鸽形目	珠颈斑鸠	*Streptopelia chinensis*	1	鸣声
58	2008-10-23	SNFZQ01A00_01	鸡形目	勺鸡	*Pucrasia macrolopha*	1	实体
59	2008-10-23	SNFZQ01A00_01	雀形目	大嘴乌鸦	*Corvus macrorhynchos*	1	实体
60	2008-10-23	SNFZQ01A00_01	雀形目	鹀属某种	*Emberiza* sp.	20	实体
61	2008-10-23	SNFZQ01A00_01	雀形目	灰翅噪鹛	*Garrulax cineraceus*	20	实体
62	2008-10-23	SNFZQ01A00_01	雀形目	噪鹛属某种	*Garrulax* sp.	5	鸣声
63	2008-10-23	SNFZQ01A00_01	雀形目	松鸦	*Garrulus glandarius*	6	鸣声、实体
64	2008-10-23	SNFZQ01A00_01	雀形目	红嘴相思鸟	*Leiothrix lutea*	18	实体
65	2008-10-23	SNFZQ01A00_01	雀形目	大山雀	*Parus cinereus*	1	实体
66	2008-10-23	SNFZQ01A00_01	雀形目	山雀属某种	*Parus* sp.	5	鸣声
67	2008-10-23	SNFZQ01A00_01	雀形目	柳莺属某种	*Phylloscopus* sp.	11	实体
68	2008-10-23	SNFZQ01A00_01	雀形目	喜鹊	*Pica pica*	3	实体
69	2008-10-23	SNFZQ01A00_01	雀形目	领雀嘴鹎	*Spizixos semitorques*	20	实体
70	2008-10-23	SNFZQ01A00_01	雀形目	红嘴蓝鹊	*Urocissa erythroryncha*	1	实体
71	2008-10-23	SNFZQ01A00_04	鸽形目	珠颈斑鸠	*Streptopelia chinensis*	4	实体
72	2008-10-23	SNFZQ01A00_04	雀形目	红头长尾山雀	*Aegithalos concinnus*	15	实体
73	2008-10-23	SNFZQ01A00_04	雀形目	大嘴乌鸦	*Corvus macrorhynchos*	4	鸣声、鸣声
74	2008-10-23	SNFZQ01A00_04	雀形目	鹀属某种	*Emberiza* sp.	11	实体
75	2008-10-23	SNFZQ01A00_04	雀形目	灰翅噪鹛	*Garrulax cineraceus*	16	实体
76	2008-10-23	SNFZQ01A00_04	雀形目	黑领噪鹛	*Garrulax pectoralis*	3	实体
77	2008-10-23	SNFZQ01A00_04	雀形目	噪鹛属某种	*Garrulax* sp.	11	鸣声、实体
78	2008-10-23	SNFZQ01A00_04	雀形目	松鸦	*Garrulus glandarius*	13	实体
79	2008-10-23	SNFZQ01A00_04	雀形目	红嘴相思鸟	*Leiothrix lutea*	66	鸣声、实体
80	2008-10-23	SNFZQ01A00_04	雀形目	大山雀	*Parus cinereus*	33	实体
81	2008-10-23	SNFZQ01A00_04	雀形目	山雀属某种	*Parus* sp.	24	鸣声
82	2008-10-23	SNFZQ01A00_04	雀形目	山椒鸟属某种	*Pericrocotus* sp.	1	实体
83	2008-10-23	SNFZQ01A00_04	雀形目	柳莺属某种	*Phylloscopus* sp.	5	实体
84	2008-10-23	SNFZQ01A00_04	雀形目	喜鹊	*Pica pica*	2	实体
85	2008-10-23	SNFZQ01A00_04	雀形目	领雀嘴鹎	*Spizixos semitorques*	18	实体
86	2008-10-23	SNFZQ01A00_04	雀形目	红嘴蓝鹊	*Urocissa erythroryncha*	5	实体
87	2010-01-01	SNFZQ01A00_02	鸽形目	珠颈斑鸠	*Streptopelia chinensis*	1	实体

（续）

序号	时间（年-月-日）	样地代码	动物类别	动物名称	拉丁名	数量/只	备注
88	2010-01-01	SNFZQ01A00_02	鸡形目	勺鸡	*Pucrasia macrolopha*	1	实体
89	2010-01-01	SNFZQ01A00_02	䴕形目	啄木鸟属某种	*Dendrocopos* sp.	1	实体
90	2010-01-01	SNFZQ01A00_02	雀形目	大嘴乌鸦	*Corvus macrorhynchos*	2	实体
91	2010-01-01	SNFZQ01A00_02	雀形目	白颈鸦	*Corvus pectoralis*	2	实体
92	2010-01-01	SNFZQ01A00_02	雀形目	鹀属某种	*Emberiza* sp.	2	实体
93	2010-01-01	SNFZQ01A00_02	雀形目	鹟科某种	Muscicapidae sp.	1	鸣声
94	2010-01-01	SNFZQ01A00_02	雀形目	大山雀	*Parus cinereus*	30	实体
95	2010-01-01	SNFZQ01A00_02	雀形目	柳莺属某种	*Phylloscopus* sp.	12	实体
96	2010-01-01	SNFZQ01A00_02	雀形目	喜鹊	*Pica pica*	1	实体
97	2010-01-01	SNFZQ01A00_02	雀形目	领雀嘴鹎	*Spizixos semitorques*	1	实体
98	2010-01-02	SNFZQ01A00_03	鸽形目	珠颈斑鸠	*Streptopelia chinensis*	2	实体
99	2010-01-02	SNFZQ01A00_03	鹳形目	黑鸢	*Milvus migrans*	1	实体
100	2010-01-02	SNFZQ01A00_03	䴕形目	啄木鸟属某种	*Dendrocopos* sp.	1	实体
101	2010-01-02	SNFZQ01A00_03	雀形目	大嘴乌鸦	*Corvus macrorhynchos*	1	实体
102	2010-01-02	SNFZQ01A00_03	雀形目	白颈鸦	*Corvus pectoralis*	1	实体
103	2010-01-02	SNFZQ01A00_03	雀形目	松鸦	*Garrulus glandarius*	1	实体
104	2010-01-02	SNFZQ01A00_03	雀形目	红嘴相思鸟	*Leiothrix lutea*	20	实体
105	2010-01-02	SNFZQ01A00_03	雀形目	鹟科某种	Muscicapidae sp.	1	鸣声
106	2010-01-02	SNFZQ01A00_03	雀形目	紫啸鸫	*Myophonus caeruleus*	2	实体
107	2010-01-02	SNFZQ01A00_03	雀形目	黄腹山雀	*Pardaliparus venustulus*	3	实体
108	2010-01-02	SNFZQ01A00_03	雀形目	山椒鸟属某种	*Pericrocotus* sp.	1	实体
109	2010-01-02	SNFZQ01A00_03	雀形目	柳莺属某种	*Phylloscopus* sp.	6	实体
110	2010-01-04	SNFZQ01A00_02	鸽形目	珠颈斑鸠	*Streptopelia chinensis*	3	实体、鸣叫
111	2010-01-04	SNFZQ01A00_02	鹳形目	黑鸢	*Milvus migrans*	1	实体
112	2010-01-04	SNFZQ01A00_02	鸡形目	红腹锦鸡	*Chrysolophus pictus*	1	实体
113	2010-01-04	SNFZQ01A00_02	䴕形目	蚁䴕	*Jynx torquilla*	2	实体
114	2010-01-04	SNFZQ01A00_02	雀形目	红头长尾山雀	*Aegithalos concinnus*	20	实体
115	2010-01-04	SNFZQ01A00_02	雀形目	大嘴乌鸦	*Corvus macrorhynchos*	4	实体
116	2010-01-04	SNFZQ01A00_02	雀形目	白颈鸦	*Corvus pectoralis*	1	实体
117	2010-01-04	SNFZQ01A00_02	雀形目	鹀属某种	*Emberiza* sp.	2	实体
118	2010-01-04	SNFZQ01A00_02	雀形目	噪鹛属某种	*Garrulax* sp.	3	实体、鸣叫
119	2010-01-04	SNFZQ01A00_02	雀形目	松鸦	*Garrulus glandarius*	12	实体

（续）

序号	时间（年-月-日）	样地代码	动物类别	动物名称	拉丁名	数量/只	备注
120	2010-01-04	SNFZQ01A00_02	雀形目	星鸦	*Nucifraga caryocatactes*	1	实体
121	2010-01-04	SNFZQ01A00_02	雀形目	大山雀	*Parus cinereus*	7	实体
122	2010-01-04	SNFZQ01A00_02	雀形目	山雀属某种	*Parus* sp.	1	实体
123	2010-01-04	SNFZQ01A00_02	雀形目	黄腹山雀	*Pardaliparus venustulus*	2	实体
124	2010-01-04	SNFZQ01A00_02	雀形目	柳莺属某种	*Phylloscopus* sp.	8	实体
125	2010-01-04	SNFZQ01A00_02	雀形目	喜鹊	*Pica pica*	2	鸣叫
126	2010-01-04	SNFZQ01A00_02	雀形目	领雀嘴鹎	*Spizixos semitorques*	1	实体
127	2010-01-04	SNFZQ01A00_02	雀形目	红嘴蓝鹊	*Urocissa erythroryncha*	5	实体
128	2010-01-05	SNFZQ01A00_03	鹳形目	黑鸢	*Milvus migrans*	1	实体
129	2010-01-05	SNFZQ01A00_03	鸡形目	红腹锦鸡	*Chrysolophus pictus*	1	实体
130	2010-01-05	SNFZQ01A00_03	䴕形目	灰头绿啄木鸟	*Picus canus*	1	实体
131	2010-01-05	SNFZQ01A00_03	雀形目	大嘴乌鸦	*Corvus macrorhynchos*	4	实体
132	2010-01-05	SNFZQ01A00_03	雀形目	鹀属某种	*Emberiza* sp.	1	实体
133	2010-01-05	SNFZQ01A00_03	雀形目	灰翅噪鹛	*Garrulax cineraceus*	2	实体
134	2010-01-05	SNFZQ01A00_03	雀形目	松鸦	*Garrulus glandarius*	1	实体
135	2010-01-05	SNFZQ01A00_03	雀形目	山雀属某种	*Parus* sp.	2	实体
136	2010-01-05	SNFZQ01A00_03	雀形目	山椒鸟属某种	*Pericrocotus* sp.	1	实体
137	2010-01-05	SNFZQ01A00_03	雀形目	柳莺属某种	*Phylloscopus* sp.	6	实体
138	2010-01-05	SNFZQ01A00_03	雀形目	领雀嘴鹎	*Spizixos semitorques*	1	实体
139	2010-01-05	SNFZQ01A00_03	雀形目	红嘴蓝鹊	*Urocissa erythroryncha*	1	实体
140	2010-04-25	SNFZQ01A00_02	鸽形目	珠颈斑鸠	*Streptopelia chinensis*	2	实体
141	2010-04-25	SNFZQ01A00_02	鸡形目	红腹锦鸡	*Chrysolophus pictus*	1	实体
142	2010-04-25	SNFZQ01A00_02	鸡形目	勺鸡	*Pucrasia macrolopha*	1	实体
143	2010-04-25	SNFZQ01A00_02	䴕形目	大斑啄木鸟	*Dendrocopos major*	1	实体
144	2010-04-25	SNFZQ01A00_02	䴕形目	蚁䴕	*Jynx torquilla*	1	实体
145	2010-04-25	SNFZQ01A00_02	雀形目	红头长尾山雀	*Aegithalos concinnus*	40	实体
146	2010-04-25	SNFZQ01A00_02	雀形目	白颈鸦	*Corvus pectoralis*	2	实体
147	2010-04-25	SNFZQ01A00_02	雀形目	鹀属某种	*Emberiza* sp.	1	实体
148	2010-04-25	SNFZQ01A00_02	雀形目	噪鹛属某种	*Garrulax* sp.	1	实体
149	2010-04-25	SNFZQ01A00_02	雀形目	松鸦	*Garrulus glandarius*	3	实体
150	2010-04-25	SNFZQ01A00_02	雀形目	鹟科某种	Muscicapidae sp.	1	鸣声
151	2010-04-25	SNFZQ01A00_02	雀形目	星鸦	*Nucifraga caryocatactes*	1	实体

（续）

序号	时间（年-月-日）	样地代码	动物类别	动物名称	拉丁名	数量/只	备注
152	2010-04-25	SNFZQ01A00_02	雀形目	山雀属某种	*Parus* sp.	1	实体
153	2010-04-25	SNFZQ01A00_02	雀形目	喜鹊	*Pica pica*	2	实体、鸣叫
154	2010-04-25	SNFZQ01A00_02	雀形目	领雀嘴鹎	*Spizixos semitorques*	1	实体
155	2010-04-26	SNFZQ01A00_01	鸽形目	珠颈斑鸠	*Streptopelia chinensis*	2	实体
156	2010-04-26	SNFZQ01A00_01	鸡形目	红腹锦鸡	*Chrysolophus pictus*	1	实体
157	2010-04-26	SNFZQ01A00_01	䴕形目	啄木鸟属某种	*Dendrocopos* sp.	1	实体
158	2010-04-26	SNFZQ01A00_01	䴕形目	灰头绿啄木鸟	*Picus canus*	1	实体
159	2010-04-26	SNFZQ01A00_01	雀形目	大嘴乌鸦	*Corvus macrorhynchos*	1	实体
160	2010-04-26	SNFZQ01A00_01	雀形目	白颈鸦	*Corvus pectoralis*	2	实体
161	2010-04-26	SNFZQ01A00_01	雀形目	鹀属某种	*Emberiza* sp.	1	实体
162	2010-04-26	SNFZQ01A00_01	雀形目	噪鹛属某种	*Garrulax* sp.	3	实体
163	2010-04-26	SNFZQ01A00_01	雀形目	松鸦	*Garrulus glandarius*	4	实体、鸣叫
164	2010-04-26	SNFZQ01A00_01	雀形目	紫啸鸫	*Myophonus caeruleus*	1	实体
165	2010-04-26	SNFZQ01A00_01	雀形目	柳莺属某种	*Phylloscopus* sp.	2	实体
166	2010-04-26	SNFZQ01A00_01	雀形目	领雀嘴鹎	*Spizixos semitorques*	1	实体
167	2010-04-26	SNFZQ01A00_01	雀形目	红嘴蓝鹊	*Urocissa erythroryncha*	6	实体
168	2010-04-27	SNFZQ01A00_03	鸽形目	珠颈斑鸠	*Streptopelia chinensis*	4	实体
169	2010-04-27	SNFZQ01A00_03	鹳形目	黑鸢	*Milvus migrans*	1	实体
170	2010-04-27	SNFZQ01A00_03	鸡形目	勺鸡	*Pucrasia macrolopha*	1	实体
171	2010-04-27	SNFZQ01A00_03	䴕形目	大斑啄木鸟	*Dendrocopos major*	1	实体
172	2010-04-27	SNFZQ01A00_03	䴕形目	蚁䴕	*Jynx torquilla*	1	实体
173	2010-04-27	SNFZQ01A00_03	雀形目	欧亚旋木雀	*Certhia familiaris*	1	实体
174	2010-04-27	SNFZQ01A00_03	雀形目	锡嘴雀	*Coccothraustes coccothraustes*	2	实体
175	2010-04-27	SNFZQ01A00_03	雀形目	大嘴乌鸦	*Corvus macrorhynchos*	3	实体
176	2010-04-27	SNFZQ01A00_03	雀形目	白喉噪鹛	*Garrulax albogularis*	3	实体
177	2010-04-27	SNFZQ01A00_03	雀形目	灰翅噪鹛	*Garrulax cineraceus*	1	实体
178	2010-04-27	SNFZQ01A00_03	雀形目	红嘴相思鸟	*Leiothrix lutea*	20	实体
179	2010-04-27	SNFZQ01A00_03	雀形目	白腰文鸟	*Lonchura striata*	1	实体
180	2010-04-27	SNFZQ01A00_03	雀形目	鹟科某种	Muscicapidae sp.	1	鸣声
181	2010-04-27	SNFZQ01A00_03	雀形目	紫啸鸫	*Myophonus caeruleus*	4	实体
182	2010-04-27	SNFZQ01A00_03	雀形目	大山雀	*Parus cinereus*	13	实体
183	2010-04-27	SNFZQ01A00_03	雀形目	绿背山雀	*Parus monticolus*	5	实体

（续）

序号	时间 （年-月-日）	样地代码	动物 类别	动物名称	拉丁名	数量/只	备注
184	2010-04-27	SNFZQ01A00_03	雀形目	黄腹山雀	*Pardaliparus venustulus*	3	实体
185	2010-04-27	SNFZQ01A00_03	雀形目	麻雀	*Passer montanus*	3	实体
186	2010-04-27	SNFZQ01A00_03	雀形目	山椒鸟属某种	*Pericrocotus* sp.	1	实体
187	2010-04-27	SNFZQ01A00_03	雀形目	柳莺属某种	*Phylloscopus* sp.	6	实体
188	2010-04-27	SNFZQ01A00_03	雀形目	红嘴蓝鹊	*Urocissa erythroryncha*	5	实体
189	2010-04-28	SNFZQ01A00_02	鸽形目	珠颈斑鸠	*Streptopelia chinensis*	1	实体
190	2010-04-28	SNFZQ01A00_02	雀形目	红头长尾山雀	*Aegithalos concinnus*	21	实体
191	2010-04-28	SNFZQ01A00_02	雀形目	褐河乌	*Cinclus pallasii*	1	实体
192	2010-04-28	SNFZQ01A00_02	雀形目	鹊鸲	*Copsychus saularis*	1	实体
193	2010-04-28	SNFZQ01A00_02	雀形目	大嘴乌鸦	*Corvus macrorhynchos*	4	实体
194	2010-04-28	SNFZQ01A00_02	雀形目	小燕尾	*Enicurus scouleri*	1	实体
195	2010-04-28	SNFZQ01A00_02	雀形目	白喉噪鹛	*Garrulax albogularis*	1	实体
196	2010-04-28	SNFZQ01A00_02	雀形目	灰翅噪鹛	*Garrulax cineraceus*	1	实体
197	2010-04-28	SNFZQ01A00_02	雀形目	松鸦	*Garrulus glandarius*	2	实体
198	2010-04-28	SNFZQ01A00_02	雀形目	大山雀	*Parus cinereus*	14	实体
199	2010-04-28	SNFZQ01A00_02	雀形目	黑冠山雀	*Periparus rubidiventris*	7	实体
200	2010-04-28	SNFZQ01A00_02	雀形目	山雀属某种	*Parus* sp.	2	实体
201	2010-04-28	SNFZQ01A00_02	雀形目	黄腹山雀	*Pardaliparus venustulus*	10	实体
202	2010-04-28	SNFZQ01A00_02	雀形目	喜鹊	*Pica pica*	1	实体
203	2010-04-28	SNFZQ01A00_02	雀形目	棕颈钩嘴鹛	*Pomatorhinus ruficollis*	1	实体
204	2010-04-28	SNFZQ01A00_02	雀形目	红尾水鸲	*Rhyacornis fuliginosa*	2	实体
205	2010-04-28	SNFZQ01A00_02	雀形目	领雀嘴鹎	*Spizixos semitorques*	6	实体、鸣叫
206	2010-07-17	SNFZQ01A00_02	鸽形目	珠颈斑鸠	*Streptopelia chinensis*	1	实体
207	2010-07-17	SNFZQ01A00_02	鹳形目	黑鸢	*Milvus migrans*	1	实体
208	2010-07-17	SNFZQ01A00_02	鸡形目	红腹锦鸡	*Chrysolophus pictus*	1	实体
209	2010-07-17	SNFZQ01A00_02	鸡形目	勺鸡	*Pucrasia macrolopha*	1	实体
210	2010-07-17	SNFZQ01A00_02	鴷形目	啄木鸟属某种	*Dendrocopos* sp.	1	实体
211	2010-07-17	SNFZQ01A00_02	鴷形目	蚁鴷	*Jynx torquilla*	1	实体
212	2010-07-17	SNFZQ01A00_02	鴷形目	灰头绿啄木鸟	*Picus canus*	1	实体
213	2010-07-17	SNFZQ01A00_02	雀形目	蓝喉太阳鸟	*Aethopyga gouldiae*	1	实体
214	2010-07-17	SNFZQ01A00_02	雀形目	欧亚旋木雀	*Certhia familiaris*	1	实体
215	2010-07-17	SNFZQ01A00_02	雀形目	锡嘴雀	*Coccothraustes coccothraustes*	2	实体

（续）

序号	时间（年-月-日）	样地代码	动物类别	动物名称	拉丁名	数量/只	备注
216	2010-07-17	SNFZQ01A00_02	雀形目	白颈鸦	*Corvus pectoralis*	1	实体
217	2010-07-17	SNFZQ01A00_02	雀形目	鹀属某种	*Emberiza* sp.	6	实体
218	2010-07-17	SNFZQ01A00_02	雀形目	白喉噪鹛	*Garrulax albogularis*	1	实体
219	2010-07-17	SNFZQ01A00_02	雀形目	灰翅噪鹛	*Garrulax cineraceus*	1	实体
220	2010-07-17	SNFZQ01A00_02	雀形目	松鸦	*Garrulus glandarius*	10	实体
221	2010-07-17	SNFZQ01A00_02	雀形目	红嘴相思鸟	*Leiothrix lutea*	22	实体
222	2010-07-17	SNFZQ01A00_02	雀形目	白腰文鸟	*Lonchura striata*	1	实体
223	2010-07-17	SNFZQ01A00_02	雀形目	星鸦	*Nucifraga caryocatactes*	8	实体
224	2010-07-17	SNFZQ01A00_02	雀形目	大山雀	*Parus cinereus*	30	实体
225	2010-07-17	SNFZQ01A00_02	雀形目	绿背山雀	*Parus monticolus*	5	实体
226	2010-07-17	SNFZQ01A00_02	雀形目	黑冠山雀	*Periparus rubidiventris*	7	实体
227	2010-07-17	SNFZQ01A00_02	雀形目	麻雀	*Passer montanus*	3	实体
228	2010-07-17	SNFZQ01A00_02	雀形目	喜鹊	*Pica pica*	1	实体
229	2010-07-17	SNFZQ01A00_02	雀形目	棕颈钩嘴鹛	*Pomatorhinus ruficollis*	1	实体
230	2010-07-17	SNFZQ01A00_02	雀形目	领雀嘴鹎	*Spizixos semitorques*	9	实体
231	2010-07-17	SNFZQ01A00_02	雀形目	印度寿带	*Terpsiphone paradisi*	1	实体
232	2010-07-17	SNFZQ01A00_02	雀形目	红嘴蓝鹊	*Urocissa erythroryncha*	5	实体
233	2010-08-15	SNFZQ01A00_02	䴕形目	灰头绿啄木鸟	*Picus canus*	1	实体
234	2010-08-15	SNFZQ01A00_02	雀形目	红头长尾山雀	*Aegithalos concinnus*	20	实体
235	2010-08-15	SNFZQ01A00_02	雀形目	褐河乌	*Cinclus pallasii*	1	实体
236	2010-08-15	SNFZQ01A00_02	雀形目	鹊鸲	*Copsychus saularis*	1	实体
237	2010-08-15	SNFZQ01A00_02	雀形目	黑卷尾	*Dicrurus macrocercus*	1	实体
238	2010-08-15	SNFZQ01A00_02	雀形目	小燕尾	*Enicurus scouleri*	1	实体
239	2010-08-15	SNFZQ01A00_02	雀形目	松鸦	*Garrulus glandarius*	7	实体
240	2010-08-15	SNFZQ01A00_02	雀形目	家燕	*Hirundo rustica*	2	实体
241	2010-08-15	SNFZQ01A00_02	雀形目	红尾伯劳	*Lanius cristatus*	1	实体
242	2010-08-15	SNFZQ01A00_02	雀形目	红嘴相思鸟	*Leiothrix lutea*	30	实体
243	2010-08-15	SNFZQ01A00_02	雀形目	星鸦	*Nucifraga caryocatactes*	1	实体
244	2010-08-15	SNFZQ01A00_02	雀形目	喜鹊	*Pica pica*	1	实体
245	2010-08-15	SNFZQ01A00_02	雀形目	白头鹎	*Pycnonotus sinensis*	2	实体
246	2010-08-15	SNFZQ01A00_02	雀形目	红尾水鸲	*Rhyacornis fuliginosa*	2	实体
247	2010-08-15	SNFZQ01A00_02	雨燕目	短嘴金丝燕	*Aerodramus brevirostris*	50	实体

（续）

序号	时间（年-月-日）	样地代码	动物类别	动物名称	拉丁名	数量/只	备注
248	2010-08-16	SNFZQ01A00_02	鸽形目	珠颈斑鸠	*Streptopelia chinensis*	2	实体
249	2010-08-16	SNFZQ01A00_02	鴷形目	蚁鴷	*Jynx torquilla*	1	实体
250	2010-08-16	SNFZQ01A00_02	雀形目	大嘴乌鸦	*Corvus macrorhynchos*	3	实体
251	2010-08-16	SNFZQ01A00_02	雀形目	白颈鸦	*Corvus pectoralis*	2	实体
252	2010-08-16	SNFZQ01A00_02	雀形目	噪鹛属某种	*Garrulax* sp.	1	实体
253	2010-08-16	SNFZQ01A00_02	雀形目	松鸦	*Garrulus glandarius*	1	实体
254	2010-08-16	SNFZQ01A00_02	雀形目	山雀属某种	*Parus* sp.	1	实体
255	2010-08-16	SNFZQ01A00_02	雀形目	黄腹山雀	*Pardaliparus venustulus*	1	实体
256	2010-08-16	SNFZQ01A00_02	雀形目	领雀嘴鹎	*Spizixos semitorques*	2	实体
257	2010-08-16	SNFZQ01A00_02	雀形目	红嘴蓝鹊	*Urocissa erythroryncha*	2	实体
258	2010-08-18	SNFZQ01A00_02	鸽形目	珠颈斑鸠	*Streptopelia chinensis*	1	实体
259	2010-08-18	SNFZQ01A00_02	鹳形目	黑鸢	*Milvus migrans*	1	实体
260	2010-08-18	SNFZQ01A00_02	鴷形目	灰头绿啄木鸟	*Picus canus*	1	实体
261	2010-08-18	SNFZQ01A00_02	雀形目	大嘴乌鸦	*Corvus macrorhynchos*	1	实体
262	2010-08-18	SNFZQ01A00_02	雀形目	鹀属某种	*Emberiza* sp.	1	实体
263	2010-08-18	SNFZQ01A00_02	雀形目	白喉噪鹛	*Garrulax albogularis*	1	实体
264	2010-08-18	SNFZQ01A00_02	雀形目	松鸦	*Garrulus glandarius*	5	实体
265	2010-08-18	SNFZQ01A00_02	雀形目	红嘴相思鸟	*Leiothrix lutea*	1	实体
266	2010-08-18	SNFZQ01A00_02	雀形目	鹟科某种	Muscicapidae sp.	1	鸣声
267	2010-08-18	SNFZQ01A00_02	雀形目	星鸦	*Nucifraga caryocatactes*	5	实体
268	2010-08-18	SNFZQ01A00_02	雀形目	山雀属某种	*Parus* sp.	1	实体
269	2010-08-18	SNFZQ01A00_02	雀形目	柳莺属某种	*Phylloscopus* sp.	1	实体
270	2010-08-18	SNFZQ01A00_02	雀形目	喜鹊	*Pica pica*	1	实体
271	2010-09-23	SNFZQ01A00_02	鸽形目	珠颈斑鸠	*Streptopelia chinensis*	4	实体
272	2010-09-23	SNFZQ01A00_02	鴷形目	啄木鸟属某种	*Dendrocopos* sp.	1	实体
273	2010-09-23	SNFZQ01A00_02	鴷形目	蚁鴷	*Jynx torquilla*	1	实体
274	2010-09-23	SNFZQ01A00_02	雀形目	红头长尾山雀	*Aegithalos concinnus*	15	实体
275	2010-09-23	SNFZQ01A00_02	雀形目	大嘴乌鸦	*Corvus macrorhynchos*	1	实体
276	2010-09-23	SNFZQ01A00_02	雀形目	白颈鸦	*Corvus pectoralis*	2	实体
277	2010-09-23	SNFZQ01A00_02	雀形目	松鸦	*Garrulus glandarius*	5	实体
278	2010-09-23	SNFZQ01A00_02	雀形目	红嘴相思鸟	*Leiothrix lutea*	1	实体
279	2010-09-23	SNFZQ01A00_02	雀形目	大山雀	*Parus cinereus*	20	实体

（续）

序号	时间（年-月-日）	样地代码	动物类别	动物名称	拉丁名	数量/只	备注
280	2010-09-23	SNFZQ01A00_02	雀形目	山雀属某种	*Parus* sp.	1	实体
281	2010-09-23	SNFZQ01A00_02	雀形目	柳莺属某种	*Phylloscopus* sp.	7	实体
282	2010-09-23	SNFZQ01A00_02	雀形目	领雀嘴鹎	*Spizixos semitorques*	1	实体
283	2010-09-23	SNFZQ01A00_02	雀形目	红嘴蓝鹊	*Urocissa erythroryncha*	1	实体
284	2010-09-24	SNFZQ01A00_02	鸡形目	勺鸡	*Pucrasia macrolopha*	1	实体
285	2010-09-24	SNFZQ01A00_02	雀形目	红头长尾山雀	*Aegithalos concinnus*	7	实体
286	2010-09-24	SNFZQ01A00_02	雀形目	大嘴乌鸦	*Corvus macrorhynchos*	1	实体
287	2010-09-24	SNFZQ01A00_02	雀形目	鹀属某种	*Emberiza* sp.	4	实体
288	2010-09-24	SNFZQ01A00_02	雀形目	噪鹛属某种	*Garrulax* sp.	1	实体
289	2010-09-24	SNFZQ01A00_02	雀形目	松鸦	*Garrulus glandarius*	1	实体
290	2010-09-24	SNFZQ01A00_02	雀形目	星鸦	*Nucifraga caryocatactes*	1	实体
291	2010-09-24	SNFZQ01A00_02	雀形目	山雀属某种	*Parus* sp.	1	实体
292	2010-09-25	SNFZQ01A00_02	鸽形目	珠颈斑鸠	*Streptopelia chinensis*	1	实体
293	2010-09-25	SNFZQ01A00_02	鴷形目	蚁鴷	*Jynx torquilla*	1	实体
294	2010-09-25	SNFZQ01A00_02	雀形目	锡嘴雀	*Coccothraustes coccothraustes*	1	实体
295	2010-09-25	SNFZQ01A00_02	雀形目	白颈鸦	*Corvus pectoralis*	2	实体
296	2010-09-25	SNFZQ01A00_02	雀形目	白喉噪鹛	*Garrulax albogularis*	1	实体
297	2010-09-25	SNFZQ01A00_02	雀形目	白腰文鸟	*Lonchura striata*	5	实体
298	2010-09-25	SNFZQ01A00_02	雀形目	鹟科某种	Muscicapidae sp.	1	鸣声
299	2010-09-25	SNFZQ01A00_02	雀形目	星鸦	*Nucifraga caryocatactes*	11	实体
300	2010-09-25	SNFZQ01A00_02	雀形目	山雀属某种	*Parus* sp.	1	实体
301	2010-09-25	SNFZQ01A00_02	雀形目	麻雀	*Passer montanus*	1	实体
302	2010-09-25	SNFZQ01A00_02	雀形目	领雀嘴鹎	*Spizixos semitorques*	1	实体
303	2010-09-25	SNFZQ01A00_02	雀形目	红嘴蓝鹊	*Urocissa erythroryncha*	1	实体
304	2010-09-26	SNFZQ01A00_02	雀形目	蓝喉太阳鸟	*Aethopyga gouldiae*	1	实体
305	2010-09-26	SNFZQ01A00_02	雀形目	欧亚旋木雀	*Certhia familiaris*	1	实体
306	2010-09-26	SNFZQ01A00_02	雀形目	褐河乌	*Cinclus pallasii*	1	实体
307	2010-09-26	SNFZQ01A00_02	雀形目	鹊鸲	*Copsychus saularis*	1	实体
308	2010-09-26	SNFZQ01A00_02	雀形目	小燕尾	*Enicurus scouleri*	1	实体
309	2010-09-26	SNFZQ01A00_02	雀形目	绿背山雀	*Parus monticolus*	9	实体
310	2010-09-26	SNFZQ01A00_02	雀形目	黑冠山雀	*Periparus rubidiventris*	1	实体
311	2010-09-26	SNFZQ01A00_02	雀形目	棕颈钩嘴鹛	*Pomatorhinus ruficollis*	1	实体

（续）

序号	时间（年-月-日）	样地代码	动物类别	动物名称	拉丁名	数量/只	备注
312	2010-09-26	SNFZQ01A00_02	雀形目	红尾水鸲	*Rhyacornis fuliginosa*	1	实体
313	2010-09-26	SNFZQ01A00_02	雀形目	印度寿带	*Terpsiphone paradisi*	1	实体
314	2010-09-27	SNFZQ01A00_04	佛法僧目	戴胜	*Upupa epops*	1	实体
315	2010-09-27	SNFZQ01A00_04	鹳形目	黑鸢	*Milvus migrans*	2	实体
316	2010-09-27	SNFZQ01A00_04	鸡形目	红腹锦鸡	*Chrysolophus pictus*	2	实体
317	2010-09-27	SNFZQ01A00_04	鸡形目	勺鸡	*Pucrasia macrolopha*	3	实体
318	2010-09-27	SNFZQ01A00_04	鴷形目	蚁鴷	*Jynx torquilla*	1	实体
319	2010-09-27	SNFZQ01A00_04	鴷形目	灰头绿啄木鸟	*Picus canus*	1	实体
320	2010-09-27	SNFZQ01A00_04	雀形目	红头长尾山雀	*Aegithalos concinnus*	8	实体
321	2010-09-27	SNFZQ01A00_04	雀形目	欧亚旋木雀	*Certhia familiaris*	1	实体
322	2010-09-27	SNFZQ01A00_04	雀形目	褐河乌	*Cinclus pallasii*	1	实体
323	2010-09-27	SNFZQ01A00_04	雀形目	锡嘴雀	*Coccothraustes coccothraustes*	1	实体
324	2010-09-27	SNFZQ01A00_04	雀形目	黑卷尾	*Dicrurus macrocercus*	1	实体
325	2010-09-27	SNFZQ01A00_04	雀形目	白喉噪鹛	*Garrulax albogularis*	1	实体
326	2010-09-27	SNFZQ01A00_04	雀形目	噪鹛属某种	*Garrulax* sp.	1	实体
327	2010-09-27	SNFZQ01A00_04	雀形目	松鸦	*Garrulus glandarius*	1	实体
328	2010-09-27	SNFZQ01A00_04	雀形目	家燕	*Hirundo rustica*	7	实体
329	2010-09-27	SNFZQ01A00_04	雀形目	红尾伯劳	*Lanius cristatus*	2	实体
330	2010-09-27	SNFZQ01A00_04	雀形目	红嘴相思鸟	*Leiothrix lutea*	1	实体
331	2010-09-27	SNFZQ01A00_04	雀形目	白腰文鸟	*Lonchura striata*	4	实体
332	2010-09-27	SNFZQ01A00_04	雀形目	星鸦	*Nucifraga caryocatactes*	1	实体
333	2010-09-27	SNFZQ01A00_04	雀形目	大山雀	*Parus cinereus*	19	实体
334	2010-09-27	SNFZQ01A00_04	雀形目	黑冠山雀	*Periparus rubidiventris*	1	实体
335	2010-09-27	SNFZQ01A00_04	雀形目	山雀属某种	*Parus* sp.	1	实体
336	2010-09-27	SNFZQ01A00_04	雀形目	山椒鸟属某种	*Pericrocotus* sp.	1	实体
337	2010-09-27	SNFZQ01A00_04	雀形目	柳莺属某种	*Phylloscopus* sp.	9	实体
338	2010-09-27	SNFZQ01A00_04	雀形目	棕颈钩嘴鹛	*Pomatorhinus ruficollis*	1	实体
339	2010-09-27	SNFZQ01A00_04	雀形目	白头鹎	*Pycnonotus sinensis*	6	实体
340	2010-09-27	SNFZQ01A00_04	雀形目	红尾水鸲	*Rhyacornis fuliginosa*	1	实体
341	2010-09-27	SNFZQ01A00_04	雀形目	领雀嘴鹎	*Spizixos semitorques*	1	实体
342	2010-09-27	SNFZQ01A00_04	雀形目	红嘴蓝鹊	*Urocissa erythroryncha*	8	实体
343	2010-09-27	SNFZQ01A00_04	雨燕目	短嘴金丝燕	*Aerodramus brevirostris*	90	实体

（续）

序号	时间（年-月-日）	样地代码	动物类别	动物名称	拉丁名	数量/只	备注
344	2010-09-28	SNFZQ01A00_02	鸽形目	珠颈斑鸠	*Streptopelia chinensis*	2	实体
345	2010-09-28	SNFZQ01A00_02	雀形目	红头长尾山雀	*Aegithalos concinnus*	1	实体
346	2010-09-28	SNFZQ01A00_02	雀形目	大嘴乌鸦	*Corvus macrorhynchos*	1	实体
347	2010-09-28	SNFZQ01A00_02	雀形目	白颈鸦	*Corvus pectoralis*	5	实体
348	2010-09-28	SNFZQ01A00_02	雀形目	松鸦	*Garrulus glandarius*	1	实体
349	2010-09-28	SNFZQ01A00_02	雀形目	家燕	*Hirundo rustica*	1	实体
350	2010-09-28	SNFZQ01A00_02	雀形目	红尾伯劳	*Lanius cristatus*	1	实体
351	2010-09-28	SNFZQ01A00_02	雀形目	白腰文鸟	*Lonchura striata*	1	实体
352	2010-09-28	SNFZQ01A00_02	雀形目	黑冠山雀	*Periparus rubidiventris*	1	实体
353	2010-09-28	SNFZQ01A00_02	雀形目	黄腹山雀	*Pardaliparus venustulus*	5	实体
354	2010-09-28	SNFZQ01A00_02	雀形目	麻雀	*Passer montanus*	1	实体
355	2010-09-28	SNFZQ01A00_02	雀形目	白头鹎	*Pycnonotus sinensis*	2	实体
356	2010-09-28	SNFZQ01A00_02	雀形目	红尾水鸲	*Rhyacornis fuliginosa*	1	实体
357	2010-09-28	SNFZQ01A00_02	雀形目	红嘴蓝鹊	*Urocissa erythroryncha*	7	实体
358	2015-04-20	SNFZQ01A00_04	鸽形目	山斑鸠	*Streptopelia orientalis*	2	实体
359	2015-04-20	SNFZQ01A00_04	鹳形目	池鹭	*Ardeola bacchus*	1	实体
360	2015-04-20	SNFZQ01A00_04	雀形目	山鹨	*Anthus sylvanus*	4	实体
361	2015-04-20	SNFZQ01A00_04	雀形目	大嘴乌鸦	*Corvus macrorhynchos*	2	实体
362	2015-04-20	SNFZQ01A00_04	雀形目	噪鹛属某种	*Garrulax* sp.	2	实体
363	2015-04-20	SNFZQ01A00_04	雀形目	松鸦	*Garrulus glandarius*	1	实体
364	2015-04-20	SNFZQ01A00_04	雀形目	红嘴相思鸟	*Leiothrix lutea*	5	实体
365	2015-04-20	SNFZQ01A00_04	雀形目	白鹡鸰	*Motacilla alba*	2	实体
366	2015-04-20	SNFZQ01A00_04	雀形目	山雀科某种	Paridae sp.	4	实体
367	2015-04-20	SNFZQ01A00_04	雀形目	大山雀	*Parus cinereus*	10	实体
368	2015-04-20	SNFZQ01A00_04	雀形目	黄腹柳莺	*Phylloscopus affinis*	15	实体
369	2015-04-20	SNFZQ01A00_04	雀形目	柳莺属某种	*Phylloscopus* sp.	10	实体
370	2015-04-20	SNFZQ01A00_04	雀形目	喜鹊	*Pica pica*	1	实体
371	2015-04-20	SNFZQ01A00_04	雀形目	棕颈钩嘴鹛	*Pomatorhinus ruficollis*	1	实体
372	2015-04-20	SNFZQ01A00_04	雀形目	鹎科某种	Pycnonotidae sp.	6	实体
373	2015-04-20	SNFZQ01A00_04	雀形目	画眉科某种	Timaliidae sp.	2	实体
374	2015-04-21	SNFZQ01A00_01	鸽形目	山斑鸠	*Streptopelia orientalis*	3	实体
375	2015-04-21	SNFZQ01A00_01	鸡形目	红腹锦鸡	*Chrysolophus pictus*	2	实体

（续）

序号	时间（年-月-日）	样地代码	动物类别	动物名称	拉丁名	数量/只	备注
376	2015-04-21	SNFZQ01A00_01	鴷形目	大斑啄木鸟	*Dendrocopos major*	1	实体
377	2015-04-21	SNFZQ01A00_01	鴷形目	啄木鸟科某种	Picidae sp.	1	实体
378	2015-04-21	SNFZQ01A00_01	雀形目	蓝喉太阳鸟	*Aethopyga gouldiae*	4	实体
379	2015-04-21	SNFZQ01A00_01	雀形目	红嘴鸦雀	*Conostoma aemodium*	3	实体
380	2015-04-21	SNFZQ01A00_01	雀形目	大嘴乌鸦	*Corvus macrorhynchos*	2	实体
381	2015-04-21	SNFZQ01A00_01	雀形目	四声杜鹃	*Cuculus micropterus*	1	实体
382	2015-04-21	SNFZQ01A00_01	雀形目	画眉	*Garrulax canorus*	3	实体
383	2015-04-21	SNFZQ01A00_01	雀形目	黑领噪鹛	*Garrulax pectoralis*	5	实体
384	2015-04-21	SNFZQ01A00_01	雀形目	噪鹛属某种	*Garrulax* sp.	3	实体
385	2015-04-21	SNFZQ01A00_01	雀形目	松鸦	*Garrulus glandarius*	3	实体
386	2015-04-21	SNFZQ01A00_01	雀形目	白鹡鸰	*Motacilla alba*	1	实体
387	2015-04-21	SNFZQ01A00_01	雀形目	大山雀	*Parus cinereus*	5	实体
388	2015-04-21	SNFZQ01A00_01	雀形目	绿背山雀	*Parus monticolus*	3	实体
389	2015-04-21	SNFZQ01A00_01	雀形目	山麻雀	*Passer cinnamomeus*	5	实体
390	2015-04-21	SNFZQ01A00_01	雀形目	黄腰柳莺	*Phylloscopus proregulus*	3	实体
391	2015-04-21	SNFZQ01A00_01	雀形目	柳莺属某种	*Phylloscopus* sp.	19	实体
392	2015-04-21	SNFZQ01A00_01	雀形目	喜鹊	*Pica pica*	1	实体
393	2015-04-21	SNFZQ01A00_01	雀形目	钩嘴鹛属某种	*Pomatorhinus* sp.	1	实体
394	2015-04-21	SNFZQ01A00_01	雀形目	红嘴蓝鹊	*Urocissa erythroryncha*	1	实体
395	2015-04-22	SNFZQ01A00_02	鸽形目	山斑鸠	*Streptopelia orientalis*	1	实体
396	2015-04-22	SNFZQ01A00_02	鸡形目	雉科某种	Phasianidae sp.	1	实体
397	2015-04-22	SNFZQ01A00_02	鴷形目	啄木鸟科某种	Picidae sp.	2	实体
398	2015-04-22	SNFZQ01A00_02	雀形目	蓝喉太阳鸟	*Aethopyga gouldiae*	1	鸣声
399	2015-04-22	SNFZQ01A00_02	雀形目	棕顶树莺	*Cettia brunnifrons*	1	实体
400	2015-04-22	SNFZQ01A00_02	雀形目	大嘴乌鸦	*Corvus macrorhynchos*	2	实体
401	2015-04-22	SNFZQ01A00_02	雀形目	四声杜鹃	*Cuculus micropterus*	3	实体
402	2015-04-22	SNFZQ01A00_02	雀形目	山鹡鸰	*Dendronanthus indicus*	3	实体
403	2015-04-22	SNFZQ01A00_02	雀形目	眼纹噪鹛	*Garrulax ocellatus*	2	实体
404	2015-04-22	SNFZQ01A00_02	雀形目	松鸦	*Garrulus glandarius*	3	实体
405	2015-04-22	SNFZQ01A00_02	雀形目	家燕	*Hirundo rustica*	1	实体
406	2015-04-22	SNFZQ01A00_02	雀形目	棕头鸦雀	*Sinosuthora webbiana*	1	实体
407	2015-04-22	SNFZQ01A00_02	雀形目	大山雀	*Parus cinereus*	2	实体

（续）

序号	时间（年-月-日）	样地代码	动物类别	动物名称	拉丁名	数量/只	备注
408	2015-04-22	SNFZQ01A00_02	雀形目	黄腹山雀	*Pardaliparus venustulus*	1	鸣声
409	2015-04-22	SNFZQ01A00_02	雀形目	小灰山椒鸟	*Pericrocotus cantonensis*	1	实体
410	2015-04-22	SNFZQ01A00_02	雀形目	栗头鹟莺	*Seicercus castaniceps*	1	实体
411	2015-04-22	SNFZQ01A00_02	雀形目	普通䴓	*Sitta europaea*	1	实体
412	2015-04-22	SNFZQ01A00_02	雀形目	红嘴蓝鹊	*Urocissa erythroryncha*	3	实体
413	2015-04-22	SNFZQ01A00_03	鸽形目	山斑鸠	*Streptopelia orientalis*	3	鸣声
414	2015-04-22	SNFZQ01A00_03	雀形目	大嘴乌鸦	*Corvus macrorhynchos*	1	实体
415	2015-04-22	SNFZQ01A00_03	雀形目	四声杜鹃	*Cuculus micropterus*	1	实体
416	2015-04-22	SNFZQ01A00_03	雀形目	松鸦	*Garrulus glandarius*	2	实体
417	2015-04-22	SNFZQ01A00_03	雀形目	北红尾鸲	*Phoenicurus auroreus*	1	鸣声
418	2015-04-22	SNFZQ01A00_03	雀形目	柳莺属某种	*Phylloscopus* sp.	2	实体
419	2015-08-03	SNFZQ01A00_04	鸽形目	斑鸠属某种	*Streptopelia* sp.	1	实体
420	2015-08-03	SNFZQ01A00_04	鸽形目	宝兴歌鸫	*Turdus mupinensis*	7	实体
421	2015-08-03	SNFZQ01A00_04	鴷形目	大斑啄木鸟	*Dendrocopos major*	2	实体
422	2015-08-03	SNFZQ01A00_04	雀形目	蓝短翅鸫	*Brachypteryx montana*	1	鸣声
423	2015-08-03	SNFZQ01A00_04	雀形目	暗灰鹃	*Lalage melaschistos*	2	实体
424	2015-08-03	SNFZQ01A00_04	雀形目	黑领噪鹛	*Garrulax pectoralis*	1	实体
425	2015-08-03	SNFZQ01A00_04	雀形目	白颊噪鹛	*Garrulax sannio*	1	实体
426	2015-08-03	SNFZQ01A00_04	雀形目	松鸦	*Garrulus glandarius*	1	实体
427	2015-08-03	SNFZQ01A00_04	雀形目	金腰燕	*Cecropis daurica*	1	实体
428	2015-08-03	SNFZQ01A00_04	雀形目	红嘴相思鸟	*Leiothrix lutea*	3	实体
429	2015-08-03	SNFZQ01A00_04	雀形目	灰鹡鸰	*Motacilla cinerea*	2	鸣声
430	2015-08-03	SNFZQ01A00_04	雀形目	煤山雀	*Periparus ater*	1	实体
431	2015-08-03	SNFZQ01A00_04	雀形目	北红尾鸲	*Phoenicurus auroreus*	2	实体
432	2015-08-03	SNFZQ01A00_04	雀形目	柳莺属某种	*Phylloscopus* sp.	1	实体
433	2015-08-03	SNFZQ01A00_04	雀形目	喜鹊	*Pica pica*	2	实体
434	2015-08-03	SNFZQ01A00_04	雀形目	棕颈钩嘴鹛	*Pomatorhinus ruficollis*	1	鸣声
435	2015-08-03	SNFZQ01A00_04	雀形目	鹎科某种	Pycnonotidae sp.	1	实体
436	2015-08-03	SNFZQ01A00_04	雀形目	黄臀鹎	*Pycnonotus xanthorrhous*	5	实体、鸣声
437	2015-08-03	SNFZQ01A00_04	雀形目	领雀嘴鹎	*Spizixos semitorques*	2	鸣声
438	2015-08-03	SNFZQ01A00_04	雀形目	红头穗鹛	*Cyanoderma ruficeps*	1	实体
439	2015-08-04	SNFZQ01A00_01	鸽形目	山斑鸠	*Streptopelia orientalis*	1	实体

（续）

序号	时间（年-月-日）	样地代码	动物类别	动物名称	拉丁名	数量/只	备注
440	2015-08-04	SNFZQ01A00_01	雀形目	锡嘴雀	*Coccothraustes coccothraustes*	1	鸣声
441	2015-08-04	SNFZQ01A00_01	雀形目	大嘴乌鸦	*Corvus macrorhynchos*	3	实体
442	2015-08-04	SNFZQ01A00_01	雀形目	黄眉鹀	*Emberiza chrysophrys*	1	实体
443	2015-08-04	SNFZQ01A00_01	雀形目	黄喉鹀	*Emberiza elegans*	1	实体
444	2015-08-04	SNFZQ01A00_01	雀形目	灰头鹀	*Emberiza spodocephala*	12	实体
445	2015-08-04	SNFZQ01A00_01	雀形目	白额燕尾	*Enicurus leschenaulti*	1	鸣声
446	2015-08-04	SNFZQ01A00_01	雀形目	画眉	*Garrulax canorus*	10	实体、鸣声
447	2015-08-04	SNFZQ01A00_01	雀形目	白颊噪鹛	*Garrulax sannio*	2	鸣声
448	2015-08-04	SNFZQ01A00_01	雀形目	红嘴相思鸟	*Leiothrix lutea*	1	实体
449	2015-08-04	SNFZQ01A00_01	雀形目	歌鸲属某种	*Luscinia* sp.	1	实体
450	2015-08-04	SNFZQ01A00_01	雀形目	白鹡鸰	*Motacilla alba*	5	鸣声、实体
451	2015-08-04	SNFZQ01A00_01	雀形目	灰鹡鸰	*Motacilla cinerea*	7	实体
452	2015-08-04	SNFZQ01A00_01	雀形目	棕头鸦雀	*Sinosuthora webbiana*	17	实体
453	2015-08-04	SNFZQ01A00_01	雀形目	大山雀	*Parus cinereus*	1	实体
454	2015-08-04	SNFZQ01A00_01	雀形目	绿背山雀	*Parus monticolus*	3	实体
455	2015-08-04	SNFZQ01A00_01	雀形目	北红尾鸲	*Phoenicurus auroreus*	4	实体
456	2015-08-04	SNFZQ01A00_01	雀形目	柳莺属某种	*Phylloscopus* sp.	4	鸣声
457	2015-08-04	SNFZQ01A00_01	雀形目	喜鹊	*Pica pica*	3	实体、鸣声
458	2015-08-04	SNFZQ01A00_01	雀形目	黄臀鹎	*Pycnonotus xanthorrhous*	5	实体
459	2015-08-04	SNFZQ01A00_01	雀形目	金眶鹟莺	*Seicercus burkii*	1	实体
460	2015-08-04	SNFZQ01A00_01	雀形目	领雀嘴鹎	*Spizixos semitorques*	2	鸣声
461	2015-08-04	SNFZQ01A00_01	雀形目	红嘴蓝鹊	*Urocissa erythroryncha*	5	鸣声
462	2015-08-05	SNFZQ01A00_02	鸽形目	山斑鸠	*Streptopelia orientalis*	4	实体、鸣声
463	2015-08-05	SNFZQ01A00_02	鴷形目	赤胸啄木鸟	*Dendrocopos cathpharius*	1	实体
464	2015-08-05	SNFZQ01A00_02	鴷形目	大斑啄木鸟	*Dendrocopos major*	1	鸣声
465	2015-08-05	SNFZQ01A00_02	雀形目	黄腹树莺	*Horornis acanthizoides*	1	鸣声
466	2015-08-05	SNFZQ01A00_02	雀形目	大嘴乌鸦	*Corvus macrorhynchos*	1	实体
467	2015-08-05	SNFZQ01A00_02	雀形目	画眉	*Garrulax canorus*	1	实体
468	2015-08-05	SNFZQ01A00_02	雀形目	斑背噪鹛	*Garrulax lunulatus*	4	实体
469	2015-08-05	SNFZQ01A00_02	雀形目	眼纹噪鹛	*Garrulax ocellatus*	2	实体
470	2015-08-05	SNFZQ01A00_02	雀形目	白颊噪鹛	*Garrulax sannio*	1	鸣声
471	2015-08-05	SNFZQ01A00_02	雀形目	金腰燕	*Cecropis daurica*	10	鸣声

（续）

序号	时间（年-月-日）	样地代码	动物类别	动物名称	拉丁名	数量/只	备注
472	2015-08-05	SNFZQ01A00_02	雀形目	红嘴相思鸟	*Leiothrix lutea*	15	实体
473	2015-08-05	SNFZQ01A00_02	雀形目	歌鸲属某种	*Luscinia* sp.	4	实体
474	2015-08-05	SNFZQ01A00_02	雀形目	黑枕黄鹂	*Oriolus chinensis*	1	实体
475	2015-08-05	SNFZQ01A00_02	雀形目	棕头鸦雀	*Sinosuthora webbiana*	6	实体
476	2015-08-05	SNFZQ01A00_02	雀形目	煤山雀	*Periparus ater*	6	实体
477	2015-08-05	SNFZQ01A00_02	雀形目	大山雀	*Parus cinereus*	9	实体
478	2015-08-05	SNFZQ01A00_02	雀形目	黄臀鹎	*Pycnonotus xanthorrhous*	5	实体、鸣声
479	2015-08-05	SNFZQ01A00_02	雀形目	金眶鹟莺	*Seicercus burkii*	1	实体
480	2015-08-05	SNFZQ01A00_02	雀形目	领雀嘴鹎	*Spizixos semitorques*	1	实体
481	2015-08-05	SNFZQ01A00_02	雀形目	红嘴蓝鹊	*Urocissa erythroryncha*	1	实体
482	2015-08-06	SNFZQ01A00_03	鸽形目	斑鸠属某种	*Streptopelia* sp.	2	实体
483	2015-08-06	SNFZQ01A00_03	雀形目	大嘴乌鸦	*Corvus macrorhynchos*	1	鸣声
484	2015-08-06	SNFZQ01A00_03	雀形目	画眉	*Garrulax canorus*	2	实体、鸣声
485	2015-08-06	SNFZQ01A00_03	雀形目	斑背噪鹛	*Garrulax lunulatus*	3	实体
486	2015-08-06	SNFZQ01A00_03	雀形目	小黑领噪鹛	*Garrulax monileger*	1	鸣声
487	2015-08-06	SNFZQ01A00_03	雀形目	松鸦	*Garrulus glandarius*	3	实体
488	2015-08-06	SNFZQ01A00_03	雀形目	金腰燕	*Cecropis daurica*	20	实体
489	2015-08-06	SNFZQ01A00_03	雀形目	红嘴相思鸟	*Leiothrix lutea*	2	实体
490	2015-08-06	SNFZQ01A00_03	雀形目	歌鸲属某种	*Luscinia* sp.	1	实体
491	2015-08-06	SNFZQ01A00_03	雀形目	棕头鸦雀	*Sinosuthora webbiana*	2	实体
492	2015-08-06	SNFZQ01A00_03	雀形目	北红尾鸲	*Phoenicurus auroreus*	1	实体
493	2015-08-06	SNFZQ01A00_03	雀形目	柳莺属某种	*Phylloscopus* sp.	3	实体
494	2015-08-06	SNFZQ01A00_03	雀形目	棕颈钩嘴鹛	*Pomatorhinus ruficollis*	1	实体
495	2015-08-06	SNFZQ01A00_03	雀形目	黄臀鹎	*Pycnonotus xanthorrhous*	4	实体、鸣声
496	2015-08-06	SNFZQ01A00_03	雀形目	领雀嘴鹎	*Spizixos semitorques*	5	实体
497	2015-10-30	SNFZQ01A00_04	鴷形目	星头啄木鸟	*Dendrocopos canicapillus*	1	实体
498	2015-10-30	SNFZQ01A00_04	鴷形目	大斑啄木鸟	*Dendrocopos major*	3	鸣叫
499	2015-10-30	SNFZQ01A00_04	鴷形目	灰头绿啄木鸟	*Picus canus*	1	实体
500	2015-10-30	SNFZQ01A00_04	雀形目	山鹨	*Anthus sylvanus*	7	鸣声
501	2015-10-30	SNFZQ01A00_04	雀形目	大嘴乌鸦	*Corvus macrorhynchos*	1	实体
502	2015-10-30	SNFZQ01A00_04	雀形目	画眉	*Garrulax canorus*	1	实体
503	2015-10-30	SNFZQ01A00_04	雀形目	噪鹛属某种	*Garrulax* sp.	1	实体

（续）

序号	时间（年-月-日）	样地代码	动物类别	动物名称	拉丁名	数量/只	备注
504	2015-10-30	SNFZQ01A00_04	雀形目	松鸦	*Garrulus glandarius*	2	实体
505	2015-10-30	SNFZQ01A00_04	雀形目	红嘴相思鸟	*Leiothrix lutea*	1	实体
506	2015-10-30	SNFZQ01A00_04	雀形目	白鹡鸰	*Motacilla alba*	1	实体
507	2015-10-30	SNFZQ01A00_04	雀形目	鹟科某种	Muscicapidae sp.	4	实体
508	2015-10-30	SNFZQ01A00_04	雀形目	大山雀	*Parus cinereus*	3	实体
509	2015-10-30	SNFZQ01A00_04	雀形目	北红尾鸲	*Phoenicurus auroreus*	2	鸣叫
510	2015-10-30	SNFZQ01A00_04	雀形目	柳莺属某种	*Phylloscopus* sp.	5	实体、鸣声
511	2015-10-30	SNFZQ01A00_04	雀形目	喜鹊	*Pica pica*	2	实体
512	2015-10-30	SNFZQ01A00_04	雀形目	普通䴓	*Sitta europaea*	1	实体
513	2015-10-30	SNFZQ01A00_04	雀形目	领雀嘴鹎	*Spizixos semitorques*	26	实体
514	2015-10-30	SNFZQ01A00_04	隼形目	金雕	*Aquila chrysaetos*	1	实体
515	2015-11-01	SNFZQ01A00_01	鸽形目	斑鸠属某种	*Streptopelia* sp.	1	实体
516	2015-11-01	SNFZQ01A00_01	鸡形目	红腹锦鸡	*Chrysolophus pictus*	2	实体
517	2015-11-01	SNFZQ01A00_01	雀形目	鸫科某种	Turdidae sp.	1	实体
518	2015-11-01	SNFZQ01A00_01	雀形目	树莺属某种	*Cettia* sp.	1	实体
519	2015-11-01	SNFZQ01A00_01	雀形目	大嘴乌鸦	*Corvus macrorhynchos*	8	实体
520	2015-11-01	SNFZQ01A00_01	雀形目	画眉	*Garrulax canorus*	1	实体
521	2015-11-01	SNFZQ01A00_01	雀形目	松鸦	*Garrulus glandarius*	2	实体
522	2015-11-01	SNFZQ01A00_01	雀形目	黄鹡鸰	*Motacilla tschutschensis*	4	实体
523	2015-11-01	SNFZQ01A00_01	雀形目	鹟科某种	Muscicapidae sp.	1	鸣叫
524	2015-11-01	SNFZQ01A00_01	雀形目	北红尾鸲	*Phoenicurus auroreus*	2	实体
525	2015-11-01	SNFZQ01A00_01	雀形目	喜鹊	*Pica pica*	3	实体
526	2015-11-01	SNFZQ01A00_01	雀形目	灰椋鸟	*Spodiopsar cineraceus*	7	实体
527	2015-11-01	SNFZQ01A00_03	䴕形目	啄木鸟科某种	Picidae sp.	1	实体
528	2015-11-01	SNFZQ01A00_03	雀形目	红头长尾山雀	*Aegithalos concinnus*	20	鸣叫
529	2015-11-01	SNFZQ01A00_03	雀形目	树莺属某种	*Cettia* sp.	9	实体
530	2015-11-01	SNFZQ01A00_03	雀形目	大嘴乌鸦	*Corvus macrorhynchos*	4	实体
531	2015-11-01	SNFZQ01A00_03	雀形目	白额燕尾	*Enicurus leschenaulti*	1	实体
532	2015-11-01	SNFZQ01A00_03	雀形目	画眉	*Garrulax canorus*	4	实体
533	2015-11-01	SNFZQ01A00_03	雀形目	橙翅噪鹛	*Trochalopteron elliotii*	9	实体、声音
534	2015-11-01	SNFZQ01A00_03	雀形目	大噪鹛	*Garrulax maximus*	4	实体
535	2015-11-01	SNFZQ01A00_03	雀形目	噪鹛属某种	*Garrulax* sp.	2	实体

（续）

序号	时间（年-月-日）	样地代码	动物类别	动物名称	拉丁名	数量/只	备注
536	2015-11-01	SNFZQ01A00_03	雀形目	松鸦	*Garrulus glandarius*	3	实体
537	2015-11-01	SNFZQ01A00_03	雀形目	红嘴相思鸟	*Leiothrix lutea*	17	实体
538	2015-11-01	SNFZQ01A00_03	雀形目	鹟科某种	Muscicapidae sp.	1	实体
539	2015-11-01	SNFZQ01A00_03	雀形目	北红尾鸲	*Phoenicurus auroreus*	2	实体
540	2015-11-01	SNFZQ01A00_03	雀形目	棕颈钩嘴鹛	*Pomatorhinus ruficollis*	6	实体
541	2015-11-01	SNFZQ01A00_03	雀形目	鹎科某种	Pycnonotidae sp.	1	实体
542	2015-11-01	SNFZQ01A00_03	雀形目	金眶鹟莺	*Seicercus burkii*	1	实体
543	2015-11-01	SNFZQ01A00_03	雀形目	红嘴蓝鹊	*Urocissa erythroryncha*	7	实体
544	2015-11-02	SNFZQ01A00_02	鸽形目	宝兴歌鸫	*Turdus mupinensis*	1	实体
545	2015-11-02	SNFZQ01A00_02	雀形目	树莺属某种	*Cettia* sp.	2	实体
546	2015-11-02	SNFZQ01A00_02	雀形目	大嘴乌鸦	*Corvus macrorhynchos*	2	实体
547	2015-11-02	SNFZQ01A00_02	雀形目	白额燕尾	*Enicurus leschenaulti*	1	实体
548	2015-11-02	SNFZQ01A00_02	雀形目	棕胸蓝姬鹟	*Ficedula hyperythra*	1	实体
549	2015-11-02	SNFZQ01A00_02	雀形目	画眉	*Garrulax canorus*	1	实体
550	2015-11-02	SNFZQ01A00_02	雀形目	小黑领噪鹛	*Garrulax monileger*	6	实体
551	2015-11-02	SNFZQ01A00_02	雀形目	噪鹛属某种	*Garrulax* sp.	1	鸣叫
552	2015-11-02	SNFZQ01A00_02	雀形目	松鸦	*Garrulus glandarius*	1	实体
553	2015-11-02	SNFZQ01A00_02	雀形目	红嘴相思鸟	*Leiothrix lutea*	2	实体
554	2015-11-02	SNFZQ01A00_02	雀形目	喜鹊	*Pica pica*	1	实体
555	2015-11-02	SNFZQ01A00_02	雀形目	棕颈钩嘴鹛	*Pomatorhinus ruficollis*	1	实体
556	2015-11-02	SNFZQ01A00_02	雀形目	黄臀鹎	*Pycnonotus xanthorrhous*	1	实体
557	2015-12-25	SNFZQ01A00_04	鸽形目	山斑鸠	*Streptopelia orientalis*	3	实体
558	2015-12-25	SNFZQ01A00_04	鸡形目	勺鸡	*Pucrasia macrolopha*	1	实体
559	2015-12-25	SNFZQ01A00_04	鴷形目	灰头绿啄木鸟	*Picus canus*	1	实体
560	2015-12-25	SNFZQ01A00_04	雀形目	大嘴乌鸦	*Corvus macrorhynchos*	4	实体
561	2015-12-25	SNFZQ01A00_04	雀形目	大山雀	*Parus cinereus*	1	实体
562	2015-12-25	SNFZQ01A00_04	雀形目	领雀嘴鹎	*Spizixos semitorques*	15	实体
563	2015-12-25	SNFZQ01A00_04	雀形目	红嘴蓝鹊	*Urocissa erythroryncha*	2	鸣叫
564	2015-12-27	SNFZQ01A00_03	雀形目	大嘴乌鸦	*Corvus macrorhynchos*	1	实体
565	2015-12-27	SNFZQ01A00_03	雀形目	家燕	*Hirundo rustica*	2	实体
566	2015-12-27	SNFZQ01A00_03	雀形目	黄臀鹎	*Pycnonotus xanthorrhous*	1	实体
567	2015-12-27	SNFZQ01A00_03	雀形目	红嘴蓝鹊	*Urocissa erythroryncha*	1	实体

（续）

序号	时间（年-月-日）	样地代码	动物类别	动物名称	拉丁名	数量/只	备注
568	2015-12-28	SNFZQ01A00_01	鹳形目	池鹭	*Ardeola bacchus*	1	实体
569	2015-12-28	SNFZQ01A00_01	雀形目	大树莺	*Cettia major*	2	鸣叫
570	2015-12-28	SNFZQ01A00_01	雀形目	大嘴乌鸦	*Corvus macrorhynchos*	5	实体
571	2015-12-28	SNFZQ01A00_01	雀形目	绿背山雀	*Parus monticolus*	15	实体
572	2015-12-28	SNFZQ01A00_01	雀形目	北红尾鸲	*Phoenicurus auroreus*	1	实体
573	2015-12-28	SNFZQ01A00_01	雀形目	黄腹柳莺	*Phylloscopus affinis*	1	实体
574	2015-12-28	SNFZQ01A00_01	雀形目	喜鹊	*Pica pica*	4	实体
575	2015-12-28	SNFZQ01A00_01	雀形目	虎斑地鸫	*Zoothera aurea*	4	实体
576	2015-12-28	SNFZQ01A00_02	䴕形目	大斑啄木鸟	*Dendrocopos major*	3	实体
577	2015-12-28	SNFZQ01A00_02	䴕形目	啄木鸟科某种	Picidae sp.	1	实体
578	2015-12-28	SNFZQ01A00_02	雀形目	白腹短翅鸲	*Brachypteryx major*	5	实体
579	2015-12-28	SNFZQ01A00_02	雀形目	大嘴乌鸦	*Corvus macrorhynchos*	1	实体
580	2015-12-28	SNFZQ01A00_02	雀形目	山鹡鸰	*Dendronanthus indicus*	1	实体
581	2015-12-28	SNFZQ01A00_02	雀形目	松鸦	*Garrulus glandarius*	2	实体
582	2015-12-28	SNFZQ01A00_02	雀形目	红嘴相思鸟	*Leiothrix lutea*	4	实体

3.2.8 哺乳动物的种类与数量

3.2.8.1 概述

本数据集来自神农架站的长期生物监测。监测场地位于神农架站站区动物调查点，共 4 个调查点，样地代码为 SNFZQ01A00_01、SNFZQ01A00_02、SNFZQ01A00_03、SNFZQ01A00_04。时间范围为 2008—2015 年；数据项为哺乳动物的种类与数量，字段包括年月、样地代码、动物类别、动物名称、拉丁名、数量及备注；数据量为 277 条。

3.2.8.2 数据采集和处理方法

在神农架站站区的南、东、西和北 4 个方向，设置 4 条调查样线，分别为神农架站至黄连坝、神农架站至三十六拐、神农架站至黄崩口和神农架站至小河口，在不同春夏秋冬 4 个季节，沿调查样线，采用走访、实地观察、铗日法等方法，调查哺乳动物的种类和数量，做好观察记录。最后按照日期、样线分种统计。

3.2.8.3 数据质量控制和评估

本数据集的质量控制主要从哺乳动物的野外取样调查、数据录入和数据分析处理 3 方面进行。野外调查，分季节调查，并且根据不同动物的类群采用不同的方法进行调查，例如啮齿类动物多采用样线-铗日法，黑熊、野猪等大型哺乳动物采用观察法，观察期觅食地、足迹等，另外，皮毛、叫声、粪便等也是常用的调查方法。做好现场调查记录，包括种类、数量和依据。纸质版数据录入电脑的过程中，采用 2 人同时输入数据的方式，自查并相互检查，以确保数据输入的准确性。纸质原始数据资料，经扫描备份后妥善保存，以备将来核查。数据分析方面，首先是根据现场调查时采集的动物实物标本、照片、录音、皮毛、粪便等样本进行物种鉴定，然后按日期、分样线分种统计哺乳动物的个数，如有特殊情况做好备注。

3.2.8.4 数据价值/数据使用方法和建议

哺乳动物是森林生态系统的重要组成部分。森林哺乳动物通过取食植物或捕猎其他动物等方式，形成生态系统完整的食物链，并且参与森林植物种子传播，对于森林生态系统物种循环和能量流动、森林演替和动态更新具有重要作用，是森林生态系统生物多样性物种组成、生态系统功能维持的重要基础。本数据集包含 2008—2015 年神农架站站区哺乳动物的调查数据，可为该森林类型生态系统物质循环、生态系统功能维持和生物多样性研究提供数据支持。

3.2.8.5 数据

神农架站站区 2008—2015 年哺乳动物调查数据见表 3 - 23。

表 3 - 23　神农架站站区 2008—2015 年哺乳动物种类与数量

序号	日期（年-月-日）	样地代码	动物类别	动物名称	拉丁名	数量/只	备注
1	2008 - 08 - 13	SNFZQ01A00 _ 01	啮齿目	中国豪猪	*Hystrix hodgsoni*	1	刺
2	2008 - 08 - 13	SNFZQ01A00 _ 01	啮齿目	岩松鼠	*Sciccrotamias davidianus*	1	实体
3	2008 - 08 - 13	SNFZQ01A00 _ 01	偶蹄目	毛冠鹿	*Elaphodus cephalophus*	1	粪便
4	2008 - 08 - 13	SNFZQ01A00 _ 01	偶蹄目	野猪	*Sus scrofa*	1	足迹
5	2008 - 09 - 12	SNFZQ01A00 _ 01	灵长目	猕猴	*Macaca mulata*	有	访问
6	2008 - 09 - 12	SNFZQ01A00 _ 01	啮齿目	灰头小鼯鼠	*Petaurista caniceps*	1	实体
7	2008 - 09 - 12	SNFZQ01A00 _ 01	啮齿目	中华竹鼠	*Rhizomys sinensis*	有	访问
8	2008 - 09 - 12	SNFZQ01A00 _ 01	偶蹄目	中华鬣羚	*Capricornis milneedwardsii*	有	访问
9	2008 - 09 - 12	SNFZQ01A00 _ 01	偶蹄目	林麝	*Maschus berezovskii*	有	访问
10	2008 - 09 - 12	SNFZQ01A00 _ 01	偶蹄目	喜马拉雅斑羚	*Naemorhedus goral*	有	访问
11	2008 - 09 - 12	SNFZQ01A00 _ 01	食肉目	猪獾	*Arotonyx collaris*	有	访问
12	2008 - 09 - 12	SNFZQ01A00 _ 01	食肉目	豹猫	*Felis bengalensis*	1	粪便
13	2008 - 09 - 12	SNFZQ01A00 _ 01	食肉目	花面狸	*Paguma larvata*	有	访问
14	2008 - 09 - 12	SNFZQ01A00 _ 01	食肉目	亚洲黑熊	*Ursus thibetanus*	有	访问
15	2008 - 10 - 20	SNFZQ01A00 _ 02	啮齿目	灰头小鼯鼠	*Petaurista Caniceps*	1	实体
16	2008 - 10 - 20	SNFZQ01A00 _ 02	偶蹄目	野猪	*Sus scrofa*	3	觅食地、农田觅食地
17	2008 - 10 - 20	SNFZQ01A00 _ 02	食肉目	豹猫	*Felis bengalensis*	1	粪便
18	2008 - 10 - 20	SNFZQ01A00 _ 02	食肉目	亚洲黑熊	*Ursus thibetanus*	1	觅食地
19	2008 - 10 - 20	SNFZQ01A00 _ 04	啮齿目	岩松鼠	*Sciccrotamias davidianus*	1	实体
20	2008 - 10 - 20	SNFZQ01A00 _ 04	啮齿目	隐纹花鼠	*Taomiops swinhoei*	1	实体
21	2008 - 10 - 21	SNFZQ01A00 _ 03	啮齿目	赤腹松鼠	*Callosciurus erythraeus*	1	实体
22	2008 - 10 - 21	SNFZQ01A00 _ 03	啮齿目	岩松鼠	*Sciccrotamias davidianus*	4	实体
23	2008 - 10 - 21	SNFZQ01A00 _ 03	啮齿目	北松鼠	*Sciurus vulgaris*	4	叫声
24	2008 - 10 - 23	SNFZQ01A00 _ 01	啮齿目	赤腹松鼠	*Callosciurus erythraeus*	1	实体

（续）

序号	日期（年-月-日）	样地代码	动物类别	动物名称	拉丁名	数量/只	备注
25	2008-10-23	SNFZQ01A00_01	啮齿目	岩松鼠	*Sciurotamias davidianus*	1	实体
26	2008-10-23	SNFZQ01A00_01	啮齿目	北松鼠	*Sciurus vulgaris*	1	叫声
27	2008-10-23	SNFZQ01A00_04	啮齿目	赤腹松鼠	*Callosciurus erythraeus*	1	实体
28	2008-10-23	SNFZQ01A00_04	啮齿目	岩松鼠	*Sciurotamias davidianus*	2	实体
29	2008-10-23	SNFZQ01A00_04	啮齿目	北松鼠	*Sciurus vulgaris*	3	叫声
30	2010-01-01	SNFZQ01A00_02	啮齿目	中华姬鼠	*Apodemus draco*	1	铗日法，实体
31	2010-01-01	SNFZQ01A00_02	啮齿目	赤腹松鼠	*Callosciurus erythraeus*	1	实体
32	2010-01-01	SNFZQ01A00_02	啮齿目	中国豪猪	*Hystrix hodgsoni*	1	刺
33	2010-01-01	SNFZQ01A00_02	啮齿目	北社鼠	*Niviventer confucianus*	7	铗日法，实体
34	2010-01-01	SNFZQ01A00_02	啮齿目	岩松鼠	*Sciurotamias davidianus*	2	实体
35	2010-01-01	SNFZQ01A00_02	偶蹄目	野猪	*Sus scrofa*	2	足迹、觅食地
36	2010-01-01	SNFZQ01A00_02	食肉目	豹猫	*Felis bengalensis*	1	粪便
37	2010-01-02	SNFZQ01A00_03	啮齿目	中华姬鼠	*Apodemus draco*	1	铗日法，实体
38	2010-01-02	SNFZQ01A00_03	啮齿目	大林姬鼠	*Apodemus peninsulae*	2	铗日法，实体
39	2010-01-02	SNFZQ01A00_03	啮齿目	北社鼠	*Niviventer confucianus*	10	铗日法，实体
40	2010-01-02	SNFZQ01A00_03	啮齿目	灰头小鼯鼠	*Petaurista caniceps*	1	实体
41	2010-01-02	SNFZQ01A00_03	啮齿目	岩松鼠	*Sciurotamias davidianus*	1	实体
42	2010-01-02	SNFZQ01A00_03	偶蹄目	野猪	*Sus scrofa*	3	觅食地
43	2010-01-02	SNFZQ01A00_03	食肉目	豹猫	*Felis bengalensis*	1	粪便
44	2010-01-02	SNFZQ01A00_03	食肉目	亚洲黑熊	*Ursus thibetanus*	1	觅食地
45	2010-01-03	SNFZQ01A00_02	啮齿目	中华姬鼠	*Apodemus draco*	2	铗日法，实体
46	2010-01-03	SNFZQ01A00_02	啮齿目	北社鼠	*Niviventer confucianus*	17	铗日法，实体
47	2010-01-03	SNFZQ01A00_02	啮齿目	灰头小鼯鼠	*Petaurista caniceps*	3	实体
48	2010-01-03	SNFZQ01A00_02	啮齿目	岩松鼠	*Sciurotamias davidianus*	1	实体
49	2010-01-03	SNFZQ01A00_02	偶蹄目	中华鬣羚	*Capricornis milneedwardsii*	1	粪便
50	2010-01-03	SNFZQ01A00_02	偶蹄目	毛冠鹿	*Elaphodus cephalophus*	1	粪便
51	2010-01-03	SNFZQ01A00_02	偶蹄目	野猪	*Sus scrofa*	1	觅食地
52	2010-01-03	SNFZQ01A00_02	食肉目	豹猫	*Felis bengalensis*	1	粪便
53	2010-01-04	SNFZQ01A00_01	啮齿目	赤腹松鼠	*Callosciurus erythraeus*	1	
54	2010-01-04	SNFZQ01A00_01	啮齿目	安氏白腹鼠	*Niviventer andersoni*	1	
55	2010-01-04	SNFZQ01A00_01	啮齿目	北社鼠	*Niviventer confucianus*	25	铗日法，实体
56	2010-01-04	SNFZQ01A00_01	啮齿目	岩松鼠	*Sciurotamias davidianus*	2	实体

（续）

序号	日期（年-月-日）	样地代码	动物类别	动物名称	拉丁名	数量/只	备注
57	2010-01-04	SNFZQ01A00_01	啮齿目	北松鼠	*Sciurus vulgaris*	1	叫声
58	2010-01-04	SNFZQ01A00_01	啮齿目	隐纹花鼠	*Tamiops swinhoei*	1	实体
59	2010-01-04	SNFZQ01A00_02	啮齿目	大林姬鼠	*Apodemus peninsulae*	1	铗日法，实体
60	2010-01-04	SNFZQ01A00_02	啮齿目	北社鼠	*Niviventer confucianus*	17	铗日法，实体
61	2010-01-05	SNFZQ01A00_04	啮齿目	中华姬鼠	*Apodemus draco*	11	铗日法，实体
62	2010-01-05	SNFZQ01A00_04	啮齿目	大林姬鼠	*Apodemus peninsulae*	3	铗日法，实体
63	2010-01-05	SNFZQ01A00_04	啮齿目	红腿长吻松鼠	*Dremomys pyrrhomerus*	1	铗日法，实体
64	2010-01-05	SNFZQ01A00_04	啮齿目	小泡巨鼠	*Leopoldamys edwardsi*	1	铗日法，实体
65	2010-01-05	SNFZQ01A00_04	啮齿目	安氏白腹鼠	*Niviventer andersoni*	2	铗日法，实体
66	2010-01-05	SNFZQ01A00_04	啮齿目	北社鼠	*Niviventer confucianus*	66	铗日法，实体
67	2010-01-05	SNFZQ01A00_04	啮齿目	拟家鼠	*Rattus pyctoris*	5	铗日法，实体
68	2010-01-05	SNFZQ01A00_04	啮齿目	岩松鼠	*Sciccrotamias davidianus*	3	实体
69	2010-01-05	SNFZQ01A00_04	啮齿目	北松鼠	*Sciurus vulgaris*	1	叫声
70	2010-03-18	SNFZQ01A00_02	啮齿目	中华姬鼠	*Apodemus draco*	3	铗日法，实体
71	2010-03-18	SNFZQ01A00_02	啮齿目	大林姬鼠	*Apodemus peninsulae*	1	铗日法，实体
72	2010-03-18	SNFZQ01A00_02	啮齿目	红腿长吻松鼠	*Dremomys pyrrhomerus*	1	铗日法，实体
73	2010-03-18	SNFZQ01A00_02	啮齿目	小泡巨鼠	*Leopoldamys edwardsi*	1	铗日法，实体
74	2010-03-18	SNFZQ01A00_02	啮齿目	北社鼠	*Niviventer confucianus*	16	铗日法，实体
75	2010-03-18	SNFZQ01A00_02	偶蹄目	毛冠鹿	*Elaphodus cephalophus*	1	粪便
76	2010-03-18	SNFZQ01A00_02	食肉目	豹猫	*Felis bengalensis*	2	粪便
77	2010-03-19	SNFZQ01A00_01	啮齿目	中华姬鼠	*Apodemus draco*	1	铗日法，实体
78	2010-03-19	SNFZQ01A00_01	啮齿目	大林姬鼠	*Apodemus peninsulae*	1	铗日法，实体
79	2010-03-19	SNFZQ01A00_01	啮齿目	赤腹松鼠	*Callosciurus erythraeus*	1	实体
80	2010-03-19	SNFZQ01A00_01	啮齿目	北社鼠	*Niviventer confucianus*	13	铗日法，实体
81	2010-03-19	SNFZQ01A00_01	啮齿目	拟家鼠	*Rattus pyctoris*	7	铗日法，实体
82	2010-03-19	SNFZQ01A00_01	啮齿目	岩松鼠	*Sciccrotamias davidianus*	1	实体
83	2010-03-19	SNFZQ01A00_01	啮齿目	北松鼠	*Sciurus vulgaris*	1	叫声
84	2010-03-19	SNFZQ01A00_01	啮齿目	隐纹花鼠	*Tamiops swinhoei*	1	实体
85	2010-03-19	SNFZQ01A00_01	偶蹄目	野猪	*Sus scrofa*	1	觅食地
86	2010-03-20	SNFZQ01A00_01	啮齿目	中华姬鼠	*Apodemus draco*	2	铗日法，实体
87	2010-03-20	SNFZQ01A00_01	啮齿目	北社鼠	*Niviventer confucianus*	14	铗日法，实体
88	2010-03-20	SNFZQ01A00_01	啮齿目	猪尾鼠	*Typhlomys cinereus*	2	铗日法，实体

（续）

序号	日期（年-月-日）	样地代码	动物类别	动物名称	拉丁名	数量/只	备注
89	2010-03-20	SNFZQ01A00_01	兔形目	藏鼠兔	*Ochtona thibetana*	1	铗日法，实体
90	2010-03-20	SNFZQ01A00_03	啮齿目	中华姬鼠	*Apodemus draco*	1	铗日法，实体
91	2010-03-20	SNFZQ01A00_03	啮齿目	大林姬鼠	*Apodemus peninsulae*	1	铗日法，实体
92	2010-03-20	SNFZQ01A00_03	啮齿目	赤腹松鼠	*Callosciurus erythraeus*	2	实体
93	2010-03-20	SNFZQ01A00_03	啮齿目	黑腹绒鼠	*Eothenomys melanogaster*	1	铗日法，实体
94	2010-03-20	SNFZQ01A00_03	啮齿目	北社鼠	*Niviventer confucianus*	15	铗日法，实体
95	2010-03-20	SNFZQ01A00_03	啮齿目	拟家鼠	*Rattus pyctoris*	7	铗日法，实体
96	2010-03-20	SNFZQ01A00_03	啮齿目	岩松鼠	*Scicerotamias davidianus*	2	实体
97	2010-03-20	SNFZQ01A00_03	啮齿目	北松鼠	*Sciurus vulgaris*	1	叫声
98	2010-03-20	SNFZQ01A00_03	啮齿目	猪尾鼠	*Typhlomys cinereus*	1	铗日法，实体
99	2010-03-26	SNFZQ01A00_04	啮齿目	中华姬鼠	*Apodemus draco*	3	铗日法，实体
100	2010-03-26	SNFZQ01A00_04	啮齿目	赤腹松鼠	*Callosciurus erythraeus*	1	实体
101	2010-03-26	SNFZQ01A00_04	啮齿目	北社鼠	*Niviventer confucianus*	8	铗日法，实体
102	2010-03-26	SNFZQ01A00_04	啮齿目	拟家鼠	*Rattus pyctoris*	1	铗日法，实体
103	2010-03-26	SNFZQ01A00_04	啮齿目	岩松鼠	*Scicerotamias davidianus*	1	实体
104	2010-03-26	SNFZQ01A00_04	啮齿目	北松鼠	*Sciurus vulgaris*	2	叫声
105	2010-03-27	SNFZQ01A00_04	啮齿目	中华姬鼠	*Apodemus draco*	6	铗日法，实体
106	2010-03-27	SNFZQ01A00_04	啮齿目	黑腹绒鼠	*Eothenomys melanogaster*	1	铗日法，实体
107	2010-03-27	SNFZQ01A00_04	啮齿目	安氏白腹鼠	*Niviventer andersoni*	1	铗日法，实体
108	2010-03-27	SNFZQ01A00_04	啮齿目	北社鼠	*Niviventer confucianus*	20	铗日法，实体
109	2010-03-27	SNFZQ01A00_04	啮齿目	拟家鼠	*Rattus pyctoris*	2	铗日法，实体
110	2010-03-27	SNFZQ01A00_04	啮齿目	猪尾鼠	*Typhlomys cinereus*	1	铗日法，实体
111	2010-03-28	SNFZQ01A00_02	啮齿目	中华姬鼠	*Apodemus draco*	11	铗日法，实体
112	2010-03-28	SNFZQ01A00_02	啮齿目	大林姬鼠	*Apodemus peninsulae*	3	铗日法，实体
113	2010-03-28	SNFZQ01A00_02	啮齿目	中国豪猪	*Hystrix hodgsoni*	1	刺
114	2010-03-28	SNFZQ01A00_02	啮齿目	小泡巨鼠	*Leopoldamys edwardsi*	1	铗日法，实体
115	2010-03-28	SNFZQ01A00_02	啮齿目	北社鼠	*Niviventer confucianus*	3	铗日法，实体
116	2010-03-28	SNFZQ01A00_02	啮齿目	灰头小鼯鼠	*Petaurista caniceps*	1	实体
117	2010-03-28	SNFZQ01A00_02	偶蹄目	毛冠鹿	*Elaphodus cephalophus*	1	粪便
118	2010-03-28	SNFZQ01A00_02	偶蹄目	野猪	*Sus scrofa*	2	觅食地
119	2010-03-28	SNFZQ01A00_03	啮齿目	中华姬鼠	*Apodemus draco*	2	铗日法，实体
120	2010-03-28	SNFZQ01A00_03	啮齿目	大林姬鼠	*Apodemus peninsulae*	1	铗日法，实体

（续）

序号	日期（年-月-日）	样地代码	动物类别	动物名称	拉丁名	数量/只	备注
121	2010-03-28	SNFZQ01A00_03	啮齿目	北社鼠	*Niviventer confucianus*	15	铗日法，实体
122	2010-03-28	SNFZQ01A00_03	啮齿目	岩松鼠	*Sciurotamias davidianus*	1	实体
123	2010-03-28	SNFZQ01A00_03	啮齿目	北松鼠	*Sciurus vulgaris*	1	叫声
124	2010-03-28	SNFZQ01A00_03	啮齿目	隐纹花鼠	*Tamiops swinhoei*	1	实体
125	2010-03-28	SNFZQ01A00_03	偶蹄目	野猪	*Sus scrofa*	1	觅食地
126	2010-07-13	SNFZQ01A00_03	啮齿目	中华姬鼠	*Apodemus draco*	12	铗日法，实体
127	2010-07-13	SNFZQ01A00_03	啮齿目	大林姬鼠	*Apodemus peninsulae*	3	铗日法，实体
128	2010-07-13	SNFZQ01A00_03	啮齿目	红腿长吻松鼠	*Dremomys pyrrhomerus*	1	铗日法，实体
129	2010-07-13	SNFZQ01A00_03	啮齿目	小泡巨鼠	*Leopoldamys edwardsi*	1	铗日法，实体
130	2010-07-13	SNFZQ01A00_03	啮齿目	北社鼠	*Niviventer confucianus*	17	铗日法，实体
131	2010-07-13	SNFZQ01A00_03	啮齿目	拟家鼠	*Rattus pyctoris*	1	铗日法，实体
132	2010-07-13	SNFZQ01A00_03	啮齿目	岩松鼠	*Sciurotamias davidianus*	1	实体
133	2010-07-13	SNFZQ01A00_03	啮齿目	北松鼠	*Sciurus vulgaris*	1	叫声
134	2010-07-13	SNFZQ01A00_03	偶蹄目	野猪	*Sus scrofa*	1	觅食地
135	2010-07-13	SNFZQ01A00_03	食肉目	豹猫	*Felis bengalensis*	1	粪便
136	2010-07-16	SNFZQ01A00_04	啮齿目	中华姬鼠	*Apodemus draco*	8	铗日法，实体
137	2010-07-16	SNFZQ01A00_04	啮齿目	大林姬鼠	*Apodemus peninsulae*	3	铗日法，实体
138	2010-07-16	SNFZQ01A00_04	啮齿目	赤腹松鼠	*Callosciurus erythraeus*	1	实体
139	2010-07-16	SNFZQ01A00_04	啮齿目	小泡巨鼠	*Leopoldamys edwardsi*	3	铗日法，实体
140	2010-07-16	SNFZQ01A00_04	啮齿目	安氏白腹鼠	*Niviventer andersoni*	1	铗日法，实体
141	2010-07-16	SNFZQ01A00_04	啮齿目	北社鼠	*Niviventer confucianus*	24	铗日法，实体
142	2010-07-16	SNFZQ01A00_04	啮齿目	拟家鼠	*Rattus pyctoris*	1	铗日法，实体
143	2010-07-16	SNFZQ01A00_04	啮齿目	岩松鼠	*Sciurotamias davidianus*	2	实体
144	2010-07-16	SNFZQ01A00_04	啮齿目	北松鼠	*Sciurus vulgaris*	2	叫声
145	2010-07-17	SNFZQ01A00_02	啮齿目	中华姬鼠	*Apodemus draco*	10	铗日法，实体
146	2010-07-17	SNFZQ01A00_02	啮齿目	姬鼠属某种	*Apodemus* sp.	1	铗日法，实体
147	2010-07-17	SNFZQ01A00_02	啮齿目	安氏白腹鼠	*Niviventer andersoni*	4	铗日法，实体
148	2010-07-17	SNFZQ01A00_02	啮齿目	北社鼠	*Niviventer confucianus*	35	铗日法，实体
149	2010-07-17	SNFZQ01A00_02	啮齿目	岩松鼠	*Sciurotamias davidianus*	2	实体
150	2010-07-17	SNFZQ01A00_02	啮齿目	北松鼠	*Sciurus vulgaris*	1	叫声
151	2010-07-17	SNFZQ01A00_02	啮齿目	隐纹花鼠	*Tamiops swinhoei*	1	实体
152	2010-07-17	SNFZQ01A00_02	偶蹄目	毛冠鹿	*Elaphodus cephalophus*	1	粪便

（续）

序号	日期（年-月-日）	样地代码	动物类别	动物名称	拉丁名	数量/只	备注
153	2010-07-17	SNFZQ01A00_02	食肉目	豹猫	*Felis bengalensis*	1	粪便
154	2010-07-18	SNFZQ01A00_01	啮齿目	中华姬鼠	*Apodemus draco*	6	铗日法，实体
155	2010-07-18	SNFZQ01A00_01	啮齿目	大林姬鼠	*Apodemus peninsulae*	2	铗日法，实体
156	2010-07-18	SNFZQ01A00_01	啮齿目	姬鼠属某种	*Apodemus* sp.	1	铗日法，实体
157	2010-07-18	SNFZQ01A00_01	啮齿目	安氏白腹鼠	*Niviventer andersoni*	2	铗日法，实体
158	2010-07-18	SNFZQ01A00_01	啮齿目	北社鼠	*Niviventer confucianus*	29	铗日法，实体
159	2010-07-18	SNFZQ01A00_01	啮齿目	岩松鼠	*Sciurotamias davidianus*	3	实体
160	2010-07-18	SNFZQ01A00_01	啮齿目	北松鼠	*Sciurus vulgaris*	2	叫声
161	2010-07-18	SNFZQ01A00_01	啮齿目	猪尾鼠	*Typhlomys cinereus*	2	铗日法，实体
162	2010-07-18	SNFZQ01A00_01	偶蹄目	野猪	*Sus scrofa*	1	觅食地
163	2010-07-18	SNFZQ01A00_01	猬行目	斯氏缺齿鼩	*Chodsigoa smithii*	1	铗日法，实体
164	2010-10-03	SNFZQ01A00_01	啮齿目	中华姬鼠	*Apodemus draco*	4	铗日法，实体
165	2010-10-03	SNFZQ01A00_01	啮齿目	安氏白腹鼠	*Niviventer andersoni*	1	铗日法，实体
166	2010-10-03	SNFZQ01A00_01	啮齿目	北社鼠	*Niviventer confucianus*	20	铗日法，实体
167	2010-10-03	SNFZQ01A00_01	啮齿目	北松鼠	*Sciurus vulgaris*	2	叫声
168	2010-10-03	SNFZQ01A00_01	偶蹄目	野猪	*Sus scrofa*	1	觅食地
169	2010-10-03	SNFZQ01A00_01	食肉目	豹猫	*Felis bengalensis*	2	粪便
170	2010-10-04	SNFZQ01A00_01	啮齿目	中华姬鼠	*Apodemus draco*	4	铗日法，实体
171	2010-10-04	SNFZQ01A00_01	啮齿目	大林姬鼠	*Apodemus peninsulae*	1	铗日法，实体
172	2010-10-04	SNFZQ01A00_01	啮齿目	安氏白腹鼠	*Niviventer andersoni*	2	铗日法，实体
173	2010-10-04	SNFZQ01A00_01	啮齿目	北社鼠	*Niviventer confucianus*	24	铗日法，实体
174	2010-10-04	SNFZQ01A00_01	啮齿目	猪尾鼠	*Typhlomys cinereus*	3	铗日法，实体
175	2010-10-05	SNFZQ01A00_03	啮齿目	中华姬鼠	*Apodemus draco*	4	铗日法，实体
176	2010-10-05	SNFZQ01A00_03	啮齿目	安氏白腹鼠	*Niviventer andersoni*	1	铗日法，实体
177	2010-10-05	SNFZQ01A00_03	啮齿目	北社鼠	*Niviventer confucianus*	37	铗日法，实体
178	2010-10-05	SNFZQ01A00_03	啮齿目	拟家鼠	*Rattus pyctoris*	2	铗日法，实体
179	2010-10-05	SNFZQ01A00_03	啮齿目	岩松鼠	*Sciurotamias davidianus*	2	实体
180	2010-10-05	SNFZQ01A00_03	啮齿目	北松鼠	*Sciurus vulgaris*	1	叫声
181	2010-10-05	SNFZQ01A00_03	啮齿目	猪尾鼠	*Typhlomys cinereus*	1	铗日法，实体
182	2010-10-05	SNFZQ01A00_03	偶蹄目	野猪	*Sus scrofa*	1	觅食地
183	2010-10-05	SNFZQ01A00_03	食虫目	四川短尾鼩	*Anourosorex squamipes*	1	铗日法，实体
184	2010-10-06	SNFZQ01A00_03	啮齿目	中华姬鼠	*Apodemus draco*	13	铗日法，实体

（续）

序号	日期 （年-月-日）	样地代码	动物 类别	动物 名称	拉丁名	数量/只	备注
185	2010-10-06	SNFZQ01A00_03	啮齿目	小泡巨鼠	*Leopoldamys edwardsi*	1	铗日法，实体
186	2010-10-06	SNFZQ01A00_03	啮齿目	安氏白腹鼠	*Niviventer andersoni*	3	铗日法，实体
187	2010-10-06	SNFZQ01A00_03	啮齿目	北社鼠	*Niviventer confucianus*	42	铗日法，实体
188	2010-10-06	SNFZQ01A00_03	啮齿目	拟家鼠	*Rattus pyctoris*	1	铗日法，实体
189	2010-10-06	SNFZQ01A00_03	食虫目	四川短尾鼩	*Anourosorex squamipes*	1	铗日法，实体
190	2010-10-07	SNFZQ01A00_03	啮齿目	中华姬鼠	*Apodemus draco*	5	铗日法，实体
191	2010-10-07	SNFZQ01A00_03	啮齿目	大林姬鼠	*Apodemus peninsulae*	2	铗日法，实体
192	2010-10-07	SNFZQ01A00_03	啮齿目	安氏白腹鼠	*Niviventer andersoni*	1	铗日法，实体
193	2010-10-07	SNFZQ01A00_03	啮齿目	北社鼠	*Niviventer confucianus*	24	铗日法，实体
194	2010-10-08	SNFZQ01A00_02	啮齿目	中华姬鼠	*Apodemus draco*	1	铗日法，实体
195	2010-10-08	SNFZQ01A00_02	啮齿目	北社鼠	*Niviventer confucianus*	11	铗日法，实体
196	2010-10-08	SNFZQ01A00_02	偶蹄目	毛冠鹿	*Elaphodus cephalophus*	1	粪便
197	2010-10-08	SNFZQ01A00_02	偶蹄目	野猪	*Sus scrofa*	1	觅食地
198	2010-10-08	SNFZQ01A00_02	食虫目	四川短尾鼩	*Anourosorex squamipes*	1	铗日法，实体
199	2010-10-08	SNFZQ01A00_02	食肉目	豹猫	*Felis bengalensis*	1	粪便
200	2010-10-09	SNFZQ01A00_02	啮齿目	中华姬鼠	*Apodemus draco*	9	铗日法，实体
201	2010-10-09	SNFZQ01A00_02	啮齿目	大林姬鼠	*Apodemus peninsulae*	1	铗日法，实体
202	2010-10-09	SNFZQ01A00_02	啮齿目	小泡巨鼠	*Leopoldamys edwardsi*	1	铗日法，实体
203	2010-10-09	SNFZQ01A00_02	啮齿目	北社鼠	*Niviventer confucianus*	22	铗日法，实体
204	2010-10-09	SNFZQ01A00_02	啮齿目	拟家鼠	*Rattus pyctoris*	3	铗日法，实体
205	2010-10-12	SNFZQ01A00_04	啮齿目	中华姬鼠	*Apodemus draco*	3	铗日法，实体
206	2010-10-12	SNFZQ01A00_04	啮齿目	大林姬鼠	*Apodemus peninsulae*	2	铗日法，实体
207	2010-10-12	SNFZQ01A00_04	啮齿目	赤腹松鼠	*Callosciurus erythraeus*	1	实体
208	2010-10-12	SNFZQ01A00_04	啮齿目	红腿长吻松鼠	*Dremomys pyrrhomerus*	1	铗日法，实体
209	2010-10-12	SNFZQ01A00_04	啮齿目	安氏白腹鼠	*Niviventer andersoni*	2	铗日法，实体
210	2010-10-12	SNFZQ01A00_04	啮齿目	北社鼠	*Niviventer confucianus*	23	铗日法，实体
211	2010-10-12	SNFZQ01A00_04	啮齿目	拟家鼠	*Rattus pyctoris*	5	铗日法，实体
212	2010-10-12	SNFZQ01A00_04	啮齿目	岩松鼠	*Scicerotamias davidianus*	3	铗日法，实体
213	2010-10-12	SNFZQ01A00_04	啮齿目	北松鼠	*Sciurus vulgaris*	1	叫声
214	2010-10-12	SNFZQ01A00_04	偶蹄目	野猪	*Sus scrofa*	1	觅食地
215	2015-04-20	SNFZQ01A00_01	偶蹄目	毛冠鹿	*Elaphodus cephalophus*	9	粪便
216	2015-04-20	SNFZQ01A00_01	偶蹄目	野猪	*Sus scrofa*	1	挖痕

（续）

序号	日期（年-月-日）	样地代码	动物类别	动物名称	拉丁名	数量/只	备注
217	2015-04-20	SNFZQ01A00_01	食肉目	猪獾	*Arotonyx collaris*	1	粪便
218	2015-04-20	SNFZQ01A00_01	食肉目	鼬獾	*Melogale moschata*	1	挖痕
219	2015-04-21	SNFZQ01A00_02	偶蹄目	中华鬣羚	*Capricornis milneedwardsii*	2	粪便
220	2015-04-21	SNFZQ01A00_02	偶蹄目	喜马拉雅斑羚	*Naemorhedus goral*	1	粪便
221	2015-04-21	SNFZQ01A00_02	食肉目	豹猫	*Felis bengalensis*	2	粪便
222	2015-04-21	SNFZQ01A00_02	食肉目	亚洲黑熊	*Ursus thibetanus*	1	觅食地
223	2015-04-22	SNFZQ01A00_02	偶蹄目	野猪	*Sus scrofa*	1	觅食地
224	2015-04-22	SNFZQ01A00_02	食肉目	豹猫	*Felis bengalensis*	1	粪便
225	2015-04-22	SNFZQ01A00_04	啮齿目	赤腹松鼠	*Callosciurus erythraeus*	1	实体
226	2015-04-22	SNFZQ01A00_04	啮齿目	岩松鼠	*Sciurotamias davidianus*	1	实体
227	2015-04-26	SNFZQ01A00_02	啮齿目	中华姬鼠	*Apodemus draco*	1	铗日法，实体
228	2015-04-26	SNFZQ01A00_02	啮齿目	北社鼠	*Niviventer confucianus*	3	实体
229	2015-04-28	SNFZQ01A00_02	啮齿目	北社鼠	*Niviventer confucianus*	2	铗日法，实体
230	2015-04-30	SNFZQ01A00_04	啮齿目	中华姬鼠	*Apodemus draco*	3	铗日法，实体
231	2015-04-30	SNFZQ01A00_04	啮齿目	北社鼠	*Niviventer confucianus*	2	铗日法，实体
232	2015-05-01	SNFZQ01A00_01	啮齿目	北社鼠	*Niviventer confucianus*	2	铗日法，实体
233	2015-05-01	SNFZQ01A00_03	啮齿目	中华姬鼠	*Apodemus draco*	5	铗日法，实体
234	2015-05-01	SNFZQ01A00_03	啮齿目	北社鼠	*Niviventer confucianus*	6	铗日法，实体
235	2015-05-01	SNFZQ01A00_03	啮齿目	猪尾鼠	*Typhlomys cinereus*	2	铗日法，实体
236	2015-07-17	SNFZQ01A00_03	啮齿目	中华姬鼠	*Apodemus draco*	3	铗日法，实体
237	2015-07-17	SNFZQ01A00_03	啮齿目	北社鼠	*Niviventer confucianus*	2	铗日法，实体
238	2015-07-17	SNFZQ01A00_03	啮齿目	猪尾鼠	*Typhlomys cinereus*	4	铗日法，实体
239	2015-08-05	SNFZQ01A00_02	啮齿目	中华姬鼠	*Apodemus draco*	3	铗日法，实体
240	2015-08-05	SNFZQ01A00_02	啮齿目	北社鼠	*Niviventer confucianus*	1	铗日法，实体
241	2015-08-05	SNFZQ01A00_02	啮齿目	猪尾鼠	*Typhlomys cinereus*	2	铗日法，实体
242	2015-08-05	SNFZQ01A00_02	食肉目	豹猫	*Felis bengalensis*	1	粪便
243	2015-08-05	SNFZQ01A00_03	啮齿目	北社鼠	*Niviventer confucianus*	1	铗日法，实体
244	2015-08-06	SNFZQ01A00_02	啮齿目	褐家鼠	*Rattus norvegicus*	7	铗日法，实体
245	2015-08-06	SNFZQ01A00_03	啮齿目	中华姬鼠	*Apodemus draco*	1	铗日法，实体
246	2015-08-06	SNFZQ01A00_03	啮齿目	北社鼠	*Niviventer confucianus*	5	铗日法，实体
247	2015-08-06	SNFZQ01A00_03	啮齿目	猪尾鼠	*Typhlomys cinereus*	3	铗日法，实体
248	2015-09-04	SNFZQ01A00_01	啮齿目	中华姬鼠	*Apodemus draco*	1	铗日法，实体

（续）

序号	日期（年-月-日）	样地代码	动物类别	动物名称	拉丁名	数量/只	备注
249	2015-09-04	SNFZQ01A00_01	啮齿目	北社鼠	*Niviventer confucianus*	1	铗日法，实体
250	2015-09-04	SNFZQ01A00_01	偶蹄目	野猪	*Sus scrofa*	1	挖痕
251	2015-09-04	SNFZQ01A00_01	食肉目	豹猫	*Felis bengalensis*	2	粪便
252	2015-09-05	SNFZQ01A00_02	啮齿目	中华姬鼠	*Apodemus draco*	2	铗日法，实体
253	2015-09-05	SNFZQ01A00_02	偶蹄目	中华鬣羚	*Capricornis milneedwardsii*	1	粪便
254	2015-09-05	SNFZQ01A00_02	偶蹄目	喜马拉雅斑羚	*Naemorhedus goral*	1	粪便
255	2015-09-05	SNFZQ01A00_03	啮齿目	赤腹松鼠	*Callosciurus erythraeus*	1	实体
256	2015-09-05	SNFZQ01A00_03	啮齿目	北社鼠	*Niviventer confucianus*	3	铗日法，实体
257	2015-09-05	SNFZQ01A00_03	啮齿目	岩松鼠	*Scicerotamias davidianus*	1	实体
258	2015-09-05	SNFZQ01A00_03	啮齿目	猪尾鼠	*Typhlomys cinereus*	1	实铗日法，实体体
259	2015-09-05	SNFZQ01A00_03	偶蹄目	野猪	*Sus scrofa*	1	觅食地
260	2015-10-31	SNFZQ01A00_03	啮齿目	北松鼠	*Sciurus vulgaris*	1	实体
261	2015-12-26	SNFZQ01A00_02	啮齿目	中华姬鼠	*Apodemus draco*	1	铗日法，实体
262	2015-12-26	SNFZQ01A00_02	啮齿目	猪尾鼠	*Typhlomys cinereus*	1	铗日法，实体
263	2015-12-27	SNFZQ01A00_01	啮齿目	中华姬鼠	*Apodemus draco*	1	铗日法，实体
264	2015-12-27	SNFZQ01A00_01	啮齿目	黄毛鼠	*Rattus losea*	2	铗日法，实体
265	2015-12-27	SNFZQ01A00_01	偶蹄目	毛冠鹿	*Elaphodus cephalophus*	1	粪便
266	2015-12-27	SNFZQ01A00_01	偶蹄目	野猪	*Sus scrofa*	2	挖痕、粪便
267	2015-12-27	SNFZQ01A00_01	食虫目	鼩鼱科某种	Soricidate sp.	1	实体
268	2015-12-28	SNFZQ01A00_02	啮齿目	中华姬鼠	*Apodemus draco*	1	铗日法，实体
269	2015-12-28	SNFZQ01A00_02	啮齿目	北社鼠	*Niviventer confucianus*	1	铗日法，实体
270	2015-12-28	SNFZQ01A00_02	啮齿目	褐家鼠	*Rattus norvegicus*	3	铗日法，实体
271	2015-12-28	SNFZQ01A00_02	偶蹄目	毛冠鹿	*Elaphodus cephalophus*	3	粪便
272	2015-12-28	SNFZQ01A00_02	偶蹄目	野猪	*Sus scrofa*	1	挖痕
273	2015-12-28	SNFZQ01A00_02	食肉目	豹猫	*Felis bengalensis*	2	粪便
274	2015-12-29	SNFZQ01A00_03	啮齿目	北社鼠	*Niviventer confucianus*	2	铗日法，实体
275	2015-12-29	SNFZQ01A00_03	啮齿目	黄毛鼠	*Rattus losea*	1	铗日法，实体
276	2015-12-29	SNFZQ01A00_03	啮齿目	褐家鼠	*Rattus norvegicus*	1	铗日法，实体
277	2015-12-29	SNFZQ01A00_03	啮齿目	岩松鼠	*Scicerotamias davidianus*	2	实体

3.2.9 森林大型土壤动物的种类与数量

3.2.9.1 概述

本数据集来自神农架站的长期生物监测。监测场地位于神农架站综合观测场土壤生物采样地 1 号破坏性样地，样地代码为 SNFZH01ABC _ 02。时间范围为 2015 年；数据项为森林大型土壤动物，字段包括年月、样方号、动物名称、拉丁名及备注；数据量为 125 条。

3.2.9.2 数据采集和处理方法

在 40 m×40 m 的破坏性采样地设置 10 个 0.5 m×0.5 m 的土壤动物采集样方，挖取表层 25 cm 厚的土壤，去除凋落物、根系和石头等杂物，然后从中挑拣出各种土壤动物，分种统计记录。

3.2.9.3 数据质量控制和评估

本数据集的质量控制主要从森林大型土壤动物的野外取样调查、数据录入和数据分析处理 3 方面进行。野外调查，在破坏性样地中设置取样样方时，考虑坡位和一定的间隔距离，坡位的上部和下部各设置 3 个取样点，中部设置 4 个取样点。每个取样点取样的样方为投影的 0.5 m×0.5 m。取样深度为去除枯枝落叶层以下的 25 cm。取样时分种采集标本，并拍摄现场照片，做好现场调查记录。纸质版数据录入电脑的过程中，采用 2 人同时输入数据的方式，自查并相互检查，以确保数据输入的准确性。纸质原始数据资料经扫描备份后妥善保存，以备将来核查。数据分析方面，首先是根据现场调查时采集的土壤动物标本和照片进行物种鉴定，然后分样方分种统计个数，如有特殊情况做好备注。

3.2.9.4 数据价值/数据使用方法和建议

森林大型土壤动物是森林生态系统的重要组成部分。森林大型土壤动物通过取食凋落物、疏松土壤、排泄分泌物等，对于生态系统物种循环具有重要作用，是森林生态系统生物多样性物种组成、生态系统功能维持的重要基础。本数据集包含 2015 年常绿落叶阔叶混交林大型土壤动物的调查数据，可为该森林类型生态系统物质循环、生态系统功能维持和生物多样性研究提供数据支持。

3.2.9.5 数据

神农架站综合观测场森林大型土壤动物数据见表 3-24。

表 3-24 神农架站综合观测场森林大型土壤动物数据

序号	年	月	样方号	动物名称	拉丁名	数量/只	备注
1	2015	4	TRDW _ 001	鞘翅目	Coleoptera	1	幼虫
2	2015	4	TRDW _ 001	鞘翅目	Coleoptera	1	幼虫
3	2015	4	TRDW _ 001	环串远盲蚓	*Amynthas moniliatus*	1	有环带
4	2015	4	TRDW _ 001	蜈蚣目	Scolopendromorpha	2	
5	2015	4	TRDW _ 001	带马陆目	Polydesmida	1	
6	2015	4	TRDW _ 001	平腹蛛科	Gnaphosidae	1	
7	2015	4	TRDW _ 002	地蜈蚣目	Geophilomorpha	1	
8	2015	4	TRDW _ 002	蛛形纲	Arachnida	1	黑色
9	2015	4	TRDW _ 002	窄环远盲蚓	*Amynthas diffringens*	1	
10	2015	4	TRDW _ 002	窄环远盲蚓	*Amynthas diffringens*	1	有环带
11	2015	4	TRDW _ 002	柄眼目	Stylommatophora	1	
12	2015	4	TRDW _ 003	环串远盲蚓	*Amynthas moniliatus*	1	
13	2015	4	TRDW _ 003	环串远盲蚓	*Amynthas moniliatus*	1	断
14	2015	4	TRDW _ 003	环串远盲蚓	*Amynthas moniliatus*	1	
15	2015	4	TRDW _ 003	地蜈蚣目	Geophilomorpha	1	
16	2015	4	TRDW _ 003	双翅目	Diptera	1	幼虫

（续）

序号	年	月	样方号	动物名称	拉丁名	数量/只	备注
17	2015	4	TRDW_004	环串远盲蚓	*Amynthas moniliatus*	1	
18	2015	4	TRDW_004	粪金龟科	Geotrupidae	1	
19	2015	4	TRDW_004	泡马陆目	Chordeumatida	1	
20	2015	4	TRDW_004	地蜈蚣目	Geophilomorpha	1	
21	2015	4	TRDW_004	柄眼目	Stylommatophora	1	
22	2015	4	TRDW_004	远盲蚓属	*Amynthas* sp.	1	断
23	2015	4	TRDW_004	远盲蚓属	*Amynthas* sp.	1	幼体
24	2015	4	TRDW_004	远盲蚓属	*Amynthas* sp.	1	幼体
25	2015	4	TRDW_005	远盲蚓属	*Amynthas* sp.	1	幼体
26	2015	4	TRDW_005	远盲蚓属	*Amynthas* sp.	1	幼体
27	2015	4	TRDW_005	带马陆目	Polydesmida	1	
28	2015	4	TRDW_005	带马陆目	Polydesmida	1	
29	2015	4	TRDW_005	环串远盲蚓	*Amynthas moniliatus*	1	有环带
30	2015	4	TRDW_005	远盲蚓属	*Amynthas* sp.	1	幼体
31	2015	4	TRDW_005	地蜈蚣目	Geophilomorpha	1	
32	2015	4	TRDW_006	隐翅甲科	Staphylinidae	1	
33	2015	4	TRDW_006	跳甲属	*Altica* sp.	1	
34	2015	4	TRDW_006	叶蝉科	Cicadellidae	1	
35	2015	4	TRDW_006	蜈蚣目	Scolopendromorpha	1	
36	2015	4	TRDW_006	蜈蚣目	Scolopendromorpha	1	
37	2015	4	TRDW_006	环串远盲蚓	*Amynthas moniliatus*	1	
38	2015	4	TRDW_006	双瓣远盲蚓	*Amynthas daulis*	1	有环带
39	2015	4	TRDW_006	小肋远盲蚓	*Amynthas limellulus*	1	
40	2015	4	TRDW_007	双瓣远盲蚓	*Amynthas daulis*	1	有环带
41	2015	4	TRDW_007	环串远盲蚓	*Amynthas moniliatus*	1	有环带
42	2015	4	TRDW_007	环串远盲蚓	*Amynthas moniliatus*	1	有环带
43	2015	4	TRDW_007	环串远盲蚓	*Amynthas moniliatus*	1	有环带
44	2015	4	TRDW_007	环串远盲蚓	*Amynthas moniliatus*	1	有环带
45	2015	4	TRDW_008	环串远盲蚓	*Amynthas moniliatus*	1	有环带
46	2015	4	TRDW_008	活跃远盲蚓	*Amynthas vividus*	1	有环带
47	2015	4	TRDW_008	活跃远盲蚓	*Amynthas vividus*	1	有环带
48	2015	4	TRDW_008	小肋远盲蚓	*Amynthas limellulus*	1	有环带
49	2015	4	TRDW_008	小肋远盲蚓	*Amynthas limellulus*	1	片段

（续）

序号	年	月	样方号	动物名称	拉丁名	数量/只	备注
50	2015	4	TRDW _ 008	小肋远盲蚓	*Amynthas limellulus*	1	有环带
51	2015	4	TRDW _ 009	活跃远盲蚓	*Amynthas vividus*	1	有环带
52	2015	4	TRDW _ 009	活跃远盲蚓	*Amynthas vividus*	1	有环带
53	2015	4	TRDW _ 009	双瓣远盲蚓	*Amynthas daulis*	1	
54	2015	4	TRDW _ 009	双翅目	Diptera	1	幼虫
55	2015	4	TRDW _ 010	双翅目	Diptera	1	幼虫
56	2015	4	TRDW _ 010	远盲蚓属	*Amynthas* sp.	1	幼体
57	2015	4	TRDW _ 010	远盲蚓属	*Amynthas* sp.	1	幼体
58	2015	4	TRDW _ 010	金佛远盲蚓	*Amynthas kinffumontis*	1	有环带
59	2015	4	TRDW _ 010	环串远盲蚓	*Amynthas moniliatus*	1	有环带
60	2015	8	TRDW _ 001	等足目	Isopoda	1	
61	2015	8	TRDW _ 001	鞘翅目	Coleoptera	1	
62	2015	8	TRDW _ 002	远盲蚓属	*Amynthas* sp.	1	幼体
63	2015	8	TRDW _ 002	地蜈蚣目	Geophilomorpha	1	
64	2015	8	TRDW _ 002	鞘翅目	Coleoptera	1	幼虫
65	2015	8	TRDW _ 003	柄眼目	Stylommatophora	3	
66	2015	8	TRDW _ 003	柄眼目	Stylommatophora	1	
67	2015	8	TRDW _ 004	柄眼目	Stylommatophora	1	
68	2015	8	TRDW _ 004	远盲蚓属	*Amynthas* sp.	1	样品破坏
69	2015	8	TRDW _ 004	活跃远盲蚓	*Amynthas vividus*	1	
70	2015	8	TRDW _ 005	地蜈蚣目	Geophilomorpha	2	
71	2015	8	TRDW _ 005	地蜈蚣目	Geophilomorpha	1	
72	2015	8	TRDW _ 006	双翅目	Diptera	1	幼虫
73	2015	8	TRDW _ 006	沈氏远盲蚓	*Amynthas sheni*	1	
74	2015	8	TRDW _ 007	华美远盲蚓	*Amynthas lautus*	1	
75	2015	8	TRDW _ 007	沈氏远盲蚓	*Amynthas sheni*	1	
76	2015	8	TRDW _ 007	远盲蚓属	*Amynthas* sp.	3	幼体
77	2015	8	TRDW _ 008	远盲蚓属	*Amynthas* sp.	1	幼体
78	2015	8	TRDW _ 008	远盲蚓属	*Amynthas* sp.	1	幼体
79	2015	8	TRDW _ 008	叶甲总科	Chrysomeloidea	1	
80	2015	8	TRDW _ 008	柄眼目	Stylommatophora	1	
81	2015	8	TRDW _ 009	双翅目	Diptera	1	幼虫
82	2015	8	TRDW _ 009	远盲蚓属	*Amynthas* sp.	1	幼体

（续）

序号	年	月	样方号	动物名称	拉丁名	数量/只	备注
83	2015	8	TRDW_009	鳞翅目蠕虫	Lepidoptera	1	幼虫
84	2015	8	TRDW_009	石蜈蚣目	Lithobiomorpha	1	
85	2015	8	TRDW_010	等足目	Isopoda	1	
86	2015	8	TRDW_010	水蛭	Hirudinea	1	
87	2015	8	TRDW_010	幽灵蛛科	Pholcidae	3	
88	2015	8	TRDW_010	幽灵蛛科	Pholcidae	1	
89	2015	8	TRDW_010	幽灵蛛科	Pholcidae	1	
90	2015	10	TRDW_001	球马陆目	Glomerida	1	
91	2015	10	TRDW_001	石蜈蚣科	Lithobiomorpha	2	幼虫
92	2015	10	TRDW_002	双翅目	Diptera	1	
93	2015	10	TRDW_002	幽灵蛛科	Pholcidae	1	
94	2015	10	TRDW_002	远盲蚓属	*Amynthas* sp.	1	幼体
95	2015	10	TRDW_003	沈氏远盲蚓	*Amynthas sheni*	2	
96	2015	10	TRDW_004	远盲蚓属	*Amynthas* sp.	1	幼体
97	2015	10	TRDW_004	金佛远盲蚓	*Amynthas kinffumontis*	2	
98	2015	10	TRDW_004	远盲蚓属	*Amynthas* sp.	1	幼体
99	2015	10	TRDW_005	双翅目	Diptera	1	幼虫
100	2015	10	TRDW_005	叶甲总科	Chrysomeloidea	1	
101	2015	10	TRDW_006	地蜈蚣目	Geophilomorpha	1	
102	2015	10	TRDW_006	蛛形纲	Arachnida	1	
103	2015	10	TRDW_007	跳甲属	*Altica* sp.	1	
104	2015	10	TRDW_007	等足目	Isopoda	1	
105	2015	10	TRDW_007	地蜈蚣目	Geophilomorpha	1	
106	2015	10	TRDW_008	隐翅虫科	Staphylinidae	1	
107	2015	10	TRDW_008	蟋蟀总科	Grylloidea	1	
108	2015	10	TRDW_008	远盲蚓属	*Amynthas* sp.	3	幼体
109	2015	10	TRDW_009	远盲蚓属	*Amynthas* sp.	1	幼体
110	2015	10	TRDW_009	远盲蚓属	*Amynthas* sp.	1	幼体
111	2015	10	TRDW_010	鞘翅目	Coleoptera	1	幼虫
112	2015	10	TRDW_010	地蜈蚣目	Geophilomorpha	1	
113	2015	12	TRDW_001	远盲蚓属	*Amynthas* sp.	2	
114	2015	12	TRDW_003	远盲蚓属	*Amynthas* sp.	1	幼体
115	2015	12	TRDW_004	远盲蚓属	*Amynthas* sp.	2	幼体

（续）

序号	年	月	样方号	动物名称	拉丁名	数量/只	备注
116	2015	12	TRDW _ 004	小肋远盲蚓	*Amynthas limellulus*	1	
117	2015	12	TRDW _ 005	鞘翅目	Coleoptera	2	幼虫
118	2015	12	TRDW _ 006	鞘翅目	Coleoptera	1	
119	2015	12	TRDW _ 007	蜈蚣目	Scolopendromorpha	1	
120	2015	12	TRDW _ 007	鞘翅目	Coleoptera	1	幼虫
121	2015	12	TRDW _ 007	双翅目	Diptera	1	幼虫
122	2015	12	TRDW _ 008	远盲蚓属	*Amynthas* sp.	1	幼体
123	2015	12	TRDW _ 010	远盲蚓属	*Amynthas* sp.	1	幼体
124	2015	12	TRDW _ 010	远盲蚓属	*Amynthas* sp.	1	幼体
125	2015	12	TRDW _ 010	远盲蚓属	*Amynthas* sp.	1	幼体

3.2.10 层间藤本植物的种类与数量

3.2.10.1 概述

本数据集来自神农架站的长期生物监测。监测场地位于神农架站综合观测场土壤生物采样地 1 号永久性样地，样地代码为 SNFZH01ABC _ 01。时间范围为 2015 年；数据项为层间藤本植物的种类与数量，字段包括年-月、样方号、植物种名、拉丁名、株数、平均基径、平均粗度和平均长度；数量为 38 条。

3.2.10.2 数据采集和处理方法

将 100 m×100 m 的固定样地划分为 100 个 10 m×10 m 的次级样方，样方号从 1 至 100，逐个样方中层间藤本植物的种类、基径、长 1.3 m 处的直径和长度。然后按样方分种统计平均基径、长 1.3 m处的平均直径和平均长度。

3.2.10.3 数据质量控制和评估

本数据集的质量控制主要从层间藤本植物的野外调查、数据录入和数据分析处理 3 方面进行。野外调查，逐个样方分种分株调查，力求测量准确。基径测量位置为离地 5 cm，粗度测量为藤本植物离地高度 1.3 m 处，如遇分株、节或其他情况，向上或向下适当移动位置测量，并在备注中做好记录。长度的测量，如藤本植物的攀爬高度较低时，可用皮尺和测绳实际测量，如攀爬较高，则参照树木进行估测。纸质版数据录入电脑的过程中，采用 2 人同时输入数据的方式，自查并相互检查，以确保数据输入的准确性。纸质原始数据资料，经扫描备份后妥善保存，以备将来核查。数据分析方面，首先是根据现场调查时采集的标本和照片进行物种鉴定，然后分样方分种统计株数、平均基径、平均粗度和平均长度。

3.2.10.4 数据价值/数据使用方法和建议

层间藤本植物是亚热带和热带森林群落的重要组成部分，是研究森林生态系统群落组成、结构、功能和生物多样性的基础数据。本数据集包含 2015 年常绿落叶阔叶混交林的层间藤本植物调查数据，可为该森林类型群落结构和生物多样性研究提供数据支持。

3.2.10.5 数据

神农架站综合观测场层间藤本植物数据见表 3 - 25。

表3-25 神农架站常绿落叶阔叶混交林综合观测场永久性样地层间藤本植物

年	月	样方号	植物种名	拉丁名	株数	平均基径/cm	平均粗度/cm	平均长度/m
2015	9	33	美味猕猴桃	*Actinidia chinensis* var. *deliciosa*	1	5.5	4.6	25
2015	9	36	短梗南蛇藤	*Celastrus rosthornianus*	1	7.5	6.8	28
2015	9	39	短梗南蛇藤	*Celastrus rosthornianus*	1	7	6	28
2015	9	43	刺果毒漆藤	*Toxicodendron radicans* subsp. *hispidum*	3	3.5	2.7	5.8
2015	9	45	美味猕猴桃	*Actinidia chinensis* var. *deliciosa*	2	5.5	4.2	22
2015	9	45	五月瓜藤	*Holboellia angustifolia*	1	3.5	2.7	16
2015	9	52	华中五味子	*Schisandra sphenanthera*	2	4.5	3.6	16
2015	9	52	五月瓜藤	*Holboellia angustifolia*	1	4.5	3.6	20
2015	9	55	美味猕猴桃	*Actinidia chinensis* var. *deliciosa*	1	9.5	8.3	25
2015	9	56	繁花藤山柳	*Clematoclethra scandens* subsp. *hemsleyi*	1	7	5.4	25
2015	9	56	五月瓜藤	*Holboellia angustifolia*	1	6	4.4	25
2015	9	57	短梗南蛇藤	*Celastrus rosthornianus*	1	6	4.6	25
2015	9	57	繁花藤山柳	*Clematoclethra scandens* subsp. *hemsleyi*	1	7.5	6.2	30
2015	9	65	短梗南蛇藤	*Celastrus rosthornianus*	1	6.5	5.3	25
2015	9	72	五月瓜藤	*Holboellia angustifolia*	1	4.5	3.2	15
2015	9	74	短梗南蛇藤	*Celastrus rosthornianus*	2	7	5.7	27
2015	9	75	短梗南蛇藤	*Celastrus rosthornianus*	1	5	3.8	22
2015	9	79	短梗南蛇藤	*Celastrus rosthornianus*	2	8.5	7	29
2015	9	86	桦叶葡萄	*Vitis betulifolia*	1	5.5	4	14
2015	9	87	华中五味子	*Schisandra sphenanthera*	1	4.5	3.2	10
2015	9	93	华中五味子	*Schisandra sphenanthera*	1	4.5	2.8	10
2015	9	94	短梗南蛇藤	*Celastrus rosthornianus*	3	7	5.6	18
2015	9	94	华中五味子	*Schisandra sphenanthera*	2	4.5	3	15
2015	9	96	华中五味子	*Schisandra sphenanthera*	2	4	2.8	11
2015	9	98	五月瓜藤	*Holboellia angustifolia*	1	4.5	3.1	25
2015	9	99	华中五味子	*Schisandra sphenanthera*	1	4.5	3.4	25
2015	9	100	短梗南蛇藤	*Celastrus rosthornianus*	4	7	6.5	25
2015	9	100	刺果毒漆藤	*Toxicodendron radicans* subsp. *hispidum*	1	6.5	5.7	20

3.3 土壤监测数据

3.3.1 土壤理化分析方法

按照中国生态系统研究网络土壤监测规范进行样品的分析及测试工作，并使用盲样和标样控制测试分析质量，具体分析方法见表 3-26。

表 3-26 土壤理化分析方法

指标项	指标	分析方法	分析方法引用标准
土壤交换量	交换性钙	乙酸铵交换法-ICP-OES	GB7865—1987
土壤交换量	交换性钾	乙酸铵交换法-ICP-OES	GB7866—1987
土壤交换量	交换性铝		
土壤交换量	交换性镁	乙酸铵交换法-ICP-OES	GB7865—1987
土壤交换量	交换性钠	乙酸铵交换法-ICP-OES	GB7866—1987
土壤交换量	交换性氢	氯化钾交换中和滴定法	GB7860—1987
土壤交换量	阳离子交换量	乙酸铵交换-定氮仪	GB7863—1987
土壤养分	pH	水浸提-电位法	GB7859—1987
土壤养分	缓效钾	硝酸浸提-火焰光度法	GB7855—1987
土壤养分	全氮	半微量凯氏法	GB7173—1987
土壤养分	全钾	$HF-HClO_4-HNO_3$ 消解-火焰光度法	GB7854—1987
土壤养分	全磷	$HF-HClO_4-HNO_3$ 消解-ICP 法	GB7852—1987
土壤养分	速效钾	乙酸铵浸提-火焰光度法	GB7856—1987
土壤养分	有机质	重铬酸钾氧化-外加热法	GB7857—1987
土壤养分	有效磷	氟化铵、盐酸浸提-钼锑抗比色法	GB7853—1987
土壤矿质全量	全钼（Mo）	偏硼酸理熔融-原子发射光谱（ICP-AES）法	LY/T1256—1999
土壤矿质全量	铝（Al_2O_3）	偏硼酸理熔融-原子发射光谱（ICP-AES）法	
土壤矿质全量	钙（CaO）	偏硼酸理熔融-原子发射光谱（ICP-AES）法	
土壤矿质全量	钾（K_2O）	偏硼酸理熔融-原子发射光谱（ICP-AES）法	
土壤矿质全量	镁（MgO）	偏硼酸理熔融-原子发射光谱（ICP-AES）法	
土壤矿质全量	锰（MnO）	偏硼酸理熔融-原子发射光谱（ICP-AES）法	
土壤矿质全量	钠（Na_2O）	偏硼酸理熔融-原子发射光谱（ICP-AES）法	

（续）

指标项	指标	分析方法	分析方法引用标准
土壤矿质全量	磷（P_2O_5）	偏硼酸锂熔融-原子发射光谱（ICP-AES）法	
土壤矿质全量	硫（S）	偏硼酸锂熔融-原子发射光谱（ICP-AES）法	
土壤矿质全量	硅（SiO_2）	偏硼酸锂熔融-原子发射光谱（ICP-AES）法	
土壤矿质全量	铁（Fe_2O_3）	偏硼酸锂熔融-原子发射光谱（ICP-AES）法	
土壤矿质全量	钛（TiO_2）	偏硼酸锂熔融-原子发射光谱（ICP-AES）法	
土壤矿质全量	烧失量	偏硼酸锂熔融-原子发射光谱（ICP-AES）法	
土壤微量元素和重金属元素	砷	1∶1 王水消煮氢化物发生原子荧光光谱法	ISO 11466
土壤微量元素和重金属元素	全硼	固体-直流电弧发射光谱法	DZG 93
土壤微量元素和重金属元素	镉	混合酸溶解-ICP 发射光谱法	
土壤微量元素和重金属元素	铬	混合酸溶解-ICP 发射光谱法	
土壤微量元素和重金属元素	全铜	混合酸溶解-ICP 发射光谱法	
土壤微量元素和重金属元素	全铁	混合酸溶解-ICP 发射光谱法	
土壤微量元素和重金属元素	汞	1∶1 王水消煮氢化物发生原子荧光光谱法	ISO 11466
土壤微量元素和重金属元素	全锰	混合酸溶解-ICP 发射光谱法	
土壤微量元素和重金属元素	全钼	固体-直流电弧发射光谱法	
土壤微量元素和重金属元素	镍	混合酸溶解-ICP 发射光谱法	
土壤微量元素和重金属元素	铅	混合酸溶解-ICP 发射光谱法	
土壤微量元素和重金属元素	硒	1∶1 王水消煮氢化物发生原子荧光光谱法	ISO 11466
土壤微量元素和重金属元素	全锌	混合酸溶解-ICP 发射光谱法	
土壤硝态氮和铵态氮的动态变化	铵态氮	KCl 浸提-元素流动分析仪法	LY/T 1231—1999
土壤硝态氮和铵态氮的动态变化	硝态氮	KCl 浸提-元素流动分析仪法	LY/T 1230—1999
土壤速效微量元素	有效铁	氯化钙浸提-比浊法	

3.3.2 土壤交换量

3.3.2.1 概述

土壤交换量是评价土壤保肥力的重要指标。土壤交换量的大小代表了土壤的保持养分数量；交换量大，也就是保存养分的能力大，反之则弱。本数据集包括神农架站 2010 年和 2015 年两次大年监测的 2 个长期监测样地的年尺度土壤交换量监测数据，包括交换性钙、交换性镁、交换性钾、交换性钠、交换性铝、交换性氢和阳离子交换量 7 项指标。

3.3.2.2 数据采集和处理方法

按照中国生态系统研究网络（CERN）长期监测规范，土壤交换量数据监测频率为每 5 年 1 次，每年 8—11 月采样。采集各观测场 0～20 cm 土壤样品，每个重复采集的样品由 9 个按“W”形采样方式采集的样品混合而成，取回的土样置于干净的牛皮纸上风干，挑除根系、石子等杂物，按四分法取适量土样，研磨后过 2 mm 筛，按表 3-26 分析方法测定。

3.3.2.3 数据质量控制和评估

按 CERN 监测规范要求，神农架站自动气象监测自 2008 年开始运行，系统稳定性转好，数据质量较好。数据分别经神农架站和大气分中心进行质量控制，形成数据表。

（1）制订年度监测计划，并对采样人员进行培训。

（2）测定分析时插入国家标准样品进行质控，测定 3 次平行样品。

（3）对比分析，检查每个监测数据是否超出该区域相同土壤类型的阈值或是否超出历史数据 2 倍标准差，若超出，则进行复测。

3.3.2.4 数据价值/数据使用方法和建议

土壤交换量是土壤保肥力的重要指标，数据包含神农架地区典型的常绿落叶阔叶林和原始的寒温性常绿针叶林的土壤交换量数据，可为北亚热带森林养分动态研究提供数据支持，具有较高的利用价值。

3.3.2.5 数据

观测场土壤交换量数据见表 3－27 和表 3－28。

表 3－27 常绿落叶阔叶混交林综合观测场（SNFZH01＿02）土壤交换量

年份	观测层次/cm	交换性钙离子（1/2Ca^{2+}）/（mmol/kg）	交换性镁离子（1/2 mg^{2+}）/（mmol/kg）	交换性钾离子（K^{+}）/（mmol/kg）	交换性钠离子（Na^{+}）/（mmol/kg）	交换性铝离子（1/3Al^{3+}）/（mmol/kg）	交换性氢（H^{+}）/（mmol/kg）	阳离子交换量（+）/（mmol/kg）
2010	0～20	315.8±32.63	52.63±5.44	8.17±1.10	0.81±0.07	0.62±0.74	0.87±1.06	273.25±5.16
2015	0～20	210.48±9.37	52.87±6.34	3.75±0.40	1.66±0.08	1.12±0.12	13±18.02	274.38±9.81

表 3－28 亚高山针叶林辅助观测场（SNFFZ01＿02）土壤交换量

年份	观测层次/cm	交换性钙离子（1/2Ca^{2+}）/（mmol/kg）	交换性镁离子（1/2 mg^{2+}）/（mmol/kg）	交换性钾离子（K^{+}）/（mmol/kg）	交换性钠离子（Na^{+}）/（mmol/kg）	交换性铝离子（1/3Al^{3+}）/（mmol/kg）	交换性氢（H^{+}）/（mmol/kg）	阳离子交换量（+）/（mmol/kg）
2010	0～20	264.23±28.65	44.04±4.78	6.16±1.04	0.79±0.1	2.67±2.14	3.78±1.71	277.33±2.02
2015	0～20	215.04±3.09	51.17±2.44	4.08±0.43	1.67±0.12	1.23±0.1	116.7±37.48	280.23±4.14

3.3.3 土壤剖面养分

3.3.3.1 概述

土壤养分是由土壤提供的植物生长所必需的营养元素。土壤养分在剖面上的垂直分布可为了解土壤形成过程、养分运输和转移等提供基础资料。本数据集包括神农架站 2010 年和 2015 年大年监测的 2 个长期监测样地的年尺度土壤剖面养分数据，包括有机质、全氮、全磷、全钾 4 项指标。

3.3.3.2 数据采集和处理方法

按照中国生态系统研究网络（CERN）长期监测规范，土壤交换量数据监测频率为每 5 年 1 次，每年 8—11 月采样。采集各观测场 0～10 cm、10～20 cm、20～40 cm、40～60 cm、60～100 cm 共 5 个层次的土壤样品，每层由 6 个剖面采集的样品混合而成，取回的土样置于干净的牛皮纸风干，挑除根系、石子等杂物，按四分法取适量土样，研磨后过 2 mm 筛，按表 3－26 分析方法测定。

3.3.3.3 数据质量控制和评估

按 CERN 监测规范要求，神农架站自动气象监测自 2008 年开始运行，系统稳定性转好，数据质量较好。数据分别经神农架站和大气分中心进行质量控制，形成数据表。

（1）制订年度监测计划，并对采样人员进行培训。

（2）测定分析时插入国家标准样品进行质控，测定3次平行样品。

（3）对比分析，检查每个监测数据是否超出该区域相同土壤类型的阈值或是否超出历史数据2倍标准差，若超出，则进行复测。

3.3.3.4 数据价值/数据使用方法和建议

土壤剖面养分是土壤保肥力的重要指标，数据包含神农架地区典型的常绿落叶阔叶林和原始的寒温性常绿针叶林的土壤交换量数据，可为北亚热带森林养分动态研究提供数据支持，具有较高的利用价值。

3.3.3.5 数据

观测场剖面养分数据见表3-29和表3-30。

表3-29 常绿落叶阔叶混交林综合观测场（SNFZH01_02）剖面养分

年份	观测层次/cm	土壤有机质/(g/kg)	全氮/(g/kg)	全磷/(g/kg)	全钾/(g/kg)
2010	0～10	50.36±12.81	1.94±0.42	0.74±0.03	6.3±0.05
2010	10～20	31.52±6.73	1.2±0.12	0.75±0.07	6.32±0.04
2010	20～40	21.32±4.09	0.99±0.14	0.65±0.2	6.28±0.11
2010	40～60	19.15±3.07	0.84±0.16	0.62±0.05	6.33±0.07
2010	60～100	14.79±1.58	0.79±0.13	0.68±0.18	6.33±0.03
2015	0～10	53.27±11.37	2.1±0.14	0.29±0.04	33.09±1.87
2015	10～20	33.25±8.06	1.37±0.09	0.25±0.02	30.58±7.28
2015	20～40	23.99±5.82	1.12±0.18	0.21±0.05	31.78±4.86
2015	40～60	18.31±9.2	0.94±0.27	0.19±0.06	32.5±5.07
2015	60～100	15.51±6.29	0.79±0.24	0.21±0.05	32.54±3.8

表3-30 巴山冷杉亚高山针叶林辅助观测场（SNFFZ01_02）剖面养分

年份	观测层次/cm	土壤有机质/(g/kg)	全氮/(g/kg)	全磷/(g/kg)	全钾/(g/kg)
2010	0～10	94.75±8.56	4.29±0.28	0.84±0.17	6.74±0.09
2010	10～20	77.62±4.34	3.51±0.27	0.82±0.08	6.91±0.07
2010	20～40	65.75±3.09	2.98±0.17	0.97±0.14	6.97±0.06
2010	40～60	52.25±4.74	2.36±0.17	0.86±0.08	6.93±0.1
2010	60～100	37.59±2.82	1.82±0.18	0.89±0.10	6.98±0.02
2015	0～10	98.04±13.18	4.73±0.83	1.06±0.12	16.65±0.69
2015	10～20	74.07±10.64	3.54±0.56	0.94±0.07	17.1±0.61

（续）

年份	观测层次/cm	土壤有机质/(g/kg)	全氮/(g/kg)	全磷/(g/kg)	全钾/(g/kg)
2015	20～40	65.51±1.19	3.02±0.28	0.87±0.06	16.89±0.87
2015	40～60	65.82±11.76	2.8±0.23	0.82±0.1	15.68±1.31
2015	60～100	48.95±7.22	2.31±0.32	0.81±0.08	16.97±1.39

3.3.3.6 结果分析

2010 年神农架站常绿落叶阔叶混交林 1 m 深土壤有机质含量为（137.15±31.44）g/kg，全氮含量为（5.75±1.10）g/kg，全磷含量为（3.44±0.44）g/kg，全钾含量为（31.56±0.33）g/kg；2015 年神农架站常绿落叶阔叶混交林 1 m 深土壤有机质含量为（144.33±30.55）g/kg，全氮含量为（6.31±0.67）g/kg，全磷含量为（1.05±0.38）g/kg，全钾含量为（149.47±44.87）g/kg。随着土壤深度的增加，土壤有机质、全氮均逐渐递减，全磷和全钾对原始常绿落叶阔叶混交林来说不同深度差异不明显。年际对比来看，土壤有机质、全氮呈增加趋势，全钾增加显著，土壤表层（0～20 cm）的全磷增加，而深层土壤全磷则降低（图 3-15）。

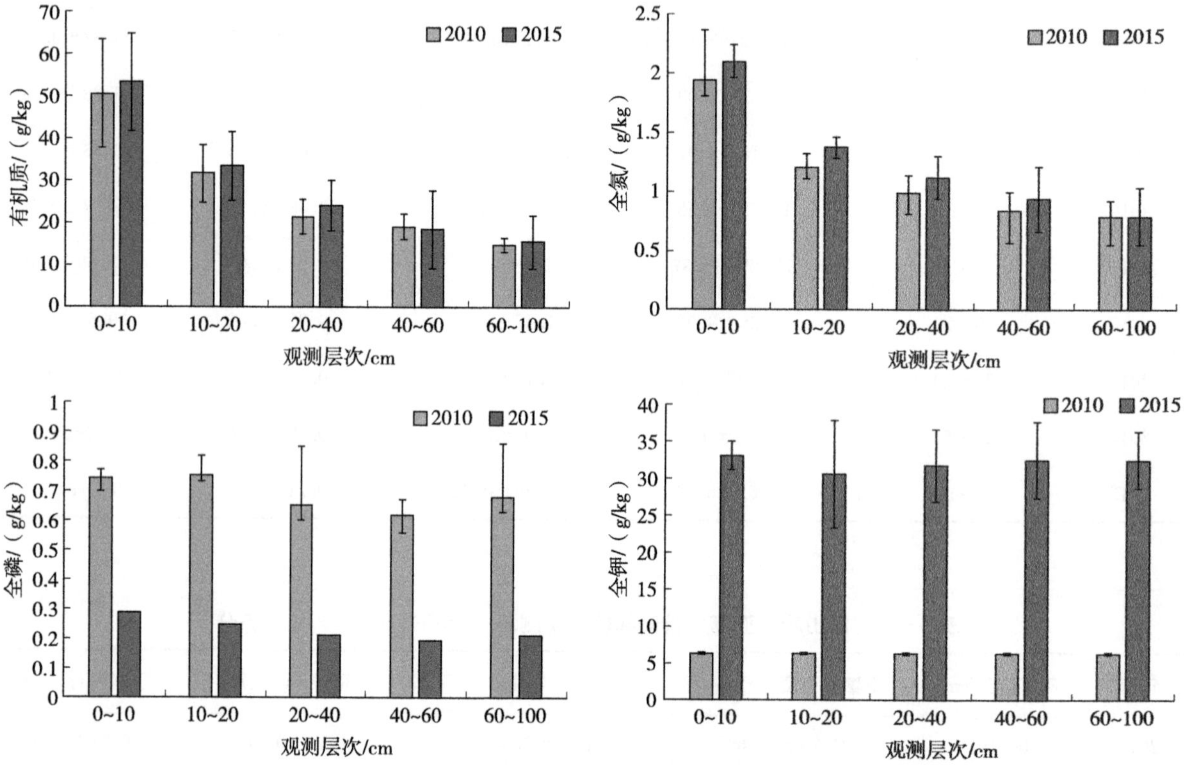

图 3-15 神农架站典型常绿落叶阔叶林剖面养分及变化

2010 年神农架站亚高山针叶林 1 m 深土壤有机质含量为（327.96±23.00）g/kg，全氮含量为（14.96±0.89）g/kg，全磷含量为（4.38±0.29）g/kg，全钾含量为（34.53±0.27）g/kg；2015 年神农架站亚高山针叶林 1 m 深土壤有机质含量为（352.38±44.24）g/kg，全氮含量为（16.39±2.28）g/kg，全磷含量为（4.50±0.47）g/kg，全钾含量为（83.30±3.14）g/kg。随着土壤深度的增加，土壤有机质、全氮、全磷均逐渐递减。年季对比来看，土壤有机质、全氮呈增加趋势，全钾增加显著，全磷则显著降低。这也充分说明了对于亚热带森林生长来说，主要是磷限制（图 3-16）。

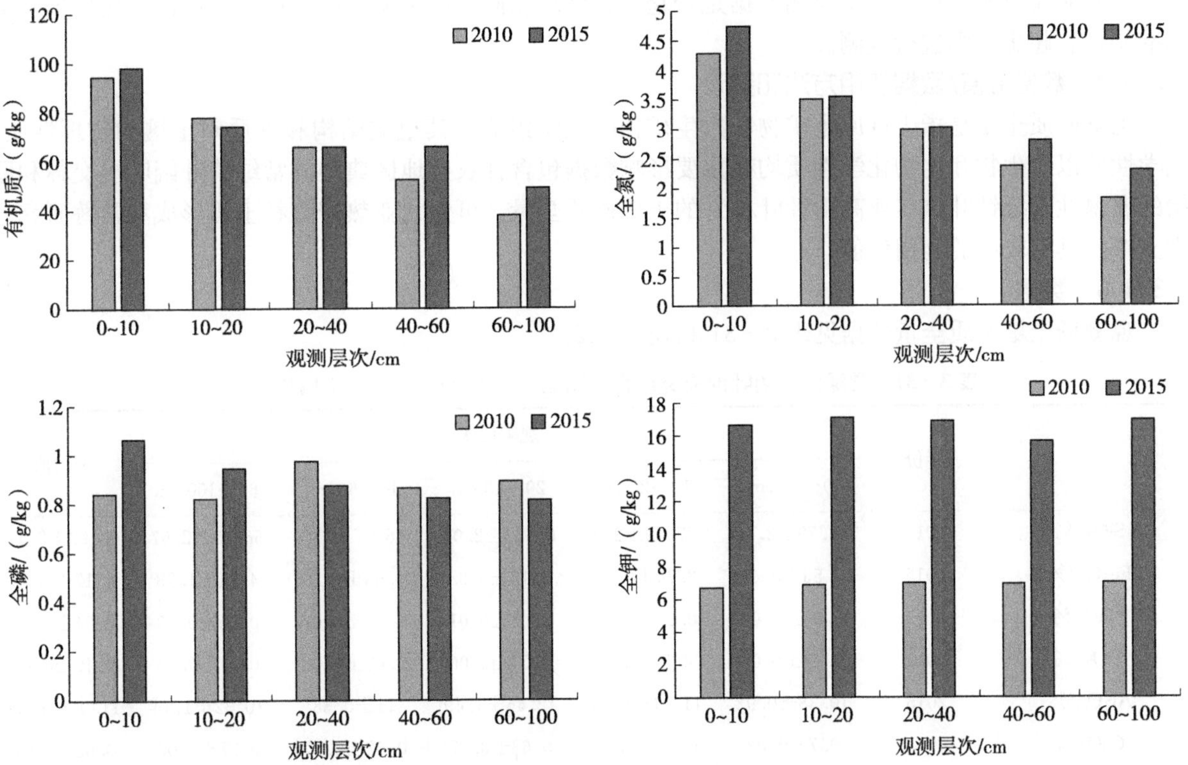

图 3-16　神农架站巴山冷杉亚高山针叶林剖面养分及变化

3.3.4　土壤矿质全量

3.3.4.1　概述

土壤由土壤矿物质、有机质、土壤空气和土壤水分四部分组成。土壤矿物质是岩石经风化作用形成的，是土壤固相的主体物质，是构成土壤的基本物质，占土壤总质量的 38%。土壤矿物质的组成、结构和性质对土壤理化性质、生物与生物化学性质有着深刻的影响，又是植物矿质营养的源泉，是全面影响土壤肥力高低的一个重要因素，对于鉴定土壤类型、识别土壤形成过程有着重要的作用。

本数据集包括神农架站 2015 年监测的 2 个长期监测样地的土壤矿质全量监测数据，包括二氧化硅（SiO_2）、氧化铁（Fe_2O_3）、氧化铝（Al_2O_3）、氧化钙（CaO）、氧化镁（MgO）、氧化钛（TiO_2）、氧化锰（MnO）、氧化钾（K_2O）、氧化钠（Na_2O）、五氧化二磷（P_2O_5）、烧失量（LOI）、硫（S）共 12 项指标。

3.3.4.2　数据采集和处理方法

按照中国生态系统研究网络（CERN）长期监测规范，土壤矿质全量监测频率为每 10 年 1 次，每年 8—11 月采样。采集各观测场 0～10 cm、10～20 cm、20～40 cm、40～60 cm、60～100 cm 共 5 个层次的土壤样品，每个层次由 6 点采集的样品混合而成，设置 3 个重复剖面。取回的土样置于干净的牛皮纸上风干，挑除根系、石子等杂物，按四分法取适量土样，研磨后过 2 mm 筛，按表 3-28 分析方法测定。按不同观测层次分别统计不同剖面各指标的平均值，数据表达为平均值±标准差。

3.3.4.3　数据质量控制和评估

按 CERN 监测规范要求，神农架站土壤监测自 2008 年开始，数据质量较好。数据分别经神农架站和土壤分中心进行质量控制，形成数据表。

（1）制订年度监测计划，并对采样人员进行培训。

（2）测定分析时插入国家标准样品进行质控，测定 3 次平行样品。

（3）对比分析，检查每个监测数据是否超出该区域相同土壤类型的阈值或是否超出历史数据 2 倍标准差，若超出，则进行复测。

3.3.4.4 数据价值/数据使用方法和建议

土壤矿质全量是指土壤原生矿物和次生矿物的化学组成，其组成结构和性质对土壤的物理性质、化学性质以及生物和生物化学性质均有重要影响数据包含神农架地区典型的常绿落叶阔叶混交林和原始的寒温性常绿针叶林（亚高山针叶林）的土壤矿质全量，可为北亚热带森林土壤形成和常替研究提供支撑，具有较高的利用价值。

3.3.4.5 数据

观测场土壤矿质全量数据见表 3－31 和表 3－32。

表 3－31 常绿落叶阔叶混交林综合观测场（SNFZH01 _ 02）土壤矿质全量

元素	年份	观测层次					平均值
		0～10 cm	10～20 cm	20～40 cm	40～60 cm	60～100 cm	
SiO_2/%	2015	68.79±2.12	67.59±2.2	65.52±2.04	66.07±1.6	66.65±2.97	66.92±2.51
Fe_2O_3/%	2015	3.56±0.41	3.74±0.53	4.15±0.93	4.68±1.59	4.71±1.98	4.17±1.33
MnO/%	2015	0.03±0.01	0.03±0.01	0.04±0.01	0.05±0.02	0.05±0.03	0.04±0.02
TiO_2/%	2015	0.48±0.05	0.5±0.06	0.51±0.06	0.48±0.02	0.47±0.03	0.49±0.05
Al_2O_3/%	2015	10.38±0.92	11.11±0.81	12.46±1.49	11±0.38	10.32±1.14	11.05±1.28
CaO/%	2015	0.7±0.02	0.65±0.03	0.63±0.07	0.62±0.07	0.57±0.06	0.63±0.07
MgO/%	2015	3.5±1.26	3.88±1.17	4.68±0.49	4.65±0.39	4.8±0.67	4.3±1.01
K_2O/%	2015	2.78±0.54	2.97±0.53	3.03±0.46	3.11±0.46	3.02±0.38	2.98±0.49
Na_2O/%	2015	0.32±0.08	0.31±0.06	0.24±0.02	0.22±0.06	0.21±0.07	0.26±0.08
P_2O_5/%	2015	0.03±0.0	0.03±0.0	0.03±0.0	0.03±0.0	0.03±0.0	0.03±0.00
LOI（烧失量）/%	2015	8.91±0.47	8.68±0.45	8.19±0.16	8.58±0.31	8.66±0.41	8.6±0.44
S/（g/kg）	2015	0.21±0.03	0.19±0.05	0.18±0.02	0.17±0.04	0.16±0.02	0.18±0.04

表 3－32 亚高山针叶林辅助观测场（SNFFZ01 _ 02）土壤矿质全量

元素	年份	观测层次					平均值
		0～10 cm	10～20 cm	20～40 cm	40～60 cm	60～100 cm	
SiO_2/%	2015	67.18±3.07	65.86±1.49	67.07±1.83	65.69±1.3	66.61±0.71	66.48±1.95
Fe_2O_3/%	2015	5.19±0.37	5.45±0.15	5.38±0.3	5.48±0.14	5.31±0.15	5.36±0.26
MnO/%	2015	0.06±0.01	0.06±0.00	0.06±0	0.06±0.01	0.07±0.01	0.06±0.01
TiO_2/%	2015	0.68±0.02	0.77±0.05	0.73±0.03	0.73±0.03	0.68±0.04	0.72±0.05
Al_2O_3/%	2015	12.43±2.06	13.54±1.22	12.55±1.45	13.49±1.18	12.98±0.53	13.00±1.45
CaO/%	2015	0.83±0.03	0.81±0.03	0.78±0.01	0.76±0.01	0.84±0.03	0.8±0.04
MgO/%	2015	1.4±0.15	1.49±0.08	1.4±0.13	1.45±0.11	1.5±0.09	1.45±0.12
K_2O/%	2015	2.01±0.13	2.08±0.02	2.01±0.09	2.02±0.05	2.08±0.1	2.04±0.09
Na_2O/%	2015	0.89±0.02	0.91±0.02	0.89±0.01	0.87±0.01	0.94±0.06	0.9±0.04
P_2O_5/%	2015	0.1±0.01	0.09±0.01	0.09±0.01	0.09±0.01	0.09±0.02	0.09±0.01
LOI（烧失量）/%	2015	8.72±0.38	8.42±0.1	8.52±0.47	8.84±0.36	8.39±0.17	8.58±0.37
S/（g/kg）	2015	0.24±0.02	0.2±0.01	0.19±0.02	0.19±0.02	0.21±0.07	0.21±0.04

3.3.4.6 结果分析

2015 年神农架常绿落叶阔叶混交林土壤矿质 SiO_2、Fe_2O_3、Al_2O_3 含量最多，占总矿质全量的 82.27%，其含量分别为（66.92±2.51）%、（4.17±1.33）%和（11.05±1.28）%。巴山冷杉亚高山针叶林土壤矿质 SiO_2、Fe_2O_3、Al_2O_3 含量最多，占总矿质全量的 85.26%，其含量分别为（66.48±1.95）%、（5.36±0.26）%和（13.00±1.45）%。亚高山针叶林的铁和铝含量略高于常绿落叶阔叶混交林。两种森林类型的 P_2O_5 含量分别为（0.03±0.00）%和（0.09±0.01）%，远低于典型黄棕壤 0.25%的水平（图 3-17）。随着土壤深度的增加，两种森林类型矿质元素的分布差异不明显。

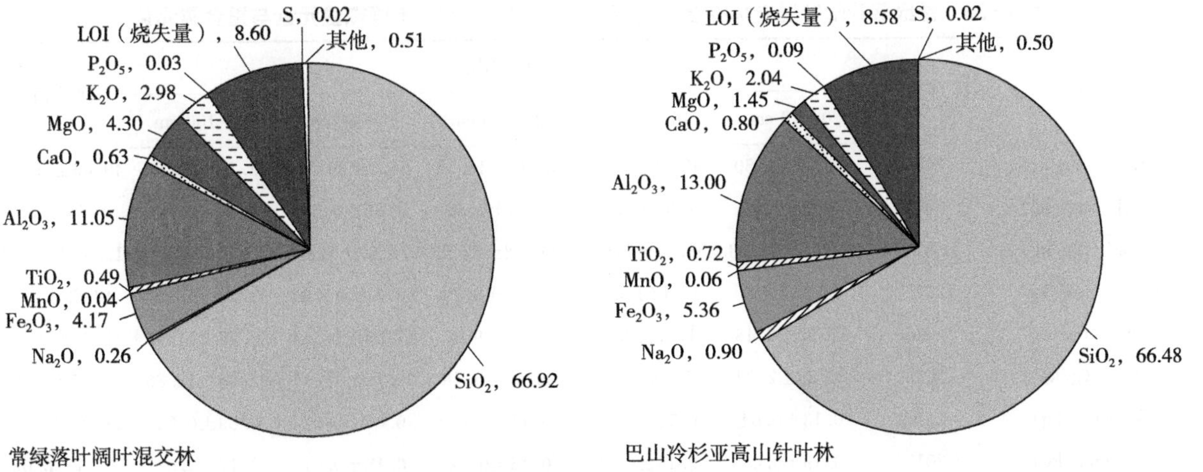

图 3-17 神农架站两种森林类型矿质全量

3.3.5 土壤微量元素和重金属元素

3.3.5.1 概述

土壤微量元素是指土壤中广泛存在的含量很低的化学元素，通常把元素含量低于 0.001%、最多不超过 0.01%的元素称为微量元素。微量元素在植物中多为酶、辅酶的组成成分或活化剂，它们的作用有很强的专一性，一旦缺乏，植物便不能正常生长，是植物生物的限制因子，在农业生产和森林抚育中具有重要作用。本数据集包括神农架站 2015 年监测的 2 个长期监测样地的土壤微量元素监测数据，包括全硼（B）、全钼（Mo）、全锰（Mn）、全锌（Zn）、全铜（Cu）、全铁（Fe）6 项微量元素和硒（Se）、镉（Cd）、铅（Pbg）、铬（Cr）、镍（Ni）、汞（Hg）、砷（As）7 项重金属元素指标。

3.3.5.2 数据采集和处理方法

按照中国生态系统研究网络（CERN）长期监测规范，土壤交换量数据监测频率为每 5 年 1 次，每年 8—11 月采样。采集各观测场 0～20 cm 土壤样品，每个重复采集的样品由 9 个按"W"型采样方式采集的样品混合而成，取回的土样置于干净的牛皮纸上风干，挑除根系、石子等杂物，按四分法取适量土样，研磨后过 2 mm 筛，按表 3-28 分析方法测定。

3.3.5.3 数据质量控制和评估

按 CERN 监测规范要求，神农架站自动气象监测自 2008 年开始运行，系统稳定性转好，数据质量较好。数据分别经神农架站和大气分中心进行质量控制，形成数据表。

（1）制订年度监测计划，并对采样人员进行培训。

（2）测定分析时插入国家标准样品进行质控，测定 3 次平行样品。

（3）对比分析，检查每个监测数据是否超出该区域相同土壤类型的阈值或是否超出历史数据 2 倍标准差，若超出，则进行复测。

3.3.5.4 数据价值/数据使用方法和建议

微量元素是植物生长必需的元素，土壤重金属元素是土壤环境的背景值，超过一定的浓度就会对植物的生长造成影响，同时也对人体有害。数据包含神农架地区典型的常绿落叶阔叶林和原始的寒温性常绿针叶林的土壤微量和重金属元素数据，可为北亚热带森林养分动态研究提供数据支持，具有较高的利用价值。

3.3.5.5 数据

观测场土壤微量元素和重金属元素数据见表 3-33 和表 3-34。

表 3-33 常绿落叶阔叶混交林综合观测场（SNFZH01_02）土壤微量元素与重金属元素

元素	年份	观测层次					平均值
		0～10 cm	10～20 cm	20～40 cm	40～60 cm	60～100 cm	
全硼/（mg/kg）	2015	45.26±6.50	42.59±8.58	49.13±19.57	56.2±26.36	52.12±23.66	49.06±19.34
全钼/（mg/kg）	2015	1.39±0.07	1.54±0.19	1.68±0.36	1.85±0.56	1.94±0.74	1.68±0.5
全锰/（mg/kg）	2015	252.1±89.98	255.54±115.04	296.08±82.83	379.89±165.8	378.54±221.09	312.43±155.32
全锌/（mg/kg）	2015	48.35±4.3	47.16±6.93	48.24±9.73	50.51±11.33	49.21±12.09	48.69±9.4
全铜/（mg/kg）	2015	17.92±2.48	17.7±2.29	22.42±9.37	27.65±13.51	25.49±11.94	22.24±10.03
全铁/（g/kg）	2015	24.89±2.87	26.18±3.73	29.05±6.48	32.76±11.11	32.98±13.86	29.17±9.32
硒/（mg/kg）	2015	0.13±0.04	0.11±0.01	0.11±0.06	0.05±0.02	0.09±0.05	0.1±0.05
镉/（mg/kg）	2015	0.19±0.01	0.16±0.02	0.16±0.02	0.18±0.01	0.17±0.02	0.17±0.02
铅/（mg/kg）	2015	18.37±5.96	16.04±5.14	15.5±5.52	14.73±6.42	13.88±5.82	15.71±5.98
铬/（mg/kg）	2015	48.89±2.77	53.78±6.3	56.88±7.85	57.2±4.94	55.69±7.12	54.49±6.79
镍/（mg/kg）	2015	24.37±1.28	26.77±3.25	30.53±7.49	33.67±11.22	35.83±15.6	30.23±10.27
汞/（mg/kg）	2015	0.04±0.0	0.04±0.0	0.04±0.01	0.04±0.01	0.04±0.01	0.04±0.01
砷/（mg/kg）	2015	15.53±0.47	13.2±0.79	13.5±0	14.1±1.02	14.17±0.53	14.1±1.04

表 3-34 亚高山针叶林辅助观测场（SNFFZ01_02）土壤微量元素与重金属元素

元素	年份	观测层次					平均值
		0～10 cm	10～20 cm	20～40 cm	40～60 cm	60～100 cm	
全硼/（mg/kg）	2015	53.71±2.91	53.87±4.26	49.8±2.85	54.05±5.74	55.28±6	53.34±4.92
全钼/（mg/kg）	2015	1.61±0.12	1.71±0.1	1.65±0.12	1.74±0.04	1.77±0.16	1.7±0.13
全锰/（mg/kg）	2015	458.14±44.16	458.2±34.84	450.04±14.58	489.04±42.7	518.46±70.12	474.77±51.75
全锌/（mg/kg）	2015	95.94±5.69	94.9±2.12	95.87±2.28	102.6±3.07	118.8±4.04	101.62±9.74
全铜/（mg/kg）	2015	22.58±1.37	24.8±3.44	22.58±1.99	23.69±2.81	24.04±1.15	23.53±2.47
全铁/（g/kg）	2015	36.33±2.59	38.16±1.04	37.63±2.09	38.39±0.98	37.14±1.03	37.53±1.84
硒/（mg/kg）	2015	0.1±0.01	0.06±0.04	0.06±0.02	0.06±0.03	0.06±0.05	0.07±0.04
镉/（mg/kg）	2015	0.18±0.01	0.15±0.03	0.18±0.03	0.17±0.05	0.18±0.02	0.17±0.03
铅/（mg/kg）	2015	19.84±0.94	16.68±1.83	15.93±0.22	18.52±1.99	19.23±4.28	18.04±2.75
铬/（mg/kg）	2015	71.46±4.19	75.67±1.28	69.52±6.27	71.21±2.85	71.24±3.53	71.82±4.47
镍/（mg/kg）	2015	29.2±2.59	31.17±2.07	29.63±2.62	31.7±1.08	32.93±3.71	30.93±2.9
汞/（mg/kg）	2015	0.05±0.00	0.05±0.00	0.05±0.00	0.05±0.00	0.05±0.00	0.05±0.00
砷/（mg/kg）	2015	12.8±1.14	13.27±0.71	13.27±0.33	15.23±0.82	14.93±1.11	13.9±1.32

3.3.5.6 结果分析

2015 年神农架站常绿落叶阔叶混交林土壤全锌含量为（48.69±9.4）mg/kg，低于湖北全省土壤全锌含量 83 mg/kg 和全国土壤全锌含量 100 mg/kg 的平均水平，表现为低锌。巴山冷杉亚高山针叶林全锌含量为（101.62±9.74）mg/kg，高于湖北全省土壤全锌含量 83 mg/kg，与全国土壤全锌含量 100 mg/kg 持平。

神农架站常绿落叶阔叶混交林土壤全铁含量为（29.17±9.32）g/kg，低于湖北全省土壤全铁含量 35 g/kg，与全国土壤全铁含量 30 g/kg 的平均水平持平。巴山冷杉亚高山针叶林全铁含量为（37.53±1.84）mg/kg，高于全省和全国水平。

神农架站常绿落叶阔叶混交林土壤全锰含量为（312.43±155.32）mg/kg，低于湖北全省土壤全锰含量 596 mg/kg 和全国土壤全锰含量 710 mg/kg 的平均水平。巴山冷杉亚高山针叶林全锰含量为（474.77±51.75）mg/kg，均高于全省和全国水平。

神农架站常绿落叶阔叶混交林土壤全铜含量为（22.24±10.03）mg/kg，低于湖北全省土壤全铜含量 26.8 mg/kg，与全国土壤全铜含量 22 mg/kg 的平均水平持平。巴山冷杉亚高山针叶林全铜含量为（23.53±2.47）mg/kg，低于湖北全省土壤全铜含量 26.8 mg/kg，高于全国土壤全铜含量 22mg/kg的平均水平。

神农架站常绿落叶阔叶混交林土壤全硼含量为（49.06±19.34）mg/kg，低于湖北全省土壤全硼含量 80.0 mg/kg 和全国土壤全硼含量 64 mg/kg 的平均水平。巴山冷杉亚高山针叶林全铜含量为（53.34±4.92）mg/kg，低于全省和全国水平（图 3－18）。随着土壤深度的增加，两种森林类型全铁含量逐渐增加，重金属元素的值各深度变异不大，基本保持恒定（图 3－18）。

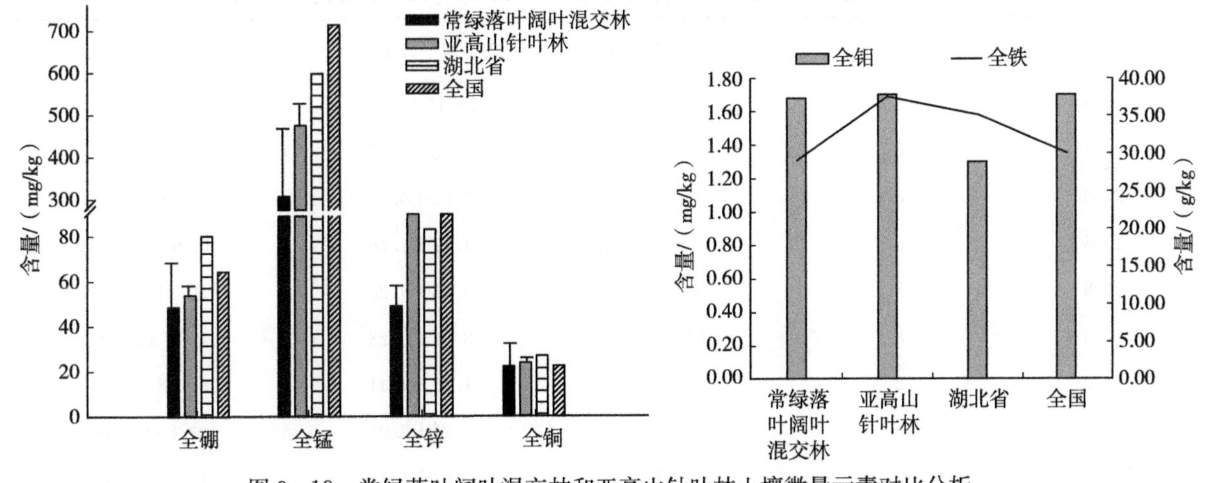

图 3－18 常绿落叶阔叶混交林和亚高山针叶林土壤微量元素对比分析

3.3.6 土壤速效养分

3.3.6.1 概述

氮素主要包括有机氮和无机氮，而有机氮占全氮的 90%以上，无机氮仅占 5%以下，但是土壤供给植物的主要物质还是无机氮。有机氮不能直接被植物吸收，必须在微生物的矿化作用下形成无机氮，才能被植物吸收利用。之后通过反硝化作用产生温室气体氧化亚氮（N_2O）逸散到大气中，并对陆地生态系统和全球气候产生影响。在森林土壤中的有效氮主要以铵态氮（NH_4^+-N）和硝态氮（$NO_3^- - N$）形式存在。研究森林土壤铵态氮和硝态氮的动态，对于了解森林生态系统的生产力和氮素循环具有重要的意义。

本数据集包括神农架站 2008 年、2010 年、2012 年和 2015 年 2 个长期监测样地的土壤表层速效养分监测数据，包括铵态氮和硝态氮 2 项指标。

3.3.6.2 数据采集和处理方法

按照中国生态系统研究网络（CERN）长期监测规范，在不同季节采集各观测场 0～20 cm 土壤样品，每个重复采集的样品由 9 个按“W”型采样方式采集的样品混合而成，取回的鲜土样挑除根系、石子等杂物，按四分法取适量土样，研磨后过 2 mm 筛，按表 3－26 分析方法测定。

3.3.6.3 数据质量控制和评估

按 CERN 监测规范要求，神农架站土壤监测自 2008 年开始，数据质量较好。数据分别经神农架站和土壤分中心进行质量控制，形成数据表。

（1）制订年度监测计划，并对采样人员进行培训。

（2）测定分析时插入国家标准样品进行质控，测定 3 次平行样品。

（3）对比分析，检查每个监测数据是否超出该区域相同土壤类型的阈值或是否超出历史数据 2 倍标准差，若超出，则进行复测。

3.3.6.4 数据价值/数据使用方法和建议

土壤速效养分是植物能够直接吸收利用的养分，其含量的高低是土壤养分供给强度的指标。数据包含神农架地区典型的常绿落叶阔叶林和原始的寒温性常绿针叶林的土壤速效养分数据，可为北亚热带森林养分动态研究提供数据支持，具有较高的利用价值。

3.3.6.5 数据

观测场土壤速效养分含量数据见表 3－35 和表 3－36。

表 3－35 常绿落叶阔叶混交林综合观测场（SNFZH01_02）土壤速效养分含量

年	月	观测层次/cm	硝态氮/（mg/kg）	铵态氮/（mg/kg）
2008	8	腐殖质层	12.15±6.22	17.26±9.62
2008	8	0～10	5.15±2.15	18.73±19.88
2008	8	10～20	3.62±0.62	6.42±3.14
2008	8	20～40	4.17±1.66	14.93±13.83
2008	8	40～60	5.68±3.26	20.24±14.8
2008	8	60～100	3.06±0.23	6.57±2.77
2010	2	0～20	1.80±1.31	55.08±5.57
2010	5	0～20	1.76±2.01	33.89±5.99
2010	8	0～20	0.94±1.27	12.22±1.85
2010	11	0～20	1.40±1.26	3.48±1.71
2012	3	0～20	20.51±18.66	88.74±16.85
2012	5	0～20	23.24±15.39	73.04±10.62
2012	8	0～20	3.17±3.01	42.43±16.76
2012	11	0～20	10.59±16.47	27.54±14.45
2015	3	0～20	1.67±1.40	29.48±8.90
2015	5	0～20	1.36±0.90	28.55±8.22
2015	8	0～20	0.87±0.38	24.62±4.59
2015	11	0～20	1.43±0.87	28.84±3.75

表 3-36　亚高山针叶林林辅助观测场（SNFFZ01 _ 02）土壤速效养分含量

年	月	观测层次/cm	硝态氮/（mg/kg）	铵态氮/（mg/kg）
2008	8	腐殖质层	11.00±4.02	22.09±12.47
2008	8	0～10	4.53±0.79	8.67±4.95
2008	8	10～20	4.83±1.49	9.64±9.08
2008	8	20～40	4.09±1.13	6.38±2.70
2008	8	40～60	4.30±1.01	16.67±16.94
2008	8	60～100	4.07±1.00	13.17±13.40
2010	2	0～20	9.71±4.21	20.36±2.19
2010	5	0～20	5.16±1.22	17.95±3.83
2010	8	0～20	6.12±0.58	10.63±2.17
2010	11	0～20	2.62±1.66	1.37±0.56
2012	4	0～20	33.9±3.15	65.66±15.57
2012	5	0～20	31.93±3.5	59.28±11.82
2012	8	0～20	2.71±0.55	40.85±7.92
2012	11	0～20	3.23±1.76	31.02±9.46
2015	3	0～20	6.91±0.43	41.02±4.17
2015	5	0～20	3.53±1.79	25.41±3.93
2015	8	0～20	4.10±1.92	32.21±8.52
2015	10	0～20	1.90±0.73	22.60±5.93

3.3.6.6 结果分析

2010—2015 年，神农架站常绿落叶阔叶混交林 0～20 cm 土壤硝态氮含量平均值为（5.76±11.56）mg/kg，铵态氮平均值为（37.33±25.26）mg/kg，铵态氮在总有效氮中占的比例显著高于硝态氮。2010—2015 年神农架站巴山冷杉亚高山针叶林 0～20 cm 土壤硝态氮含量平均值为（9.32±10.98）mg/kg，铵态氮平均值为（30.70±19.53）mg/kg，铵态氮在总有效氮中占的比例显著高于硝态氮。

常绿落叶阔叶混交林硝态氮低于亚高山针叶林。从年际动态来看，2012 年土壤硝态氮和铵态氮含量均明显高于 2010 年和 2015 年（图 3-19）。

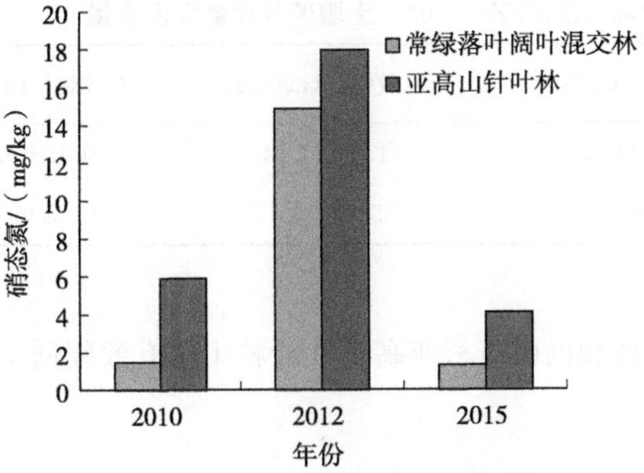

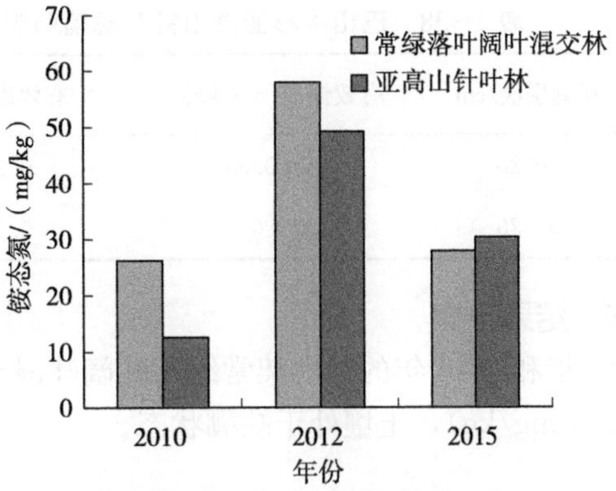

图 3-19　常绿落叶阔叶混交林和亚高山针叶林土壤速效养分年际动态

3.3.7 土壤速效微量元素

3.3.7.1 概述

土壤中微量元素常以不同的形态存在，能被植物吸收利用的那部分元素含量称为有效态含量。本数据集包括神农架站 2010 年和 2015 年两次监测的 2 个长期监测样地的年尺度土壤有效态微量元素数据，包括有效铜、有效硼、有效锰、有效硫 4 项指标。

3.3.7.2 数据采集和处理方法

按照中国生态系统研究网络（CERN）长期监测规范，土壤交换量数据监测频率为每 5 年 1 次，每年 8—11 月采样。采集各观测场 0～20 cm 土壤样品，每个重复采集的样品由 9 个按“W”型采样方式采集的样品混合而成，取回的土样置于干净的牛皮纸上风干，挑除根系、石子等杂物，按四分法取适量土样，研磨后过 2 mm 筛，按表 3 - 26 分析方法测定。

3.3.7.3 数据质量控制和评估

按 CERN 监测规范要求，神农架站土壤监测自 2008 年开始，数据质量较好。数据分别经神农架站和土壤分中心进行质量控制，形成数据表。

（1）制订年度监测计划，并对采样人员进行培训。

（2）测定分析时插入国家标准样品进行质控，测定 3 次平行样品。

（3）对比分析，检查每个监测数据是否超出该区域相同土壤类型的阈值或是否超出历史数据 2 倍标准差，若超出，则进行复测。

3.3.7.4 数据价值/数据使用方法和建议

准确测定土壤中有效态微量元素含量，对植物生长发育研究、土壤污染防治等具有重大意义。数据包含神农架地区典型的常绿落叶阔叶混交林和原始的寒温性常绿针叶林（亚高山针叶林）的土壤速效微量元素，可为北亚热带森林生长研究提供数据支持，具有较高的利用价值。

3.3.7.5 数据

观测场土壤速效微量元素含量数据见表 3 - 37 和表 3 - 38。

表 3 - 37 常绿落叶阔叶混交林综合观测场（SNFZH01 _ 02）土壤速效微量元素含量

年份	观测层次/cm	有效铜/（mg/kg）	有效硼/（mg/kg）	有效锰/（mg/kg）	有效硫/（mg/kg）
2010	0～20	0.01±0.01	0.03±0.03	0.07±0.07	0.22±0.03
2015	0～20	0.47±0.11	0.23±0.04	24.89±10.45	12.09±1.36

表 3 - 38 巴山冷杉亚高山针叶林辅助观测场（SNFFZ01 _ 02）土壤速效微量元素含量

年份	观测层次/cm	有效铜/（mg/kg）	有效硼/（mg/kg）	有效锰/（mg/kg）	有效硫/（mg/kg）
2010	0～20	0.6±0.55	0.29±0.19	1.43±1.34	0.15±0.02
2015	0～20	0.47±0.1	0.24±0.02	35.78±4.15	10.97±0.14

3.3.7.6 结果分析

2010 年和 2015 年的神农架常绿落叶阔叶混交林和巴山冷杉亚高山针叶林土壤有效硼低于土壤临界值（0.5 mg/kg），土壤处于缺硼状态。

3.3.8　土壤机械组成

3.3.8.1　概述

自然土壤的矿物是由大小不同的土粒组成的，各种粒级土粒的配合比例或各粒级土粒占土壤重量的百分数称为土壤机械组成或称为土壤的颗粒组成。从发生学研究和生产实际的需要出发，根据土壤中各种粒级的重量百分数组成把土壤划分为若干类别，称为土壤的质地分类。本数据集包括神农架站 2015 年 2 个长期监测样地 100 cm 剖面的土壤机械组成数据。

3.3.8.2　数据采集和处理方法

按照中国生态系统研究网络（CERN）长期监测规范，剖面土壤机械组成的监测频率为每 10 年 1 次，每年 8—11 月采样。

选择剖面点位置应具有空间和区域的代表性，尽量避开居民点旁边、路边、沟边、渠边等易受人为干扰的地段。在选定的代表性地点观察面应向着光线照射的方向，剖面尺度为 1.0 m（观察面宽）× 1.2 m（观察面深）× 1.5 m（水平面长）。

观察面上部严禁人员走动或堆置任何物品，以防止土壤压实或土壤物质发生位移而干扰观察和采样。挖出的表土和心底土可分别放于土坑的左右两侧，挖出的表层土壤最好单独堆放，观察完成后按原土层次序填回，以便回填到最上部而保持土表地力。

用木铲铲除观察面表层与铁锹接触的土壤，修齐剖面，用米尺标示并拍照。自下而上采集各层土样。采集的土样置于室内牛皮纸上风干，挑除根系和石子，用四分法取适量研磨后过 2 mm 筛，按表 3 - 26 分析方法测定。

使用美国农业部制定的土壤质地三角图来判定土壤质地（图 3 - 20）。根据沙粒（0.05～2 mm）、粉粒（0.002～0.05 mm）和黏粒（<0.002 mm）3 个粒级的比例，查三角图判定土壤质地。

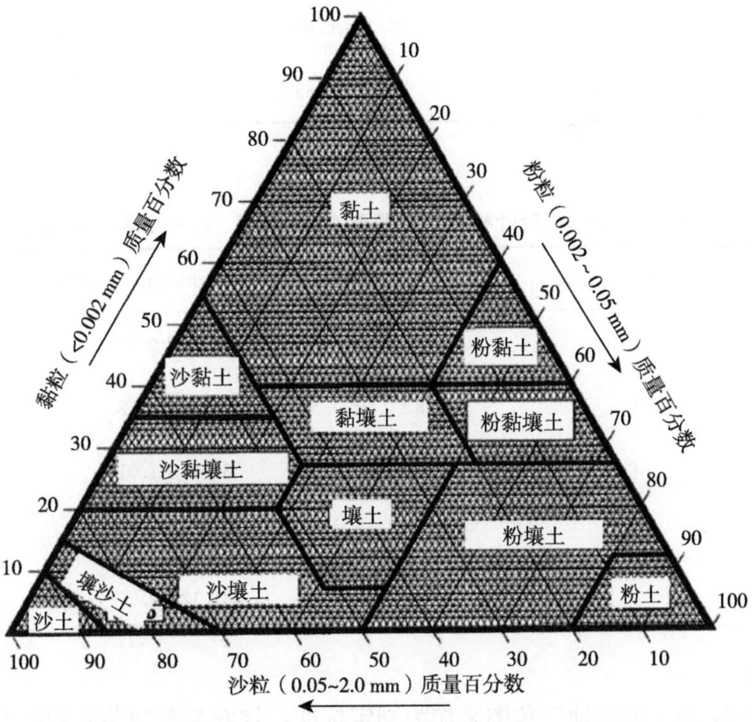

图 3 - 20　美国农业部制度的土壤质地三角图

3.3.8.3　数据质量控制和评估

按 CERN 监测规范要求，神农架站土壤监测自 2008 年开始，数据质量较好。数据分别经神农架站和土壤分中心进行质量控制，形成数据表。

（1）制订年度监测计划，并对采样人员进行培训。

（2）分析时测定3次平行样品。

（3）对比分析，检查每个监测数据是否超出该区域相同土壤类型的阈值或是否超出历史数据2倍标准差，若超出，则进行复测。

3.3.8.4 数据价值/数据使用方法和建议

土壤机械组成是土壤分类的重要指标，影响土壤的水分、空气、热量运动和物质迁移，是重要的土壤参数。土壤质地是较为稳定的自然属性，反映母质来源及成土过程特征，在一定程度上决定着土壤的蓄水导水性、保肥供肥性、通气性等物理性质，进而影响到土壤微生物特征及养分元素的有效性，最终影响植物生长。数据包含神农架地区典型的常绿落叶阔叶混交林和原始的寒温性常绿针叶林（亚高山针叶林）的剖面土壤机械组成，可为北亚热带森林养分动态研究提供数据支持，具有较高的利用价值。

3.3.8.5 数据

观测场土壤机械组成数据见表3-39和表3-40。

表3-39 常绿落叶阔叶混交林综合观测场（SNFZH01_02）土壤机械组成

年份	观测层次/cm	>2 mm/% 石砾	0.05～2 mm/% 沙粒	0.002～0.05 mm/% 粉粒	<0.002 mm/% 黏粒
2015	0～10	0	15.88±3.61	77.23±3.37	6.89±0.25
2015	10～20	0	16.79±1.44	75.58±3.83	7.63±2.81
2015	20～40	0	20.77±4.02	69.04±3.70	10.19±0.31
2015	40～60	0	19.35±6.52	75.16±5.70	5.49±2.69
2015	60～100	0	18.80±5.83	75.82±8.49	5.38±3.06

表3-40 亚高山针叶林辅助观测场（SNFFZ01_02）土壤机械组成

年份	观测层次/cm	>2mm /% 石砾	0.05～2 mm/% 沙粒	0.002～0.05 mm/% 粉粒	<0.002 mm/% 黏粒
2015	0～10	0	4.60±0.48	82.30±0.47	13.10±0.05
2015	10～20	0	5.18±0.96	81.74±0.72	13.07±0.31
2015	20～40	0	6.01±1.00	81.11±1.01	12.88±0.07
2015	40～60	0	5.98±0.55	80.52±0.45	13.50±0.11
2015	60～100	0	5.69±0.48	81.12±0.20	13.18±0.38

3.3.8.6 结果分析

按美国农业部制定的土壤质地三角图来作为判定标准，神农架常绿落叶阔叶混交林和亚高山针叶林地土壤质地均为粉壤土（图3-21）。

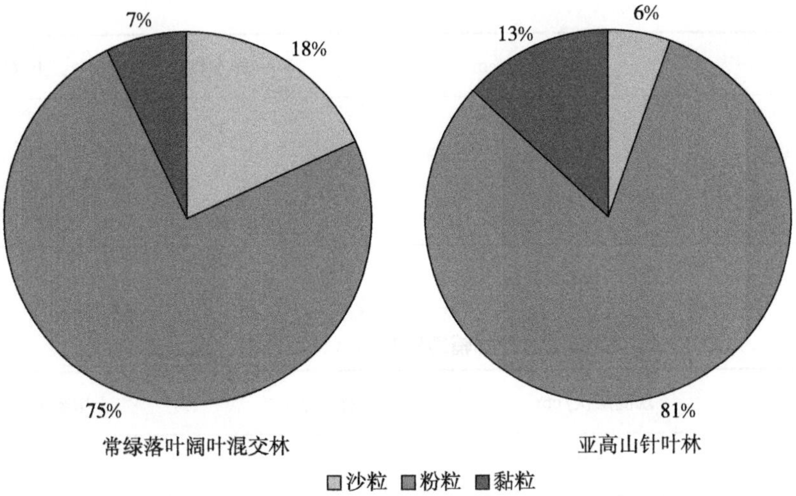

图 3-21 常绿落叶阔叶混交林和亚高山针叶林土壤质地

3.3.9 土壤容重

3.3.9.1 概述

土壤容重是指单位容积土壤中（包括孔隙）固体颗粒的重量，单位为 g/cm^3。本数据集包括神农架站 2015 年 2 个长期监测样地的剖面分层土壤容重数据。

3.3.9.2 数据采集和处理方法

按照中国生态系统研究网络（CERN）长期监测规范，土壤交换量数据监测频率为每 5 年 1 次，每年 8—11 月采样。采集各观测场 0～20 cm 土壤样品，每个重复采集的样品由 9 个按“W”型采样方式采集的样品混合而成，取回的土样置于干净的牛皮纸上风干，挑除根系、石子等杂物，按四分法取适量土样，研磨后过 2 mm 筛，按表 3-26 分析方法测定。

3.3.9.3 数据质量控制和评估

按 CERN 监测规范要求，神农架站土壤监测自 2008 年开始，数据质量较好。数据分别经神农架站和土壤分中心进行质量控制，形成数据表。

（1）制订年度监测计划，并对采样人员进行培训。

（2）测定分析时插入国家标准样品进行质控，测定 3 次平行样品。

（3）对比分析，检查每个监测数据是否超出该区域相同土壤类型的阈值或是否超出历史数据 2 倍标准差，若超出，则进行复测。

3.3.9.4 数据价值/数据使用方法和建议

土壤容重是土壤最重要的物理性质之一，不仅能反映土壤质量和土壤生产力水平，还是区域尺度土壤碳储量估算的重要参数。数据包含神农架地区典型的常绿落叶阔叶混交林和原始的寒温性常绿针叶林（亚高山针叶林）的土壤交换量数据，可为北亚热带森林养分动态研究提供数据支持，具有较高的利用价值。

3.3.9.5 数据

观测场土壤容重数据见表 3-41、表 3-42。

表 3-41 常绿落叶阔叶混交林综合观测场（SNFZH01 _ 02）土壤容重

年份	观测层次/cm	样本数	土壤容重平均值/（g/cm^3）
2015	0～10	18	0.79±0.01
2015	10～20	18	0.98±0.02

（续）

年份	观测层次/cm	样本数	土壤容重平均值/（g/cm³）
2015	20～40	18	1.05±0.01
2015	40～60	18	1.08±0.01
2015	60～100	18	1.11±0.05

表 3-42 亚高山针叶林辅助观测场（SNFFZ01 _ 02）土壤容重

年份	观测层次/cm	样本数	土壤容重平均值/（g/cm³）
2015	0～10	18	0.58±0.01
2015	10～20	18	0.67±0.01
2015	20～40	18	0.70±0.02
2015	40～60	18	0.75±0.01
2015	60～100	18	0.82±0.01

3.3.9.6 结果分析

2015 年神农架站常绿落叶阔叶混交林和亚高山针叶林土壤容重均随着观测层次的增加而增大，这主要与植物根系的活动范围有关，表层根系越多越有利于土壤物理性质的改善，而对深层次土壤物理性质改变较为有限（图 3-22）。神农架站常绿落叶阔叶混交林土壤容重显著高于神农架亚高山针叶林的土壤容重。

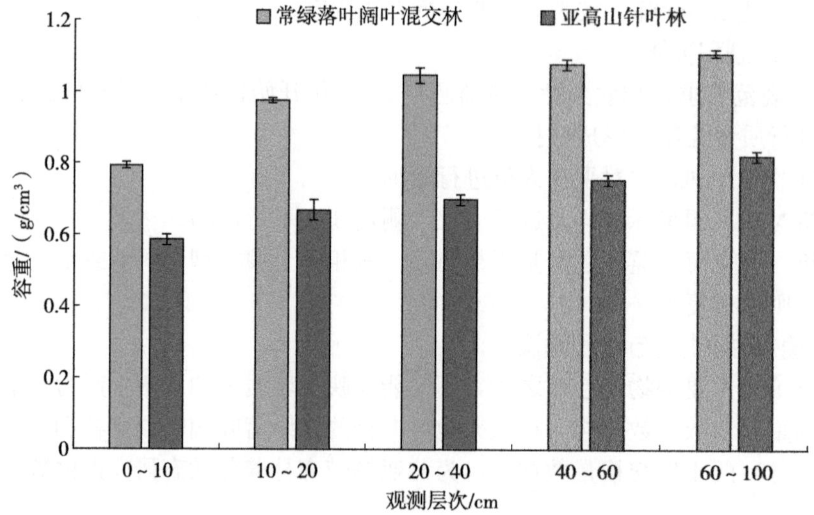

图 3-22 神农架站不同层次土壤容重（2015 年）

3.4 水分监测数据

3.4.1 土壤含水量动态

3.4.1.1 概述

本数据集来自神农架站的长期水分监测。监测场地位于神农架站综合观测场土壤生物采样地 1 号土壤水分观测场（人工径流场 1 号），植被类型为常绿落叶阔叶混交林，样地代码为 SNFZH01CTS_01。时间范围为 2009—2016 年；数据项为土壤水分含量，字段包括时间（年月）、观测层次和土壤水分含量；数据量为 420 条。

3.4.1.2 数据采集和处理方法

人工径流场 1 号建于 2008 年，水平投影面积为 100 m^2（20 m×5 m）。在该径流场的上部、中部和下部分别埋设了 3 根测管，2009 年 5 月开始监测。观测层次分别为 0～10 cm、10～20 cm、20～30 cm、30～40 cm 和 40～50 cm。每层测量 3 次（3 个间隔 120°的不同方向），取平均值为该层的测量值。测量的频率为每月 2 次。

监测的仪器为土壤剖面水分速测仪，德国 IMKO 公司的专利产品 TRIME - T3 管式时域反射计（time domain reflectometry，TDR）系统，包括 FM3 读数表、T3 探头和探管等配置，可实现非扰动定位瞬时观测。TRIME - T3 管式 TDR 采用 TECANAT 制成的透明塑料管，只需移动圆柱式探头（外包 PVC 外壳，4 个反向弹性铝条为 TDR 波导体）在塑料管中的位置，就可以从 FM 水分表离线式读出探头水分测量值，即不同深度土壤的体积含水量，测量深度可达 3 m。该仪器的测量原理为：TDR 发射频率为 1 MHz～1 GHz 的电磁脉冲，经过同轴电缆进入波导探针进行传播，遇到障碍物后产生反射并返回到仪器，通过测量电磁脉冲沿波导探针在土壤介质中传播并在其末端反射所需时间就可以计算出被测物质含水量的大小。

TDR 也是一种通过测量土壤介电常数来获得土壤含水量的一种方法。TDR 的原理是电磁波沿非磁性介质中的传输导线的传输速度 $V= c/\varepsilon$，而对于已知长度为 L 的传输线，又有 $V=2L/t$，于是可得 $\varepsilon = ct/(2L)$，其中 c 为光在真空中的传播速度，ε 为非磁性介质的介电常数，t 为电磁波在导线中的传输时间。而电磁波在传输到导线终点时，又有一部分电磁波沿导线反射回来，这样入射与反射形成了一个时间差 T。因此通过测量电磁波在埋入土壤中导线的入射和反射时间差 T 就可以求出土壤的介电常数，进而求出土壤的含水量。

野外数据的整理主要包括原始记录信息的检查和完善、数据录入、异常值的剔除和缺失数据插补等。

原始记录信息的检查和完善，包括检查原始记录表格的完整性，并根据情况进行完善。如有缺失，与测试人员核对并根据情况进行补充和说明。

数据录入是将野外原始纸质记录数据录入计算机，形成电子版原始记录的过程。数据录入由测量人员和记录人员负责，以保证在观测真实数据和记录数据之间出现差异时，真实情况可以再现。数据录入完成时，测量人员和记录人员对数据进行自查，检查原始记录表和电子版数据表的一致性。

异常值的剔除和缺失数据插补。将原始数据按测管分类统计，求 3 次测量的平均值。对异常值进行剔除。根据同一测量剖面的数值进行线性或对数插值。

3.4.1.3 数据质量控制和评估

本数据集来源于长期观测场地的实测调查。从观测场地的布设、观测设施的安装、测量人员培训、现场测量到测量后的数据处理，整个过程对数据质量进行控制。同时，咨询相关专家并查阅相关文献对数据进行审核验证，以确保数据相对准确可靠。

观测场地布设。根据《陆地生态系统水环境观测规范》选取典型常绿落叶阔叶混交林，在坡度相对一致的坡面设置人工径流场。人工径流场位于湖北省兴山县南阳镇龙门河林场黄连坝山坡中下部。人工径流场水平方向宽 5 m，坡面方向长 20 m（水平投影）。

观测设施的安装。如图 3 - 23 所示，在人工径流场坡面的上部、中部和下部各埋设 3 根 TDR 测管。测管的水平位置分别距径流场左右边界约 1 m 各 1 根，中间 1 根。坡面的上部、中部和下部测管的位置分别为：①上部距人工径流场上界约 1 m，②中部在人工径流场中部，③下部距人工径流场下界约 1 m。TDR 测管为 TECANAT 制成的透明塑料管，安装时保持测管外壁与土壤紧密接触，并保持垂直。特别是将测管底部用塞子密闭，顶端盖好盖子，避免测管进水。

仪器标定与校准。每年将 TRIME - T3 管式 TDR 系统带到专业机构进行标定和校正，保证仪器的正常运行和数据准确性。

人员培训。对测量人员进行培训是保证测量数据的完整性、连续性和准确性的关键。培训内容包括仪器测量原理、使用方法、测量时间与频次等。

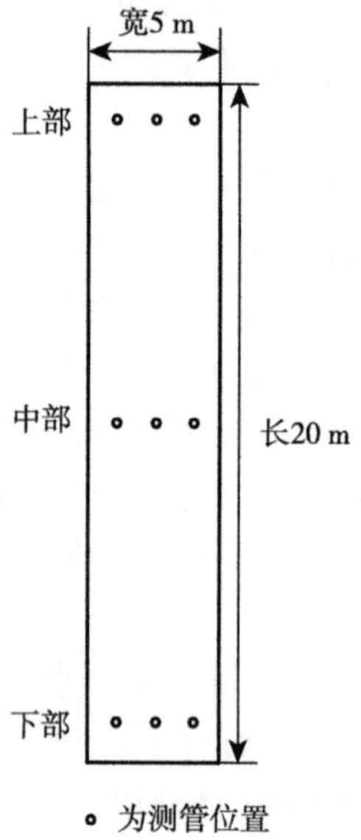

图 3 - 23 测管安装位置示意

现场测量。测量前要检查测管的状况，确保测管不存在漏水、破损等情况。如有漏水，及时排除并塞紧底部的塞子。测量时保证测量深度的准确、测量方向转动的均匀、测量时间准确，并且记录及时准确。测量后，及时盖好盖子，以免进水。

测量后数据质控。首先核对录入数据与原始记录的正确性；然后对录入数据进行统计分析，剔除异常数据，根据同一剖面的数值对缺失数据进行线性或对数插值；最后形成的土壤水分数据集由专家进行最终审核和修订，确保数据集的真实、可靠；纸质原始记录数据表应妥善保存，并通过复印和扫描电子版进行备份，保存于不同地方，以备将来核查。

数据缺失情况说明：①2009 年 5 月刚开展监测，故 2009 年无 1—4 月数据，5 月只测量了一次；②本监测项目最开始设置时未考虑冬季测量，后逐渐扩展至全年，因此，2010—2013 年有数据缺失，具体情况为：2010 年缺 1—3 月数据，2011 年缺 1—2 月数据，2012 年缺 1—3 月数据，2013 年 1 月和 2 月分别只测量 1 次。

3.4.1.4 数据价值/数据使用方法和建议

公开发布的原位、连续、动态的土壤水分观测数据较少，本数据集的发表是这类土壤水分含量数据的重要补充，为森林水文学研究提供了基础数据。

北亚热带典型常绿落叶阔叶混交林是我国南北过渡带一类特殊、重要的植被类型，对全球气候变化敏感，林下土壤水分是该生态学的重要组成部分，本数据的发表为该区常绿落叶阔叶混交林对全球变化的响应提供了重要的数据基础。

遥感数据和模型分析也表明本数据集观测地所在的秦巴山地是全球土壤水分与降水耦合较为强烈的地区之一。本数据的发表为该区季节性尺度的气象预报提供了数据支持。

神农架站所在的区域为我国重要的生物多样性生态功能区和南水北调工程水源涵养区。本区典型的常绿落叶阔叶混交林的水源涵养和水量调节能力对于该区生态服务功能的发挥具有重要意义。本数据集为研究本区森林水源涵养和水量调节能力提供了重要的基础数据。

3.4.1.5 数据

土壤水分含量月动态数据见表3-43。

表3-43　神农架站综合观测场常绿落叶阔叶混交林土壤水分含量月动态数据

年	月	观测层次/cm	水分含量/体积比	年	月	观测层次/cm	水分含量/体积比
2009	5	0～10	0.135 6±0.041 0	2009	12	0～10	0.119 7±0.074 4
2009	5	10～20	0.282 2±0.103 8	2009	12	10～20	0.295 2±0.118 6
2009	5	20～30	0.366 7±0.079 8	2009	12	20～30	0.416 1±0.116 4
2009	5	30～40	0.423 4±0.050 1	2009	12	30～40	0.473 3±0.045 9
2009	5	40～50	0.468 8±0.056 5	2009	12	40～50	0.506 2±0.052 1
2009	6	0～10	0.181 1±0.103 3	2010	4	0～10	0.107 0±0.096 8
2009	6	10～20	0.319 4±0.099 0	2010	4	10～20	0.248 2±0.121 6
2009	6	20～30	0.411 7±0.085 0	2010	4	20～30	0.402 2±0.110 6
2009	6	30～40	0.442 8±0.061 3	2010	4	30～40	0.475 2±0.070 0
2009	6	40～50	0.500 2±0.051 7	2010	4	40～50	0.487 5±0.034 1
2009	7	0～10	0.142 2±0.084 8	2010	5	0～10	0.023 0±0.028 0
2009	7	10～20	0.269 4±0.098 1	2010	5	10～20	0.168 5±0.090 4
2009	7	20～30	0.377 8±0.078 9	2010	5	20～30	0.344 2±0.119 0
2009	7	30～40	0.437 8±0.053 0	2010	5	30～40	0.426 0±0.058 4
2009	7	40～50	0.468 1±0.064 7	2010	5	40～50	0.484 9±0.052 8
2009	8	0～10	0.130 6±0.069 2	2010	6	0～10	0.065 9±0.055 5
2009	8	10～20	0.272 2±0.077 0	2010	6	10～20	0.199 6±0.074 9
2009	8	20～30	0.355 6±0.083 8	2010	6	20～30	0.355 3±0.090 7
2009	8	30～40	0.415 6±0.073 1	2010	6	30～40	0.418 3±0.052 9
2009	8	40～50	0.449 4±0.079 8	2010	6	40～50	0.454 1±0.064 8
2009	9	0～10	0.140 4±0.047 0	2010	7	0～10	0.024 5±0.032 9
2009	9	10～20	0.256 0±0.063 1	2010	7	10～20	0.139 0±0.081 2
2009	9	20～30	0.356 1±0.058 9	2010	7	20～30	0.286 9±0.121 4
2009	9	30～40	0.430 0±0.042 5	2010	7	30～40	0.378 0±0.085 0
2009	9	40～50	0.461 5±0.058 5	2010	7	40～50	0.412 2±0.055 1
2009	10	0～10	0.093 4±0.077 5	2010	8	0～10	0.044 2±0.042 2
2009	10	10～20	0.242 6±0.122 1	2010	8	10～20	0.170 7±0.070 7
2009	10	20～30	0.359 7±0.106 0	2010	8	20～30	0.308 1±0.090 3
2009	10	30～40	0.425 1±0.060 2	2010	8	30～40	0.384 0±0.049 6
2009	10	40～50	0.446 7±0.055 5	2010	8	40～50	0.423 0±0.050 5
2009	11	0～10	0.149 4±0.105 7	2010	9	0～10	0.036 8±0.044 4
2009	11	10～20	0.294 8±0.111 7	2010	9	10～20	0.158 1±0.089 3
2009	11	20～30	0.391 6±0.089 1	2010	9	20～30	0.298 3±0.117 6
2009	11	30～40	0.463 8±0.065 2	2010	9	30～40	0.390 5±0.056 4
2009	11	40～50	0.484 7±0.058 1	2010	9	40～50	0.432 4±0.062 8

（续）

年	月	观测层次/cm	水分含量/体积比
2010	10	0～10	0.068 5±0.061 7
2010	10	10～20	0.196 1±0.084 6
2010	10	20～30	0.369 4±0.113 3
2010	10	30～40	0.442 3±0.059 1
2010	10	40～50	0.464 0±0.042 5
2010	11	0～10	0.045 9±0.031 8
2010	11	10～20	0.188 0±0.051 2
2010	11	20～30	0.368 1±0.095 2
2010	11	30～40	0.464 6±0.049 0
2010	11	40～50	0.500 6±0.034 2
2010	12	0～10	0.066 9±0.050 0
2010	12	10～20	0.180 5±0.065 1
2010	12	20～30	0.368 0±0.100 0
2010	12	30～40	0.451 5±0.058 0
2010	12	40～50	0.480 7±0.044 9
2011	3	0～10	0.052 8±0.052 8
2011	3	10～20	0.213 3±0.088 4
2011	3	20～30	0.412 9±0.107 3
2011	3	30～40	0.485 6±0.043 9
2011	3	40～50	0.507 4±0.033 3
2011	4	0～10	0.055 1±0.050 4
2011	4	10～20	0.227 6±0.085 4
2011	4	20～30	0.398 4±0.103 4
2011	4	30～40	0.481 2±0.039 2
2011	4	40～50	0.487 2±0.032 2
2011	5	0～10	0.049 7±0.059 3
2011	5	10～20	0.176 3±0.076 8
2011	5	20～30	0.320 8±0.112 7
2011	5	30～40	0.414 5±0.055 9
2011	5	40～50	0.445 0±0.026 4
2011	6	0～10	0.060 0±0.051 0
2011	6	10～20	0.203 5±0.081 9
2011	6	20～30	0.383 5±0.107 2
2011	6	30～40	0.431 4±0.058 9
2011	6	40～50	0.448 2±0.040 7
2011	7	0～10	0.042 2±0.050 2
2011	7	10～20	0.180 4±0.072 8
2011	7	20～30	0.366 0±0.087 7
2011	7	30～40	0.419 2±0.042 8
2011	7	40～50	0.437 0±0.036 0
2011	8	0～10	0.055 0±0.030 0
2011	8	10～20	0.200 4±0.056 5
2011	8	20～30	0.362 9±0.105 0
2011	8	30～40	0.415 6±0.045 2
2011	8	40～50	0.444 4±0.049 8
2011	9	0～10	0.051 5±0.045 7
2011	9	10～20	0.189 8±0.061 4
2011	9	20～30	0.350 6±0.100 2
2011	9	30～40	0.410 4±0.062 5
2011	9	40～50	0.434 6±0.048 9
2011	10	0～10	0.078 6±0.051 8
2011	10	10～20	0.246 2±0.099 8
2011	10	20～30	0.392 8±0.116 5
2011	10	30～40	0.463 4±0.043 4
2011	10	40～50	0.494 9±0.045 3
2011	11	0～10	0.054 2±0.036 9
2011	11	10～20	0.238 8±0.099 0
2011	11	20～30	0.423 2±0.112 3
2011	11	30～40	0.495 0±0.058 2
2011	11	40～50	0.510 0±0.039 6
2011	12	0～10	0.071 0±0.051 3
2011	12	10～20	0.233 4±0.077 8
2011	12	20～30	0.408 2±0.095 5
2011	12	30～40	0.475 4±0.039 5
2011	12	40～50	0.505 5±0.033 9
2012	4	0～10	0.067 6±0.044 4
2012	4	10～20	0.238 6±0.084 1
2012	4	20～30	0.411 4±0.090 5
2012	4	30～40	0.489 2±0.044 0
2012	4	40～50	0.502 0±0.045 0
2012	5	0～10	0.105 5±0.071 1
2012	5	10～20	0.283 4±0.089 2
2012	5	20～30	0.445 4±0.089 7
2012	5	30～40	0.494 2±0.035 9
2012	5	40～50	0.508 1±0.035 9
2012	6	0～10	0.069 9±0.050 2
2012	6	10～20	0.205 3±0.070 5
2012	6	20～30	0.352 0±0.103 3

（续）

年	月	观测层次/cm	水分含量/体积比	年	月	观测层次/cm	水分含量/体积比
2012	6	30～40	0.435 7±0.057 7	2013	2	20～30	0.391 1±0.113 1
2012	6	40～50	0.462 7±0.046 9	2013	2	30～40	0.503 3±0.067 3
2012	7	0～10	0.076 5±0.045 5	2013	2	40～50	0.540 3±0.050 0
2012	7	10～20	0.225 0±0.086 8	2013	3	0～10	0.099 4±0.085 6
2012	7	20～30	0.367 2±0.098 0	2013	3	10～20	0.264 5±0.106 7
2012	7	30～40	0.447 8±0.050 2	2013	3	20～30	0.405 6±0.102 4
2012	7	40～50	0.473 1±0.035 0	2013	3	30～40	0.479 1±0.053 3
2012	8	0～10	0.046 3±0.043 8	2013	3	40～50	0.508 1±0.044 0
2012	8	10～20	0.181 9±0.064 8	2013	4	0～10	0.093 6±0.087 6
2012	8	20～30	0.312 1±0.083 0	2013	4	10～20	0.249 2±0.108 2
2012	8	30～40	0.396 0±0.064 8	2013	4	20～30	0.388 9±0.108 4
2012	8	40～50	0.446 0±0.063 0	2013	4	30～40	0.447 0±0.051 9
2012	9	0～10	0.147 8±0.044 0	2013	4	40～50	0.483 2±0.047 1
2012	9	10～20	0.285 3±0.101 8	2013	5	0～10	0.085 1±0.079 3
2012	9	20～30	0.384 7±0.118 3	2013	5	10～20	0.250 2±0.107 7
2012	9	30～40	0.446 3±0.063 2	2013	5	20～30	0.384 0±0.103 2
2012	9	40～50	0.486 1±0.067 2	2013	5	30～40	0.438 5±0.053 3
2012	10	0～10	0.142 0±0.072 2	2013	5	40～50	0.490 7±0.070 2
2012	10	10～20	0.288 8±0.107 3	2013	6	0～10	0.093 5±0.087 9
2012	10	20～30	0.412 2±0.112 9	2013	6	10～20	0.255 4±0.100 5
2012	10	30～40	0.463 7±0.069 1	2013	6	20～30	0.391 6±0.076 6
2012	10	40～50	0.507 2±0.064 4	2013	6	30～40	0.448 1±0.044 3
2012	11	0～10	0.191 9±0.057 6	2013	6	40～50	0.504 4±0.062 8
2012	11	10～20	0.319 6±0.084 1	2013	7	0～10	0.086 8±0.056 8
2012	11	20～30	0.442 8±0.094 0	2013	7	10～20	0.195 4±0.086 6
2012	11	30～40	0.526 6±0.074 4	2013	7	20～30	0.283 3±0.070 8
2012	11	40～50	0.513 9±0.052 3	2013	7	30～40	0.375 3±0.068 4
2012	12	0～10	0.076 9±0.069 4	2013	7	40～50	0.441 7±0.074 5
2012	12	10～20	0.247 9±0.077 7	2013	8	0～10	0.083 2±0.052 7
2012	12	20～30	0.384 1±0.093 1	2013	8	10～20	0.200 6±0.088 0
2012	12	30～40	0.470 2±0.086 5	2013	8	20～30	0.307 3±0.102 9
2012	12	40～50	0.523 8±0.046 6	2013	8	30～40	0.346 9±0.074 8
2013	1	0～10	0.104 1±0.096 8	2013	8	40～50	0.390 6±0.075 1
2013	1	10～20	0.283 4±0.121 6	2013	9	0～10	0.103 0±0.051 2
2013	1	20～30	0.463 2±0.110 8	2013	9	10～20	0.234 3±0.086 0
2013	1	30～40	0.540 1±0.050 9	2013	9	20～30	0.352 1±0.105 5
2013	1	40～50	0.553 3±0.035 8	2013	9	30～40	0.394 3±0.078 4
2013	2	0～10	0.074 3±0.051 7	2013	9	40～50	0.416 0±0.059 5
2013	2	10～20	0.234 6±0.090 5	2013	10	0～10	0.032 4±0.045 5

（续）

年	月	观测层次/cm	水分含量/体积比	年	月	观测层次/cm	水分含量/体积比
2013	10	10～20	0.121 6±0.064 9	2014	6	0～10	0.090 1±0.064 9
2013	10	20～30	0.220 1±0.057 4	2014	6	10～20	0.244 3±0.107 9
2013	10	30～40	0.291 8±0.065 5	2014	6	20～30	0.348 1±0.116 1
2013	10	40～50	0.355 4±0.062 1	2014	6	30～40	0.404 1±0.075 3
2013	11	0～10	0.096 1±0.059 4	2014	6	40～50	0.438 5±0.049 8
2013	11	10～20	0.223 6±0.096 8	2014	7	0～10	0.093 8±0.062 7
2013	11	20～30	0.363 9±0.109 2	2014	7	10～20	0.222 9±0.104 5
2013	11	30～40	0.446 1±0.054 9	2014	7	20～30	0.337 5±0.110 8
2013	11	40～50	0.480 6±0.036 2	2014	7	30～40	0.393 8±0.079 5
2013	12	0～10	0.083 1±0.060 9	2014	7	40～50	0.422 7±0.057 9
2013	12	10～20	0.212 9±0.085 7	2014	8	0～10	0.064 8±0.053 9
2013	12	20～30	0.356 9±0.109 5	2014	8	10～20	0.191 6±0.078 6
2013	12	30～40	0.434 1±0.070 6	2014	8	20～30	0.298 9±0.105 4
2013	12	40～50	0.477 3±0.049 8	2014	8	30～40	0.349 6±0.070 4
2014	1	0～10	0.153 7±0.086 6	2014	8	40～50	0.402 1±0.061 3
2014	1	10～20	0.274 1±0.099 7	2014	9	0～10	0.078 4±0.049 7
2014	1	20～30	0.371 7±0.101 8	2014	9	10～20	0.218 9±0.066 2
2014	1	30～40	0.420 7±0.064 6	2014	9	20～30	0.316 2±0.090 4
2014	1	40～50	0.453 1±0.045 8	2014	9	30～40	0.369 2±0.080 3
2014	2	0～10	0.100 9±0.081 4	2014	9	40～50	0.419 4±0.057 2
2014	2	10～20	0.251 6±0.102 1	2014	10	0～10	0.048 2±0.043 1
2014	2	20～30	0.391 3±0.089 6	2014	10	10～20	0.156 9±0.068 4
2014	2	30～40	0.450 3±0.062 1	2014	10	20～30	0.242 8±0.060 7
2014	2	40～50	0.479 4±0.054 5	2014	10	30～40	0.322 4±0.057 6
2014	3	0～10	0.086 3±0.054 2	2014	10	40～50	0.360 4±0.056 6
2014	3	10～20	0.221 0±0.080 8	2014	11	0～10	0.083 5±0.049 9
2014	3	20～30	0.366 6±0.098 5	2014	11	10～20	0.231 2±0.054 6
2014	3	30～40	0.441 6±0.065 5	2014	11	20～30	0.324 4±0.071 6
2014	3	40～50	0.465 6±0.050 4	2014	11	30～40	0.425 8±0.055 2
2014	4	0～10	0.108 6±0.063 3	2014	11	40～50	0.462 4±0.051 7
2014	4	10～20	0.248 6±0.087 8	2014	12	0～10	0.180 9±0.190 0
2014	4	20～30	0.399 6±0.096 2	2014	12	10～20	0.287 9±0.138 3
2014	4	30～40	0.456 4±0.057 4	2014	12	20～30	0.383 9±0.095 3
2014	4	40～50	0.476 9±0.048 6	2014	12	30～40	0.454 9±0.062 5
2014	5	0～10	0.116 3±0.072 4	2014	12	40～50	0.469 1±0.084 8
2014	5	10～20	0.253 8±0.115 0	2015	1	0～10	0.088 7±0.064 5
2014	5	20～30	0.381 0±0.116 7	2015	1	10～20	0.238 8±0.117 6
2014	5	30～40	0.432 7±0.049 5	2015	1	20～30	0.389 6±0.128 0
2014	5	40～50	0.456 3±0.041 2	2015	1	30～40	0.471 5±0.086 6

（续）

年	月	观测层次/cm	水分含量/体积比	年	月	观测层次/cm	水分含量/体积比
2015	1	40～50	0.526 8±0.039 7	2015	9	30～40	0.409 3±0.107 7
2015	2	0～10	0.104 9±0.073 3	2015	9	40～50	0.443 2±0.077 7
2015	2	10～20	0.255 0±0.101 2	2015	10	0～10	0.105 6±0.054 4
2015	2	20～30	0.395 4±0.112 8	2015	10	10～20	0.252 4±0.073 3
2015	2	30～40	0.475 9±0.070 2	2015	10	20～30	0.373 6±0.114 9
2015	2	40～50	0.501 0±0.059 3	2015	10	30～40	0.450 8±0.081 0
2015	3	0～10	0.075 1±0.063 8	2015	10	40～50	0.492 1±0.051 7
2015	3	10～20	0.242 5±0.109 0	2015	11	0～10	0.161 9±0.116 8
2015	3	20～30	0.393 4±0.118 4	2015	11	10～20	0.299 5±0.142 6
2015	3	30～40	0.466 7±0.064 7	2015	11	20～30	0.426 4±0.131 4
2015	3	40～50	0.491 2±0.049 1	2015	11	30～40	0.505 7±0.076 1
2015	4	0～10	0.079 0±0.069 9	2015	11	40～50	0.537 7±0.052 8
2015	4	10～20	0.221 6±0.119 4	2015	12	0～10	0.075 8±0.053 4
2015	4	20～30	0.369 5±0.127 1	2015	12	10～20	0.204 6±0.095 7
2015	4	30～40	0.450 3±0.068 6	2015	12	20～30	0.355 5±0.100 6
2015	4	40～50	0.498 0±0.048 6	2015	12	30～40	0.445 6±0.071 7
2015	5	0～10	0.073 7±0.053 2	2015	12	40～50	0.509 5±0.039 1
2015	5	10～20	0.217 1±0.109 0	2016	1	0～10	0.086 8±0.049 2
2015	5	20～30	0.355 8±0.121 9	2016	1	10～20	0.228 8±0.065 7
2015	5	30～40	0.424 2±0.070 1	2016	1	20～30	0.356 2±0.083 9
2015	5	40～50	0.474 3±0.039 9	2016	1	30～40	0.457 0±0.076 2
2015	6	0～10	0.059 6±0.065 5	2016	1	40～50	0.515 9±0.050 1
2015	6	10～20	0.202 3±0.108 1	2016	2	0～10	0.078 6±0.047 8
2015	6	20～30	0.336 1±0.122 8	2016	2	10～20	0.222 7±0.064 0
2015	6	30～40	0.405 9±0.081 2	2016	2	20～30	0.364 2±0.102 6
2015	6	40～50	0.460 5±0.040 4	2016	2	30～40	0.451 8±0.082 5
2015	7	0～10	0.054 7±0.038 4	2016	2	40～50	0.494 0±0.043 5
2015	7	10～20	0.168 3±0.076 8	2016	3	0～10	0.074 0±0.040 6
2015	7	20～30	0.304 1±0.106 0	2016	3	10～20	0.211 6±0.058 9
2015	7	30～40	0.391 8±0.084 4	2016	3	20～30	0.382 1±0.095 3
2015	7	40～50	0.438 8±0.046 8	2016	3	30～40	0.464 9±0.068 3
2015	8	0～10	0.045 5±0.037 7	2016	3	40～50	0.503 9±0.047 3
2015	8	10～20	0.145 8±0.060 9	2016	4	0～10	0.066 1±0.043 5
2015	8	20～30	0.242 7±0.080 2	2016	4	10～20	0.204 7±0.056 5
2015	8	30～40	0.317 8±0.084 3	2016	4	20～30	0.357 5±0.084 1
2015	8	40～50	0.377 2±0.073 6	2016	4	30～40	0.452 0±0.064 1
2015	9	0～10	0.067 3±0.050 1	2016	4	40～50	0.481 6±0.048 7
2015	9	10～20	0.185 4±0.073 5	2016	5	0～10	0.087 5±0.052 5
2015	9	20～30	0.323 1±0.106 3	2016	5	10～20	0.213 1±0.060 1

（续）

年	月	观测层次/cm	水分含量/体积比	年	月	观测层次/cm	水分含量/体积比
2016	5	20～30	0.357 5±0.094 9	2016	9	10～20	0.148 3±0.039 3
2016	5	30～40	0.450 1±0.066 5	2016	9	20～30	0.236 8±0.062 1
2016	5	40～50	0.498 8±0.034 1	2016	9	30～40	0.322 0±0.079 6
2016	6	0～10	0.077 1±0.032 7	2016	9	40～50	0.375 9±0.081 5
2016	6	10～20	0.195 2±0.041 9	2016	10	0～10	0.082 1±0.040 2
2016	6	20～30	0.317 7±0.081 7	2016	10	10～20	0.201 2±0.049 6
2016	6	30～40	0.394 0±0.065 1	2016	10	20～30	0.342 8±0.092 8
2016	6	40～50	0.443 8±0.052 7	2016	10	30～40	0.419 7±0.074 8
2016	7	0～10	0.087 4±0.051 5	2016	10	40～50	0.455 4±0.069 4
2016	7	10～20	0.203 0±0.074 3	2016	11	0～10	0.070 8±0.024 2
2016	7	20～30	0.327 5±0.097 7	2016	11	10～20	0.193 4±0.039 0
2016	7	30～40	0.397 3±0.079 1	2016	11	20～30	0.338 4±0.081 5
2016	7	40～50	0.438 1±0.061 6	2016	11	30～40	0.438 0±0.058 4
2016	8	0～10	0.056 1±0.034 6	2016	11	40～50	0.496 3±0.025 2
2016	8	10～20	0.167 1±0.053 9	2016	12	0～10	0.069 2±0.030 5
2016	8	20～30	0.275 3±0.081 7	2016	12	10～20	0.197 7±0.042 7
2016	8	30～40	0.337 4±0.073 5	2016	12	20～30	0.343 2±0.089 7
2016	8	40～50	0.407 2±0.060 6	2016	12	30～40	0.432 0±0.064 6
2016	9	0～10	0.061 4±0.039 7	2016	12	40～50	0.489 5±0.042 2

3.4.1.6 数据分析

（1）总体统计结果。本数据集时间区间为 2009 年 5 月至 2016 年 12 月。土壤水分含量（体积比）平均为 0.313，标准差为±0.165（变异系数为 52.64%），最大值为 0.647，最小值为 0.000。

（2）时间动态。

①年动态。2009 年（5—12 月）土壤水分含量最大，为 0.342；其次是 2012 年，为 0.340；2010 年最小，为 0.293。全年年际最大差值为 0.049（表 3-44）。

表 3-44 2009—2016 年亚热带常绿落叶阔叶混交林土壤水分含量年际动态

年份	2009	2010	2011	2012	2013	2014	2015	2016
土壤水分含量/%	0.342	0.293	0.314	0.340	0.309	0.307	0.314	0.298
标准差	0.146	0.172	0.174	0.166	0.165	0.153	0.173	0.161

②月动态。2009—2016 年土壤含水量月动态基本呈现“单凹”曲线（图 3-24）。土壤水分含量的低谷出现在夏秋季，每年 8 月左右出现土壤水分含量的最低值。2009—2016 年土壤水分含量最低的月份分别为 10 月、7 月、5 月、8 月、10 月、10 月、8 月和 9 月。而冬春季含水量较高，水分含量的峰值分别出现在 2009 年 6 月、2009 年 12 月、2011 年 3 月、2012 年 5 月、2012 年 11 月、2014 年 4 月、2014 年 12 月、2015 年 11 月、2016 年 11 月。月均最大含水量出现在 2012 年 11 月，为 0.399。最低含水量出现在 2013 年 10 月，为 0.204。

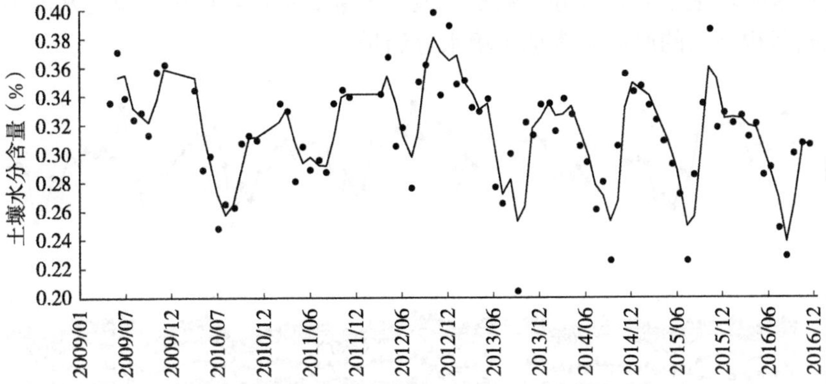

图 3－24　2009—2016 年土壤含水量月动态

③累计月动态。累计月份土壤水分含量呈现夏秋季“凹”形分布。1 月土壤水分含量最高，为 0.343；其次为 11 月，为 0.342。最低为 8 月，为 0.271；其次为 7 月，为 0.291。月均年较差为 0.073（表 3－45）。

表 3－45　2009—2016 年北亚热带常绿落叶阔叶混交林土壤水分含量累计月动态

月份	土壤水分含量/%	标准差
1	0.343	0.169
2	0.337	0.170
3	0.333	0.175
4	0.332	0.171
5	0.319	0.168
6	0.313	0.160
7	0.291	0.157
8	0.271	0.148
9	0.291	0.151
10	0.298	0.163
11	0.342	0.169
12	0.330	0.171

（3）各层平均值。从表层到深层逐渐增大（表 3－46）。10～50 cm 各土层水分含量分别为 0.085（±0.071）、0.223（±0.095）、0.359（±0.108）、0.431（±0.078）和 0.468（±0.065）。

表 3－46　2009—2016 年北亚热带常绿落叶阔叶混交林不同深度土壤水分含量

观测层次/cm	10	20	30	40	50
土壤水分含量/%	0.085	0.223	0.359	0.431	0.468
标准差	0.071	0.095	0.108	0.078	0.065

（4）土壤储水量与水量调节能力。

①储水量。土壤储水量是指一定面积和土层内储存水分的数量。土壤储水量通常有两种方式表示：一种是用水分的容积表示；另一种是用水深表示，即储存水分相当于相同面积水层的厚度。土壤

含水量为田间持水量时，土壤储存水分的数量为最大土壤储水量，即为土壤持水能力。

本文按照相同面积水层的厚度来表征土壤水分储量。

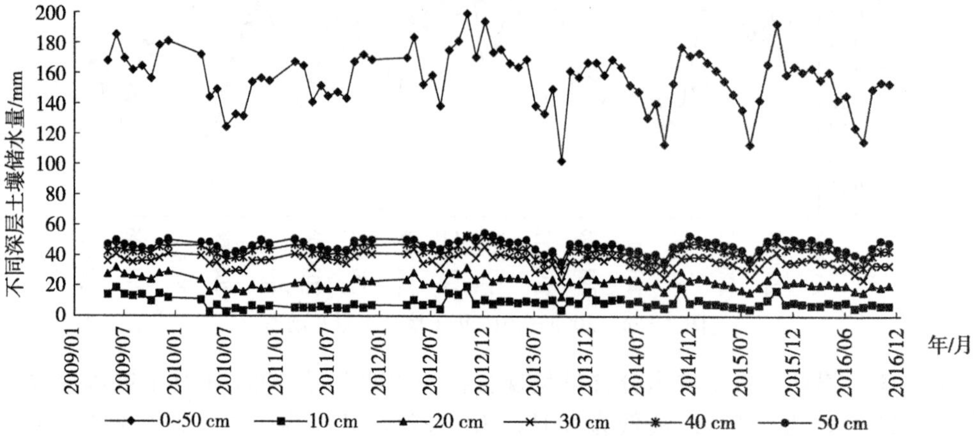

图 3-25　2009—2016 年土壤储水量动态

如图 3-25 所示，2009—2016 年 0～50 cm 土壤平均储水量为（156.99±18.66）mm，相当于（1 569.9±186.6）t/hm²，最大储水量为 1 99.49 mm（2012 年 11 月，1 994.9 t/hm²），最小储水量为 102.12 mm（2013 年 10 月，1 021.2 t/hm²）。

从表层到深层，储水量逐渐增加。2009—2016 年 0～50 cm 各层土壤平均储水量分别为（8.57±3.55）mm、（22.40 ± 4.24）mm、（35.95 ± 4.64）mm、（43.22 ± 4.64）mm 和（46.86 ± 4.04）mm。

②水量调节能力。水资源调节性主要是针对水量而言，是指地表水、地下水在系统结构的作用下，使不连续的集中降水和水量输入转化为相对连续、均匀输出的自然特性。

一般来说，地表水系统的水量调节能力较差，水量、水位的动态变化与降水过程关系密切，滞后、延迟效应均不明显，获得的降水补给量可以快速排出。但并不是说，地表水系统不具备水量的调节能力。与河流相连接的湖泊或多或少都有吐纳洪水、调节水量的功能；固体地表水体——冰川的积雪和消融起着将集中、间断的降雪储蓄和缓慢释放的作用。地表水系统是“网络”状的，坡面漫流流程一般很短，汇流时间也短，加之河床狭窄，调蓄空间小，水流速度快，缓洪滞洪的能力差，尽管不同支流的来水可以发挥错峰的作用，但总体的调节能力十分有限。与地表水系统相比，地下水系统的调节性较强。由于地下水以渗流场的形式分布，集中的降水补给可积蓄在季节变动带中，然后缓慢释放。与此同时，径流的路程效应可平抑各处来水的波动，发挥削峰填谷的作用，使局部水量的盈亏及时得到削减和补偿。因此，地下水系统水量的调节能力更为突出。土壤水分含量可以是地下水系统重要的组成部分，土壤含水量的动态是水资源调节的重要组成部分。土壤储水量受降水的影响呈现年际波动，同时土壤储水量波动具有明显滞后性。

以年较差来表征土壤水分调节能力（表 3-47），年内土壤水分最大调节能力为 92.3 mm，平均为（57.08±22.17）mm。

表 3-47　2009—2016 年亚热带常绿落叶阔叶混交林土壤储水量年际动态

年份	2009	2010	2011	2012	2013	2014	2015	2016
储水量最大值/mm	185.52	172.01	172.11	199.49	194.42	177.68	193.12	164.47
储水量最小值/mm	156.76	124.06	140.62	138.23	102.12	113.08	112.90	114.44
年较差/mm	28.76	47.95	31.59	61.26	92.30	64.60	80.22	50.03

以月间差值来表征土壤水分调节能力，月间土壤水分最大调节能力为 58.92 mm（2013 年 10—12 月），最小为 0.03 mm（2014 年 1—2 月），平均为（13.53±12.07）mm。

3.4.2　地下水位动态

3.4.2.1　概述

本数据集来自神农架站的长期水分监测。监测场地位于神农架站园区地下水观测井 1 号，植被类型为草地，海拔 1 290 m，样地代码为 SNFZH01CDX _ 01。时间范围为 2012—2016 年；数据项为地下水位埋深，字段包括日期和地下水位埋深；数据量为 1 675 条。

3.4.2.2　数据采集和处理方法

2012 年选取神农架站园区树木园林间平坦的草地建造观测井。观测井用长 2 m 直径 20 cm 的圆柱形钢筋混凝土管埋于地下做成，下部与周围土壤连通，上部高出地面 20 cm，并且用木板盖住，防止地表水进入。在地下水位观测井中布设浮标和标尺。盖住井口的木板中部留有狭缝，标尺从木板中部的狭缝伸出，与水面保持垂直，以准确读数。观测频率为每天 20:00 观测 1 次。本数据集的地下水位以从地表到地下水水面的垂直距离表示，即地下水位埋深，数值≥0，单位为米（图 3-26）。

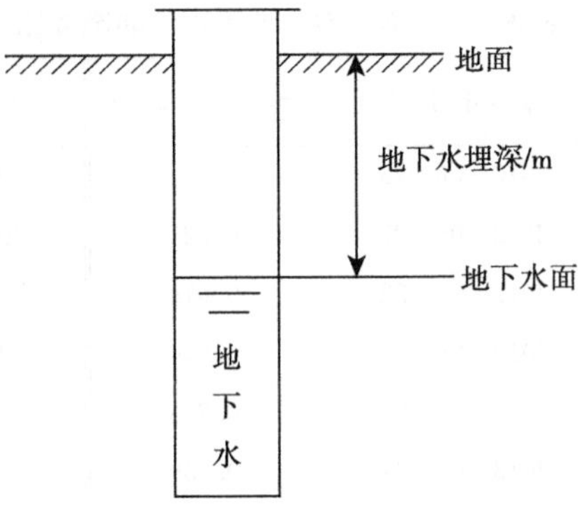

图 3-26　地下水位井及地下水埋深示意

野外数据的整理主要包括原始记录信息的检查和完善、数据录入、异常值的剔除和缺失数据插补等。

原始记录信息的检查和完善，包括检查原始记录表格的完整性，并根据情况进行完善。如有缺失，与测试人员核对并根据情况进行补充和说明。

数据录入是将野外原始纸质记录数据录入计算机，形成电子版原始记录的过程。数据录入由测量人员和记录人员负责，以保证在观测真实数据和记录数据之间出现差异时，真实情况可以再现。数据录入完成时，测量人员和记录人员对数据进行自查，检查原始记录表和电子版数据表的一致性。

3.4.2.3　数据质量控制和评估

本数据集来源于长期观测场地的实测数据。从观测场地的维护、仪器标定与校准、测量人员培训、现场测量到测量后的数据处理，整个过程对数据质量进行控制。同时，咨询相关专家并查阅相关文献对数据进行审核验证，以确保数据相对准确可靠。

观测场地维护：每年检查观测井用混凝土管有无裂缝，检查盖住井口的木板有无破损，防止地表水进入。除观测人员外，禁止人员接近观测井，减少人为干扰。

仪器标定与校准：每月对浮标和标尺进行检查，每年更换浮标，保证观测数据的准确性。

人员培训：对测量人员进行培训，是保证测量数据的完整性、连续性和准确性的关键。培训内容包括仪器测量原理、使用方法、测量时间与频次等。

现场测量：测量前要检查观测井、盖板、浮标和标尺的状况，确保观测井无地表水进入、浮标有效、标尺与水面垂直。

测量后数据质控：首先核对录入数据与原始记录的正确性；然后对录入数据进行统计分析，剔除异常数据，对缺失数据根据同一剖面的数值进行线性或对数插值；最后形成的地下水位数据集由专家进行最终审核和修订，确保数据集的真实、可靠；纸质原始记录数据表应妥善保存，并通过复印和扫描电子版进行备份，保存于不同地方，以备将来核查。

3.4.2.4 数据价值/数据使用方法和建议

本区公开发布的原位、连续、动态的地下水位观测数据较少，本数据集的发表是本区地下水位数据的重要补充，为森林水文学研究提供基础数据。

神农架站所在的区域为我国重要的生物多样性生态功能区和南水北调工程水源涵养区。地下水位数据是表征的水源涵养和水量调节能力的重要指标，为研究本区森林水源涵养和水量调节能力提供了重要的基础数据，对于该区生态服务功能的发挥具有重要意义。

3.4.2.5 数据

神农架站地下水位动态数据见表 3-48。

表 3-48 神农架站地下水位动态数据

日期（年-月-日）	地下水埋深/m	日期（年-月-日）	地下水埋深/m	日期（年-月-日）	地下水埋深/m
2012-06-01	0.499	2012-06-26	0.642	2012-07-21	0.619
2012-06-02	0.532	2012-06-27	0.625	2012-07-22	0.624
2012-06-03	0.578	2012-06-28	0.614	2012-07-23	0.644
2012-06-04	0.603	2012-06-29	0.614	2012-07-24	0.607
2012-06-05	0.51	2012-06-30	0.286	2012-07-25	0.617
2012-06-06	0.446	2012-07-01	0.339	2012-07-26	0.642
2012-06-07	0.542	2012-07-02	0.413	2012-07-27	0.67
2012-06-08	0.605	2012-07-03	0.768	2012-07-28	0.69
2012-06-09	0.616	2012-07-04	0.499	2012-07-29	0.703
2012-06-10	0.628	2012-07-05	0.295	2012-07-30	0.703
2012-06-11	0.639	2012-07-06	0.308	2012-07-31	0.717
2012-06-12	0.652	2012-07-07	0.388	2012-08-01	0.737
2012-06-13	0.675	2012-07-08	0.438	2012-08-02	0.762
2012-06-14	0.671	2012-07-09	0.488	2012-08-03	0.794
2012-06-15	0.683	2012-07-10	0.532	2012-08-04	0.824
2012-06-16	0.695	2012-07-11	0.548	2012-08-05	0.808
2012-06-17	0.705	2012-07-12	0.294	2012-08-06	0.764
2012-06-18	0.713	2012-07-13	0.324	2012-08-07	0.742
2012-06-19	0.723	2012-07-14	0.429	2012-08-08	0.792
2012-06-20	0.638	2012-07-15	0.484	2012-08-09	0.85
2012-06-21	0.598	2012-07-16	0.523	2012-08-10	0.889
2012-06-22	0.627	2012-07-17	0.549	2012-08-11	0.915
2012-06-23	0.673	2012-07-18	0.573	2012-08-12	0.945
2012-06-24	0.699	2012-07-19	0.584	2012-08-13	0.964
2012-06-25	0.712	2012-07-20	0.596	2012-08-14	0.851

（续）

日期（年-月-日）	地下水埋深/m	日期（年-月-日）	地下水埋深/m	日期（年-月-日）	地下水埋深/m
2012-08-15	0.598	2012-09-23	0.668	2012-11-01	0.535
2012-08-16	0.638	2012-09-24	0.684	2012-11-02	0.576
2012-08-17	0.663	2012-09-25	0.589	2012-11-03	0.394
2012-08-18	0.71	2012-09-26	0.589	2012-11-04	0.485
2012-08-19	0.729	2012-09-27	0.629	2012-11-05	0.527
2012-08-20	0.62	2012-09-28	0.656	2012-11-06	0.562
2012-08-21	0.454	2012-09-29	0.683	2012-11-07	0.531
2012-08-22	0.546	2012-09-30	0.704	2012-11-08	0.456
2012-08-23	0.613	2012-10-01	0.724	2012-11-09	0.494
2012-08-24	0.666	2012-10-02	0.756	2012-11-10	0.524
2012-08-25	0.716	2012-10-03	0.622	2012-11-11	0.564
2012-08-26	0.716	2012-10-04	0.66	2012-11-12	0.579
2012-08-27	0.74	2012-10-05	0.625	2012-11-13	0.594
2012-08-28	0.773	2012-10-06	0.647	2012-11-14	0.602
2012-08-29	0.813	2012-10-07	0.524	2012-11-15	0.392
2012-08-30	0.849	2012-10-08	0.574	2012-11-16	0.464
2012-08-31	0.874	2012-10-09	0.609	2012-11-17	0.515
2012-09-01	0.863	2012-10-10	0.652	2012-11-18	0.55
2012-09-02	0.448	2012-10-11	0.679	2012-11-19	0.575
2012-09-03	0.532	2012-10-12	0.692	2012-11-20	0.569
2012-09-04	0.632	2012-10-13	0.69	2012-11-21	0.559
2012-09-05	0.696	2012-10-14	0.712	2012-11-22	0.585
2012-09-06	0.763	2012-10-15	0.314	2012-11-23	0.601
2012-09-07	0.788	2012-10-16	0.413	2012-11-24	0.598
2012-09-08	0.333	2012-10-17	0.508	2012-11-25	0.605
2012-09-09	0.432	2012-10-18	0.569	2012-11-26	0.616
2012-09-10	0.514	2012-10-19	0.602	2012-11-27	0.624
2012-09-11	0.251	2012-10-20	0.623	2012-11-28	0.629
2012-09-12	0.235	2012-10-21	0.641	2012-11-29	0.634
2012-09-13	0.372	2012-10-22	0.622	2012-11-30	0.637
2012-09-14	0.422	2012-10-23	0.648	2012-12-01	0.582
2012-09-15	0.473	2012-10-24	0.659	2012-12-02	0.624
2012-09-16	0.509	2012-10-25	0.653	2012-12-03	0.616
2012-09-17	0.541	2012-10-26	0.434	2012-12-04	0.634
2012-09-18	0.574	2012-10-27	0.496	2012-12-05	0.633
2012-09-19	0.602	2012-10-28	0.541	2012-12-06	0.68
2012-09-20	0.632	2012-10-29	0.37	2012-12-07	0.653
2012-09-21	0.633	2012-10-30	0.447	2012-12-08	0.675
2012-09-22	0.659	2012-10-31	0.498	2012-12-09	0.678

（续）

日期（年-月-日）	地下水埋深/m	日期（年-月-日）	地下水埋深/m	日期（年-月-日）	地下水埋深/m
2012-12-10	0.652	2013-01-18	0.676	2013-02-26	0.638
2012-12-11	0.634	2013-01-19	0.678	2013-02-27	0.644
2012-12-12	0.688	2013-01-20	0.484	2013-02-28	0.648
2012-12-13	0.546	2013-01-21	0.5	2013-03-01	0.647
2012-12-14	0.495	2013-01-22	0.549	2013-03-02	0.648
2012-12-15	0.536	2013-01-23	0.544	2013-03-03	0.658
2012-12-16	0.567	2013-01-24	0.572	2013-03-04	0.666
2012-12-17	0.479	2013-01-25	0.596	2013-03-05	0.676
2012-12-18	0.454	2013-01-26	0.633	2013-03-06	0.683
2012-12-19	0.547	2013-01-27	0.635	2013-03-07	0.686
2012-12-20	0.551	2013-01-28	0.643	2013-03-08	0.696
2012-12-21	0.514	2013-01-29	0.639	2013-03-09	0.704
2012-12-22	0.472	2013-01-30	0.503	2013-03-10	0.722
2012-12-23	0.542	2013-01-31	0.414	2013-03-11	0.723
2012-12-24	0.547	2013-02-01	0.463	2013-03-12	0.691
2012-12-25	0.491	2013-02-02	0.46	2013-03-13	0.678
2012-12-26	0.553	2013-02-03	0.479	2013-03-14	0.697
2012-12-27	0.594	2013-02-04	0.522	2013-03-15	0.717
2012-12-28	0.597	2013-02-05	0.547	2013-03-16	0.726
2012-12-29	0.504	2013-02-06	0.567	2013-03-17	0.427
2012-12-30	0.559	2013-02-07	0.457	2013-03-18	0.54
2012-12-31	0.627	2013-02-08	0.488	2013-03-19	0.593
2013-01-01	0.622	2013-02-09	0.469	2013-03-20	0.625
2013-01-02	0.626	2013-02-10	0.495	2013-03-21	0.658
2013-01-03	0.633	2013-02-11	0.525	2013-03-22	0.343
2013-01-04	0.628	2013-02-12	0.544	2013-03-23	0.394
2013-01-05	0.638	2013-02-13	0.558	2013-03-24	0.51
2013-01-06	0.649	2013-02-14	0.576	2013-03-25	0.258
2013-01-07	0.638	2013-02-15	0.598	2013-03-26	0.355
2013-01-08	0.658	2013-02-16	0.61	2013-03-27	0.437
2013-01-09	0.681	2013-02-17	0.622	2013-03-28	0.494
2013-01-10	0.696	2013-02-18	0.627	2013-03-29	0.538
2013-01-11	0.699	2013-02-19	0.614	2013-03-30	0.565
2013-01-12	0.702	2013-02-20	0.57	2013-03-31	0.587
2013-01-13	0.709	2013-02-21	0.577	2013-04-01	0.605
2013-01-14	0.713	2013-02-22	0.599	2013-04-02	0.618
2013-01-15	0.707	2013-02-23	0.619	2013-04-03	0.629
2013-01-16	0.678	2013-02-24	0.624	2013-04-04	0.633
2013-01-17	0.671	2013-02-25	0.633	2013-04-05	0.586

（续）

日期（年-月-日）	地下水埋深/m	日期（年-月-日）	地下水埋深/m	日期（年-月-日）	地下水埋深/m
2013-04-06	0.596	2013-05-15	0.379	2013-06-23	0.334
2013-04-07	0.629	2013-05-16	0.463	2013-06-24	0.246
2013-04-08	0.654	2013-05-17	0.372	2013-06-25	0.319
2013-04-09	0.657	2013-05-18	0.398	2013-06-26	0.36
2013-04-10	0.668	2013-05-19	0.461	2013-06-27	0.435
2013-04-11	0.684	2013-05-20	0.505	2013-06-28	0.517
2013-04-12	0.706	2013-05-21	0.549	2013-06-29	0.565
2013-04-13	0.719	2013-05-22	0.581	2013-06-30	0.594
2013-04-14	0.74	2013-05-23	0.603	2013-07-01	0.476
2013-04-15	0.759	2013-05-24	0.615	2013-07-02	0.554
2013-04-16	0.743	2013-05-25	0.248	2013-07-03	0.604
2013-04-17	0.772	2013-05-26	0.33	2013-07-04	0.637
2013-04-18	0.724	2013-05-27	0.391	2013-07-05	0.282
2013-04-19	0.495	2013-05-28	0.456	2013-07-06	0.439
2013-04-20	0.468	2013-05-29	0.432	2013-07-07	0.527
2013-04-21	0.559	2013-05-30	0.491	2013-07-08	0.585
2013-04-22	0.33	2013-05-31	0.531	2013-07-09	0.606
2013-04-23	0.404	2013-06-01	0.559	2013-07-10	0.632
2013-04-24	0.475	2013-06-02	0.584	2013-07-11	0.661
2013-04-25	0.538	2013-06-03	0.607	2013-07-12	0.689
2013-04-26	0.575	2013-06-04	0.624	2013-07-13	0.71
2013-04-27	0.6	2013-06-05	0.636	2013-07-14	0.719
2013-04-28	0.62	2013-06-06	0.295	2013-07-15	0.728
2013-04-29	0.277	2013-06-07	0.364	2013-07-16	0.741
2013-04-30	0.383	2013-06-08	0.436	2013-07-17	0.752
2013-05-01	0.449	2013-06-09	0.293	2013-07-18	0.73
2013-05-02	0.496	2013-06-10	0.351	2013-07-19	0.587
2013-05-03	0.533	2013-06-11	0.419	2013-07-20	0.423
2013-05-04	0.556	2013-06-12	0.474	2013-07-21	0.388
2013-05-05	0.565	2013-06-13	0.521	2013-07-22	0.503
2013-05-06	0.286	2013-06-14	0.556	2013-07-23	0.584
2013-05-07	0.307	2013-06-15	0.579	2013-07-24	0.632
2013-05-08	0.237	2013-06-16	0.605	2013-07-25	0.67
2013-05-09	0.309	2013-06-17	0.631	2013-07-26	0.699
2013-05-10	0.374	2013-06-18	0.661	2013-07-27	0.728
2013-05-11	0.436	2013-06-19	0.675	2013-07-28	0.755
2013-05-12	0.489	2013-06-20	0.59	2013-07-29	0.678
2013-05-13	0.543	2013-06-21	0.611	2013-07-30	0.595
2013-05-14	0.561	2013-06-22	0.298	2013-07-31	0.653

（续）

日期（年-月-日）	地下水埋深/m	日期（年-月-日）	地下水埋深/m	日期（年-月-日）	地下水埋深/m
2013-08-01	0.703	2013-09-09	0.287	2013-10-18	1.029
2013-08-02	0.472	2013-09-10	0.314	2013-10-19	1.039
2013-08-03	0.495	2013-09-11	0.331	2013-10-20	1.049
2013-08-04	0.374	2013-09-12	0.404	2013-10-21	1.06
2013-08-05	0.494	2013-09-13	0.464	2013-10-22	1.069
2013-08-06	0.581	2013-09-14	0.518	2013-10-23	1.085
2013-08-07	0.645	2013-09-15	0.568	2013-10-24	1.104
2013-08-08	0.676	2013-09-16	0.61	2013-10-25	1.123
2013-08-09	0.689	2013-09-17	0.64	2013-10-26	1.141
2013-08-10	0.727	2013-09-18	0.66	2013-10-27	1.153
2013-08-11	0.778	2013-09-19	0.682	2013-10-28	1.161
2013-08-12	0.832	2013-09-20	0.699	2013-10-29	0.334
2013-08-13	0.864	2013-09-21	0.713	2013-10-30	0.3
2013-08-14	0.906	2013-09-22	0.724	2013-10-31	0.412
2013-08-15	0.953	2013-09-23	0.732	2013-11-01	0.404
2013-08-16	0.988	2013-09-24	0.636	2013-11-02	0.46
2013-08-17	1.038	2013-09-25	0.655	2013-11-03	0.524
2013-08-18	1.076	2013-09-26	0.679	2013-11-04	0.592
2013-08-19	1.101	2013-09-27	0.681	2013-11-05	0.69
2013-08-20	1.137	2013-09-28	0.693	2013-11-06	0.724
2013-08-21	1.164	2013-09-29	0.707	2013-11-07	0.741
2013-08-22	1.191	2013-09-30	0.723	2013-11-08	0.749
2013-08-23	1.126	2013-10-01	0.739	2013-11-09	0.756
2013-08-24	0.846	2013-10-02	0.753	2013-11-10	0.569
2013-08-25	0.397	2013-10-03	0.767	2013-11-11	0.592
2013-08-26	0.563	2013-10-04	0.786	2013-11-12	0.345
2013-08-27	0.685	2013-10-05	0.808	2013-11-13	0.42
2013-08-28	0.748	2013-10-06	0.837	2013-11-14	0.498
2013-08-29	0.458	2013-10-07	0.878	2013-11-15	0.551
2013-08-30	0.573	2013-10-08	0.909	2013-11-16	0.583
2013-08-31	0.667	2013-10-09	0.939	2013-11-17	0.608
2013-09-01	0.718	2013-10-10	0.973	2013-11-18	0.627
2013-09-02	0.61	2013-10-11	1.005	2013-11-19	0.639
2013-09-03	0.518	2013-10-12	1.028	2013-11-20	0.649
2013-09-04	0.344	2013-10-13	1.054	2013-11-21	0.654
2013-09-05	0.445	2013-10-14	1.073	2013-11-22	0.499
2013-09-06	0.495	2013-10-15	1.084	2013-11-23	0.394
2013-09-07	0.448	2013-10-16	1.059	2013-11-24	0.388
2013-09-08	0.388	2013-10-17	1.035	2013-11-25	0.464

（续）

日期（年-月-日）	地下水埋深/m	日期（年-月-日）	地下水埋深/m	日期（年-月-日）	地下水埋深/m
2013-11-26	0.532	2014-01-04	0.68	2014-02-12	0.673
2013-11-27	0.582	2014-01-05	0.687	2014-02-13	0.673
2013-11-28	0.615	2014-01-06	0.676	2014-02-14	0.614
2013-11-29	0.635	2014-01-07	0.667	2014-02-15	0.617
2013-11-30	0.65	2014-01-08	0.667	2014-02-16	0.668
2013-12-01	0.661	2014-01-09	0.665	2014-02-17	0.7
2013-12-02	0.667	2014-01-10	0.679	2014-02-18	0.688
2013-12-03	0.675	2014-01-11	0.679	2014-02-19	0.582
2013-12-04	0.678	2014-01-12	0.574	2014-02-20	0.573
2013-12-05	0.681	2014-01-13	0.644	2014-02-21	0.64
2013-12-06	0.68	2014-01-14	0.668	2014-02-22	0.673
2013-12-07	0.683	2014-01-15	0.685	2014-02-23	0.688
2013-12-08	0.61	2014-01-16	0.69	2014-02-24	0.594
2013-12-09	0.612	2014-01-17	0.703	2014-02-25	0.545
2013-12-10	0.656	2014-01-18	0.713	2014-02-26	0.612
2013-12-11	0.685	2014-01-19	0.72	2014-02-27	0.391
2013-12-12	0.7	2014-01-20	0.721	2014-02-28	0.344
2013-12-13	0.715	2014-01-21	0.726	2014-03-01	0.447
2013-12-14	0.723	2014-01-22	0.72	2014-03-02	0.534
2013-12-15	0.726	2014-01-23	0.723	2014-03-03	0.593
2013-12-16	0.724	2014-01-24	0.722	2014-03-04	0.63
2013-12-17	0.727	2014-01-25	0.722	2014-03-05	0.66
2013-12-18	0.732	2014-01-26	0.727	2014-03-06	0.417
2013-12-19	0.734	2014-01-27	0.735	2014-03-07	0.508
2013-12-20	0.734	2014-01-28	0.742	2014-03-08	0.524
2013-12-21	0.734	2014-01-29	0.708	2014-03-09	0.575
2013-12-22	0.737	2014-01-30	0.709	2014-03-10	0.608
2013-12-23	0.741	2014-01-31	0.712	2014-03-11	0.629
2013-12-24	0.741	2014-02-01	0.728	2014-03-12	0.644
2013-12-25	0.741	2014-02-02	0.732	2014-03-13	0.659
2013-12-26	0.742	2014-02-03	0.734	2014-03-14	0.669
2013-12-27	0.744	2014-02-04	0.74	2014-03-15	0.675
2013-12-28	0.745	2014-02-05	0.741	2014-03-16	0.681
2013-12-29	0.748	2014-02-06	0.74	2014-03-17	0.686
2013-12-30	0.75	2014-02-07	0.739	2014-03-18	0.69
2013-12-31	0.752	2014-02-08	0.708	2014-03-19	0.692
2014-01-01	0.755	2014-02-09	0.695	2014-03-20	0.688
2014-01-02	0.755	2014-02-10	0.695	2014-03-21	0.684
2014-01-03	0.704	2014-02-11	0.685	2014-03-22	0.69

（续）

日期（年-月-日）	地下水埋深/m	日期（年-月-日）	地下水埋深/m	日期（年-月-日）	地下水埋深/m
2014-03-23	0.695	2014-05-01	0.699	2014-06-09	0.705
2014-03-24	0.692	2014-05-02	0.669	2014-06-10	0.718
2014-03-25	0.694	2014-05-03	0.676	2014-06-11	0.732
2014-03-26	0.679	2014-05-04	0.679	2014-06-12	0.734
2014-03-27	0.7	2014-05-05	0.694	2014-06-13	0.722
2014-03-28	0.688	2014-05-06	0.71	2014-06-14	0.614
2014-03-29	0.676	2014-05-07	0.716	2014-06-15	0.315
2014-03-30	0.663	2014-05-08	0.741	2014-06-16	0.436
2014-03-31	0.654	2014-05-09	0.704	2014-06-17	0.543
2014-04-01	0.671	2014-05-10	0.274	2014-06-18	0.614
2014-04-02	0.685	2014-05-11	0.453	2014-06-19	0.654
2014-04-03	0.695	2014-05-12	0.661	2014-06-20	0.673
2014-04-04	0.701	2014-05-13	0.608	2014-06-21	0.582
2014-04-05	0.705	2014-05-14	0.59	2014-06-22	0.644
2014-04-06	0.569	2014-05-15	0.633	2014-06-23	0.675
2014-04-07	0.587	2014-05-16	0.586	2014-06-24	0.69
2014-04-08	0.635	2014-05-17	0.611	2014-06-25	0.246
2014-04-09	0.664	2014-05-18	0.649	2014-06-26	0.321
2014-04-10	0.545	2014-05-19	0.666	2014-06-27	0.441
2014-04-11	0.248	2014-05-20	0.682	2014-06-28	0.541
2014-04-12	0.343	2014-05-21	0.686	2014-06-29	0.575
2014-04-13	0.401	2014-05-22	0.693	2014-06-30	0.602
2014-04-14	0.389	2014-05-23	0.68	2014-07-01	0.278
2014-04-15	0.312	2014-05-24	0.536	2014-07-02	0.396
2014-04-16	0.35	2014-05-25	0.536	2014-07-03	0.507
2014-04-17	0.365	2014-05-26	0.568	2014-07-04	0.508
2014-04-18	0.229	2014-05-27	0.614	2014-07-05	0.585
2014-04-19	0.322	2014-05-28	0.65	2014-07-06	0.641
2014-04-20	0.383	2014-05-29	0.676	2014-07-07	0.676
2014-04-21	0.344	2014-05-30	0.686	2014-07-08	0.698
2014-04-22	0.39	2014-05-31	0.252	2014-07-09	0.711
2014-04-23	0.476	2014-06-01	0.385	2014-07-10	0.726
2014-04-24	0.556	2014-06-02	0.475	2014-07-11	0.687
2014-04-25	0.592	2014-06-03	0.568	2014-07-12	0.291
2014-04-26	0.62	2014-06-04	0.623	2014-07-13	0.372
2014-04-27	0.578	2014-06-05	0.648	2014-07-14	0.378
2014-04-28	0.631	2014-06-06	0.665	2014-07-15	0.505
2014-04-29	0.658	2014-06-07	0.681	2014-07-16	0.565
2014-04-30	0.679	2014-06-08	0.694	2014-07-17	0.622

（续）

日期（年-月-日）	地下水埋深/m	日期（年-月-日）	地下水埋深/m	日期（年-月-日）	地下水埋深/m
2014-07-18	0.67	2014-08-26	0.501	2014-10-04	0.659
2014-07-19	0.688	2014-08-27	0.256	2014-10-05	0.708
2014-07-20	0.704	2014-08-28	0.261	2014-10-06	0.748
2014-07-21	0.726	2014-08-29	0.316	2014-10-07	0.795
2014-07-22	0.745	2014-08-30	0.348	2014-10-08	0.83
2014-07-23	0.759	2014-08-31	0.292	2014-10-09	0.864
2014-07-24	0.762	2014-09-01	0.21	2014-10-10	0.892
2014-07-25	0.765	2014-09-02	0.303	2014-10-11	0.921
2014-07-26	0.779	2014-09-03	0.36	2014-10-12	0.95
2014-07-27	0.788	2014-09-04	0.425	2014-10-13	0.968
2014-07-28	0.796	2014-09-05	0.521	2014-10-14	0.97
2014-07-29	0.809	2014-09-06	0.6	2014-10-15	1
2014-07-30	0.813	2014-09-07	0.666	2014-10-16	1.006
2014-07-31	0.826	2014-09-08	0.73	2014-10-17	0.902
2014-08-01	0.91	2014-09-09	0.57	2014-10-18	0.827
2014-08-02	0.982	2014-09-10	0.262	2014-10-19	0.747
2014-08-03	1.027	2014-09-11	0.375	2014-10-20	0.253
2014-08-04	1.065	2014-09-12	0.253	2014-10-21	0.341
2014-08-05	1.075	2014-09-13	0.359	2014-10-22	0.443
2014-08-06	0.979	2014-09-14	0.425	2014-10-23	0.54
2014-08-07	0.386	2014-09-15	0.442	2014-10-24	0.619
2014-08-08	0.459	2014-09-16	0.472	2014-10-25	0.684
2014-08-09	0.494	2014-09-17	0.443	2014-10-26	0.738
2014-08-10	0.465	2014-09-18	0.225	2014-10-27	0.778
2014-08-11	0.303	2014-09-19	0.333	2014-10-28	0.227
2014-08-12	0.325	2014-09-20	0.385	2014-10-29	0.304
2014-08-13	0.372	2014-09-21	0.479	2014-10-30	0.364
2014-08-14	0.433	2014-09-22	0.56	2014-10-31	0.472
2014-08-15	0.53	2014-09-23	0.678	2014-11-01	0.529
2014-08-16	0.597	2014-09-24	0.688	2014-11-02	0.553
2014-08-17	0.658	2014-09-25	0.732	2014-11-03	0.609
2014-08-18	0.713	2014-09-26	0.765	2014-11-04	0.657
2014-08-19	0.769	2014-09-27	0.248	2014-11-05	0.635
2014-08-20	0.81	2014-09-28	0.232	2014-11-06	0.675
2014-08-21	0.855	2014-09-29	0.32	2014-11-07	0.594
2014-08-22	0.891	2014-09-30	0.392	2014-11-08	0.541
2014-08-23	0.295	2014-10-01	0.479	2014-11-09	0.6
2014-08-24	0.402	2014-10-02	0.536	2014-11-10	0.674
2014-08-25	0.502	2014-10-03	0.601	2014-11-11	0.678

（续）

日期（年-月-日）	地下水埋深/m	日期（年-月-日）	地下水埋深/m	日期（年-月-日）	地下水埋深/m
2014-11-12	0.722	2014-12-21	0.988	2015-01-29	0.751
2014-11-13	0.758	2014-12-22	1.004	2015-01-30	0.78
2014-11-14	0.79	2014-12-23	1.016	2015-01-31	0.8
2014-11-15	0.819	2014-12-24	1.024	2015-02-01	0.82
2014-11-16	0.841	2014-12-25	0.929	2015-02-02	0.847
2014-11-17	0.864	2014-12-26	1.031	2015-02-03	0.836
2014-11-18	0.884	2014-12-27	1.034	2015-02-04	0.817
2014-11-19	0.899	2014-12-28	1.022	2015-02-05	0.75
2014-11-20	0.914	2014-12-29	1.011	2015-02-06	0.738
2014-11-21	0.927	2014-12-30	1.02	2015-02-07	0.679
2014-11-22	0.916	2014-12-31	1.009	2015-02-08	0.54
2014-11-23	0.261	2015-01-01	0.978	2015-02-09	0.375
2014-11-24	0.292	2015-01-02	0.994	2015-02-10	0.33
2014-11-25	0.373	2015-01-03	1.023	2015-02-11	0.33
2014-11-26	0.461	2015-01-04	1.041	2015-02-12	0.43
2014-11-27	0.382	2015-01-05	1.038	2015-02-13	0.49
2014-11-28	0.426	2015-01-06	1.039	2015-02-14	0.56
2014-11-29	0.317	2015-01-07	0.94	2015-02-15	0.585
2014-11-30	0.402	2015-01-08	0.91	2015-02-16	0.627
2014-12-01	0.483	2015-01-09	0.849	2015-02-17	0.671
2014-12-02	0.544	2015-01-10	0.819	2015-02-18	0.68
2014-12-03	0.624	2015-01-11	0.834	2015-02-19	0.71
2014-12-04	0.674	2015-01-12	0.852	2015-02-20	0.665
2014-12-05	0.728	2015-01-13	0.887	2015-02-21	0.605
2014-12-06	0.767	2015-01-14	0.905	2015-02-22	0.44
2014-12-07	0.788	2015-01-15	0.888	2015-02-23	0.45
2014-12-08	0.816	2015-01-16	0.923	2015-02-24	0.517
2014-12-09	0.843	2015-01-17	0.958	2015-02-25	0.59
2014-12-10	0.859	2015-01-18	0.973	2015-02-26	0.684
2014-12-11	0.873	2015-01-19	0.975	2015-02-27	0.455
2014-12-12	0.898	2015-01-20	0.965	2015-02-28	0.38
2014-12-13	0.903	2015-01-21	1.002	2015-03-01	0.418
2014-12-14	0.916	2015-01-22	1.003	2015-03-02	0.473
2014-12-15	0.932	2015-01-23	0.923	2015-03-03	0.553
2014-12-16	0.948	2015-01-24	1.03	2015-03-04	0.606
2014-12-17	0.965	2015-01-25	1.011	2015-03-05	0.629
2014-12-18	0.973	2015-01-26	0.98	2015-03-06	0.653
2014-12-19	0.982	2015-01-27	0.811	2015-03-07	0.691
2014-12-20	0.972	2015-01-28	0.741	2015-03-08	0.714

（续）

日期（年-月-日）	地下水埋深/m	日期（年-月-日）	地下水埋深/m	日期（年-月-日）	地下水埋深/m
2015-03-09	0.74	2015-04-17	0.818	2015-05-26	0.483
2015-03-10	0.798	2015-04-18	0.718	2015-05-27	0.572
2015-03-11	0.836	2015-04-19	0.268	2015-05-28	0.211
2015-03-12	0.865	2015-04-20	0.423	2015-05-29	0.213
2015-03-13	0.889	2015-04-21	0.548	2015-05-30	0.386
2015-03-14	0.911	2015-04-22	0.654	2015-05-31	0.493
2015-03-15	0.923	2015-04-23	0.728	2015-06-01	0.568
2015-03-16	0.926	2015-04-24	0.769	2015-06-02	0.366
2015-03-17	0.256	2015-04-25	0.804	2015-06-03	0.384
2015-03-18	0.268	2015-04-26	0.847	2015-06-04	0.303
2015-03-19	0.368	2015-04-27	0.878	2015-06-05	0.477
2015-03-20	0.394	2015-04-28	0.908	2015-06-06	0.546
2015-03-21	0.496	2015-04-29	0.938	2015-06-07	0.6
2015-03-22	0.578	2015-04-30	0.968	2015-06-08	0.631
2015-03-23	0.573	2015-05-01	0.927	2015-06-09	0.702
2015-03-24	0.642	2015-05-02	0.89	2015-06-10	0.767
2015-03-25	0.707	2015-05-03	0.914	2015-06-11	0.829
2015-03-26	0.75	2015-05-04	0.922	2015-06-12	0.878
2015-03-27	0.787	2015-05-05	0.922	2015-06-13	0.906
2015-03-28	0.814	2015-05-06	0.945	2015-06-14	0.931
2015-03-29	0.838	2015-05-07	0.972	2015-06-15	0.951
2015-03-30	0.861	2015-05-08	0.833	2015-06-16	0.258
2015-03-31	0.888	2015-05-09	0.87	2015-06-17	0.276
2015-04-01	0.72	2015-05-10	0.92	2015-06-18	0.369
2015-04-02	0.311	2015-05-11	0.628	2015-06-19	0.423
2015-04-03	0.372	2015-05-12	0.738	2015-06-20	0.538
2015-04-04	0.353	2015-05-13	0.83	2015-06-21	0.596
2015-04-05	0.254	2015-05-14	0.441	2015-06-22	0.685
2015-04-06	0.344	2015-05-15	0.403	2015-06-23	0.784
2015-04-07	0.322	2015-05-16	0.536	2015-06-24	0.798
2015-04-08	0.419	2015-05-17	0.635	2015-06-25	0.812
2015-04-09	0.488	2015-05-18	0.701	2015-06-26	0.48
2015-04-10	0.568	2015-05-19	0.774	2015-06-27	0.497
2015-04-11	0.649	2015-05-20	0.725	2015-06-28	0.617
2015-04-12	0.718	2015-05-21	0.868	2015-06-29	0.688
2015-04-13	0.772	2015-05-22	0.874	2015-06-30	0.312
2015-04-14	0.809	2015-05-23	0.874	2015-07-01	0.386
2015-04-15	0.788	2015-05-24	0.895	2015-07-02	0.555
2015-04-16	0.822	2015-05-25	0.92	2015-07-03	0.551

（续）

日期（年-月-日）	地下水埋深/m	日期（年-月-日）	地下水埋深/m	日期（年-月-日）	地下水埋深/m
2015-07-04	0.485	2015-08-12	1.299	2015-09-20	0.74
2015-07-05	0.556	2015-08-13	1.318	2015-09-21	0.838
2015-07-06	0.634	2015-08-14	1.333	2015-09-22	0.89
2015-07-07	0.72	2015-08-15	1.278	2015-09-23	0.912
2015-07-08	0.784	2015-08-16	1.272	2015-09-24	0.371
2015-07-09	0.824	2015-08-17	1.271	2015-09-25	0.423
2015-07-10	0.878	2015-08-18	0.425	2015-09-26	0.553
2015-07-11	0.916	2015-08-19	0.409	2015-09-27	0.658
2015-07-12	0.954	2015-08-20	0.542	2015-09-28	0.66
2015-07-13	0.988	2015-08-21	0.67	2015-09-29	0.713
2015-07-14	0.892	2015-08-22	0.784	2015-09-30	0.78
2015-07-15	0.292	2015-08-23	0.858	2015-10-01	0.837
2015-07-16	0.378	2015-08-24	0.905	2015-10-02	0.882
2015-07-17	0.489	2015-08-25	0.941	2015-10-03	0.92
2015-07-18	0.585	2015-08-26	0.974	2015-10-04	0.86
2015-07-19	0.404	2015-08-27	1.001	2015-10-05	0.86
2015-07-20	0.449	2015-08-28	1.021	2015-10-06	0.515
2015-07-21	0.561	2015-08-29	1.044	2015-10-07	0.594
2015-07-22	0.252	2015-08-30	1.068	2015-10-08	0.7
2015-07-23	0.41	2015-08-31	1.009	2015-10-09	0.775
2015-07-24	0.531	2015-09-01	1.105	2015-10-10	0.828
2015-07-25	0.632	2015-09-02	1.113	2015-10-11	0.875
2015-07-26	0.718	2015-09-03	1.142	2015-10-12	0.911
2015-07-27	0.782	2015-09-04	1.148	2015-10-13	0.949
2015-07-28	0.836	2015-09-05	1.145	2015-10-14	0.977
2015-07-29	0.882	2015-09-06	1.155	2015-10-15	1.005
2015-07-30	0.951	2015-09-07	1.174	2015-10-16	1.023
2015-07-31	1.001	2015-09-08	1.191	2015-10-17	1.042
2015-08-01	1.03	2015-09-09	1.219	2015-10-18	1.059
2015-08-02	1.058	2015-09-10	1.23	2015-10-19	1.07
2015-08-03	1.086	2015-09-11	1.113	2015-10-20	1.086
2015-08-04	1.122	2015-09-12	1.105	2015-10-21	1.095
2015-08-05	1.142	2015-09-13	1.13	2015-10-22	1.11
2015-08-06	1.159	2015-09-14	1.158	2015-10-23	1.125
2015-08-07	1.184	2015-09-15	1.173	2015-10-24	1.139
2015-08-08	1.209	2015-09-16	1.184	2015-10-25	1.146
2015-08-09	1.245	2015-09-17	1.066	2015-10-26	0.328
2015-08-10	1.263	2015-09-18	0.423	2015-10-27	0.449
2015-08-11	1.273	2015-09-19	0.572	2015-10-28	0.364

（续）

日期（年-月-日）	地下水埋深/m	日期（年-月-日）	地下水埋深/m	日期（年-月-日）	地下水埋深/m
2015-10-29	0.437	2015-12-07	0.691	2016-01-15	0.771
2015-10-30	0.56	2015-12-08	0.749	2016-01-16	0.802
2015-10-31	0.6	2015-12-09	0.79	2016-01-17	0.812
2015-11-01	0.664	2015-12-10	0.823	2016-01-18	0.833
2015-11-02	0.717	2015-12-11	0.847	2016-01-19	0.851
2015-11-03	0.77	2015-12-12	0.861	2016-01-20	0.873
2015-11-04	0.809	2015-12-13	0.858	2016-01-21	0.882
2015-11-05	0.834	2015-12-14	0.85	2016-01-22	0.894
2015-11-06	0.751	2015-12-15	0.864	2016-01-23	0.91
2015-11-07	0.35	2015-12-16	0.881	2016-01-24	0.932
2015-11-08	0.397	2015-12-17	0.899	2016-01-25	0.955
2015-11-09	0.476	2015-12-18	0.916	2016-01-26	0.965
2015-11-10	0.518	2015-12-19	0.924	2016-01-27	0.965
2015-11-11	0.573	2015-12-20	0.931	2016-01-28	0.966
2015-11-12	0.619	2015-12-21	0.93	2016-01-29	0.948
2015-11-13	0.656	2015-12-22	0.926	2016-01-30	0.946
2015-11-14	0.698	2015-12-23	0.916	2016-01-31	0.938
2015-11-15	0.741	2015-12-24	0.882	2016-02-01	0.92
2015-11-16	0.771	2015-12-25	0.876	2016-02-02	0.9
2015-11-17	0.78	2015-12-26	0.89	2016-02-03	0.828
2015-11-18	0.661	2015-12-27	0.92	2016-02-04	0.856
2015-11-19	0.682	2015-12-28	0.935	2016-02-05	0.857
2015-11-20	0.72	2015-12-29	0.948	2016-02-06	0.88
2015-11-21	0.758	2015-12-30	0.959	2016-02-07	0.89
2015-11-22	0.785	2015-12-31	0.975	2016-02-08	0.915
2015-11-23	0.785	2016-01-01	0.979	2016-02-09	0.926
2015-11-24	0.352	2016-01-02	0.92	2016-02-10	0.93
2015-11-25	0.45	2016-01-03	0.9	2016-02-11	0.936
2015-11-26	0.542	2016-01-04	0.927	2016-02-12	0.787
2015-11-27	0.608	2016-01-05	0.858	2016-02-13	0.69
2015-11-28	0.666	2016-01-06	0.854	2016-02-14	0.728
2015-11-29	0.724	2016-01-07	0.835	2016-02-15	0.766
2015-11-30	0.769	2016-01-08	0.766	2016-02-16	0.802
2015-12-01	0.8	2016-01-09	0.753	2016-02-17	0.834
2015-12-02	0.834	2016-01-10	0.724	2016-02-18	0.851
2015-12-03	0.863	2016-01-11	0.637	2016-02-19	0.888
2015-12-04	0.878	2016-01-12	0.654	2016-02-20	0.907
2015-12-05	0.57	2016-01-13	0.698	2016-02-21	0.919
2015-12-06	0.614	2016-01-14	0.739	2016-02-22	0.848

（续）

日期（年-月-日）	地下水埋深/m	日期（年-月-日）	地下水埋深/m	日期（年-月-日）	地下水埋深/m
2016-02-23	0.816	2016-04-02	0.908	2016-05-11	0.696
2016-02-24	0.849	2016-04-03	0.37	2016-05-12	0.774
2016-02-25	0.879	2016-04-04	0.437	2016-05-13	0.824
2016-02-26	0.902	2016-04-05	0.334	2016-05-14	0.258
2016-02-27	0.92	2016-04-06	0.336	2016-05-15	0.411
2016-02-28	0.941	2016-04-07	0.424	2016-05-16	0.55
2016-02-29	0.958	2016-04-08	0.534	2016-05-17	0.634
2016-03-01	0.97	2016-04-09	0.63	2016-05-18	0.697
2016-03-02	0.978	2016-04-10	0.709	2016-05-19	0.318
2016-03-03	0.907	2016-04-11	0.771	2016-05-20	0.349
2016-03-04	0.91	2016-04-12	0.818	2016-05-21	0.465
2016-03-05	0.912	2016-04-13	0.848	2016-05-22	0.569
2016-03-06	0.528	2016-04-14	0.857	2016-05-23	0.594
2016-03-07	0.641	2016-04-15	0.754	2016-05-24	0.67
2016-03-08	0.304	2016-04-16	0.688	2016-05-25	0.731
2016-03-09	0.306	2016-04-17	0.36	2016-05-26	0.636
2016-03-10	0.413	2016-04-18	0.476	2016-05-27	0.256
2016-03-11	0.373	2016-04-19	0.597	2016-05-28	0.39
2016-03-12	0.463	2016-04-20	0.619	2016-05-29	0.475
2016-03-13	0.577	2016-04-21	0.635	2016-05-30	0.587
2016-03-14	0.668	2016-04-22	0.713	2016-05-31	0.64
2016-03-15	0.73	2016-04-23	0.586	2016-06-01	0.226
2016-03-16	0.778	2016-04-24	0.657	2016-06-02	0.312
2016-03-17	0.806	2016-04-25	0.718	2016-06-03	0.419
2016-03-18	0.839	2016-04-26	0.75	2016-06-04	0.473
2016-03-19	0.869	2016-04-27	0.79	2016-06-05	0.467
2016-03-20	0.899	2016-04-28	0.826	2016-06-06	0.573
2016-03-21	0.917	2016-04-29	0.85	2016-06-07	0.632
2016-03-22	0.927	2016-04-30	0.866	2016-06-08	0.608
2016-03-23	0.712	2016-05-01	0.893	2016-06-09	0.594
2016-03-24	0.738	2016-05-02	0.911	2016-06-10	0.652
2016-03-25	0.719	2016-05-03	0.934	2016-06-11	0.7
2016-03-26	0.594	2016-05-04	0.919	2016-06-12	0.748
2016-03-27	0.689	2016-05-05	0.915	2016-06-13	0.755
2016-03-28	0.676	2016-05-06	0.942	2016-06-14	0.779
2016-03-29	0.818	2016-05-07	0.333	2016-06-15	0.776
2016-03-30	0.826	2016-05-08	0.423	2016-06-16	0.833
2016-03-31	0.853	2016-05-09	0.51	2016-06-17	0.879
2016-04-01	0.882	2016-05-10	0.607	2016-06-18	0.894

（续）

日期（年-月-日）	地下水埋深/m	日期（年-月-日）	地下水埋深/m	日期（年-月-日）	地下水埋深/m
2016-06-19	0.898	2016-07-28	0.932	2016-09-05	1.17
2016-06-20	0.9	2016-07-29	0.941	2016-09-06	1.201
2016-06-21	0.905	2016-07-30	0.957	2016-09-07	1.238
2016-06-22	0.935	2016-07-31	0.994	2016-09-08	1.267
2016-06-23	0.971	2016-08-01	0.943	2016-09-09	1.284
2016-06-24	0.305	2016-08-02	0.982	2016-09-10	1.3
2016-06-25	0.409	2016-08-03	1.015	2016-09-11	1.32
2016-06-26	0.38	2016-08-04	0.725	2016-09-12	1.349
2016-06-27	0.48	2016-08-05	0.362	2016-09-13	1.364
2016-06-28	0.578	2016-08-06	0.379	2016-09-14	1.377
2016-06-29	0.675	2016-08-07	0.414	2016-09-15	1.388
2016-06-30	0.375	2016-08-08	0.459	2016-09-16	1.408
2016-07-01	0.407	2016-08-09	0.57	2016-09-17	1.418
2016-07-02	0.458	2016-08-10	0.645	2016-09-18	1.43
2016-07-03	0.56	2016-08-11	0.718	2016-09-19	1.442
2016-07-04	0.501	2016-08-12	0.775	2016-09-20	1.452
2016-07-05	0.586	2016-08-13	0.822	2016-09-21	1.458
2016-07-06	0.647	2016-08-14	0.869	2016-09-22	1.47
2016-07-07	0.699	2016-08-15	0.91	2016-09-23	1.48
2016-07-08	0.735	2016-08-16	0.949	2016-09-24	1.45
2016-07-09	0.775	2016-08-17	0.988	2016-09-25	0.41
2016-07-10	0.813	2016-08-18	1.032	2016-09-26	0.618
2016-07-11	0.452	2016-08-19	1.068	2016-09-27	0.467
2016-07-12	0.551	2016-08-20	1.108	2016-09-28	0.526
2016-07-13	0.224	2016-08-21	1.146	2016-09-29	0.678
2016-07-14	0.371	2016-08-22	1.177	2016-09-30	0.755
2016-07-15	0.399	2016-08-23	1.205	2016-10-01	0.842
2016-07-16	0.435	2016-08-24	1.231	2016-10-02	0.921
2016-07-17	0.545	2016-08-25	0.848	2016-10-03	0.962
2016-07-18	0.627	2016-08-26	0.691	2016-10-04	1
2016-07-19	0.303	2016-08-27	0.799	2016-10-05	1.042
2016-07-20	0.42	2016-08-28	0.843	2016-10-06	1.07
2016-07-21	0.517	2016-08-29	0.928	2016-10-07	1.082
2016-07-22	0.608	2016-08-30	0.973	2016-10-08	1.103
2016-07-23	0.681	2016-08-31	1.002	2016-10-09	1.115
2016-07-24	0.756	2016-09-01	1.041	2016-10-10	1.116
2016-07-25	0.809	2016-09-02	1.074	2016-10-11	1.124
2016-07-26	0.858	2016-09-03	1.106	2016-10-12	1.145
2016-07-27	0.896	2016-09-04	1.135	2016-10-13	1.139

（续）

日期（年-月-日）	地下水埋深/m	日期（年-月-日）	地下水埋深/m	日期（年-月-日）	地下水埋深/m
2016-10-14	1.132	2016-11-09	0.404	2016-12-05	0.867
2016-10-15	0.918	2016-11-10	0.471	2016-12-06	0.883
2016-10-16	0.874	2016-11-11	0.56	2016-12-07	0.9
2016-10-17	0.942	2016-11-12	0.637	2016-12-08	0.91
2016-10-18	0.949	2016-11-13	0.694	2016-12-09	0.924
2016-10-19	0.969	2016-11-14	0.743	2016-12-10	0.934
2016-10-20	0.875	2016-11-15	0.774	2016-12-11	0.941
2016-10-21	0.41	2016-11-16	0.788	2016-12-12	0.945
2016-10-22	0.475	2016-11-17	0.803	2016-12-13	0.957
2016-10-23	0.462	2016-11-18	0.799	2016-12-14	0.963
2016-10-24	0.378	2016-11-19	0.829	2016-12-15	0.971
2016-10-25	0.441	2016-11-20	0.815	2016-12-16	0.976
2016-10-26	0.406	2016-11-21	0.699	2016-12-17	0.979
2016-10-27	0.432	2016-11-22	0.637	2016-12-18	0.992
2016-10-28	0.358	2016-11-23	0.619	2016-12-19	1.002
2016-10-29	0.442	2016-11-24	0.664	2016-12-20	0.983
2016-10-30	0.464	2016-11-25	0.698	2016-12-21	0.696
2016-10-31	0.542	2016-11-26	0.7	2016-12-22	0.743
2016-11-01	0.605	2016-11-27	0.735	2016-12-23	0.798
2016-11-02	0.658	2016-11-28	0.769	2016-12-24	0.83
2016-11-03	0.7	2016-11-29	0.74	2016-12-25	0.783
2016-11-04	0.741	2016-11-30	0.723	2016-12-26	0.781
2016-11-05	0.778	2016-12-01	0.76	2016-12-27	0.81
2016-11-06	0.809	2016-12-02	0.798	2016-12-28	0.843
2016-11-07	0.413	2016-12-03	0.823	2016-12-29	0.873
2016-11-08	0.409	2016-12-04	0.841	2016-12-30	0.894
				2016-12-31	0.912

3.4.2.6 数据分析

（1）总体统计结果。本数据集时间区间为 2012 年 6 月至 2016 年 12 月，总数据量 1 675 条（图 3-27）。地下水埋深平均为 0.687 m，标准差为±0.224 m（变异系数为 32.59%），最大值为 0.210 m，最小值为 1.480 m。

地下水位最高值发生在 2014 年 9 月 1 日，为 0.210 m；其次为 2015 年 5 月 28 日，为 0.211 m。最低值为 2016 年 9 月 23 日，为 1.48 m；其次为 2016 年 9 月 22 日，为 1.47 m。

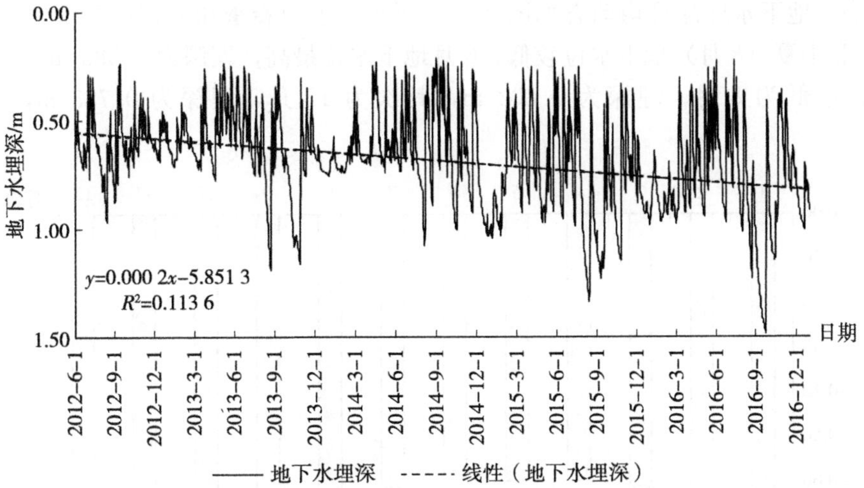

图 3-27　2012—2016 年神农架站地下水埋深日动态

（2）时间动态。

①年动态。2012—2016 年地下水位逐年降低，年均地下水埋深从 0.599 m 降到 0.781 m。年内地下水位变化幅度 2012 年最小，为 0.729 m；其次为 2014 年，为 0.865 m。最大为 2016 年，为 1.256 m，年内变幅有增加的趋势（表 3-49）。

表 3-49　2012—2016 年神农架站地下水埋深年均变化及年降水量

年份	2012	2013	2014	2015	2016
地下水埋深/m	0.599	0.625	0.633	0.762	0.781
标准偏差/m	0.127	0.185	0.191	0.247	0.252
年内变化幅度/m	0.729	0.954	0.865	1.122	1.256
年降水量/mm	1 090.9	1 254.4	1 889.0	1 280.1	1 659.76

②月动态。月均地下水位最高值在 2014 年 9 月，埋深为 0.448 m，最低值在 2019 年 9 月，埋深为 1.169 m，平均埋深为（0.686±0.148）m。地下水位有逐年下降趋势，每月平均下降 4.8 mm，而 2012—2016 年降水量分别为 1 090.9 mm、1 254.4 mm、1 889.0 mm、1 280.1 mm 和 1 659.76 mm，有上升的趋势，平均每年递增 116.34 mm。因此，2012—2016 年地下水位逐年下降，与降水量相反，值得关注（图 3-28）。地下水位下降的原因，待持续观测及进一步深入分析。可能与气温升高和蒸发量增加有关。

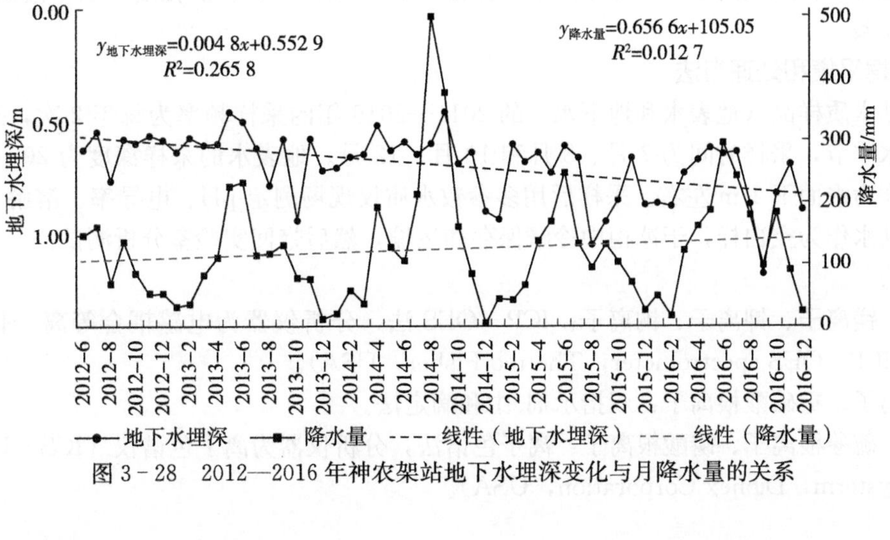

图 3-28　2012—2016 年神农架站地下水埋深变化与月降水量的关系

③月均动态。地下水埋深月均动态如图 3 - 29 所示，表明春季和夏初地下水位较高，而在冬季（12 月、1 月）和中夏（8 月）地下水位较低。6 月地下水位最高，埋深为 0.585 m，其次为 4 月，埋深为 0.599 m；最低为 8 月，埋深为 0.802 m，其次为 12 月，埋深为 0.783 m；月均年较差为 0.217 m。

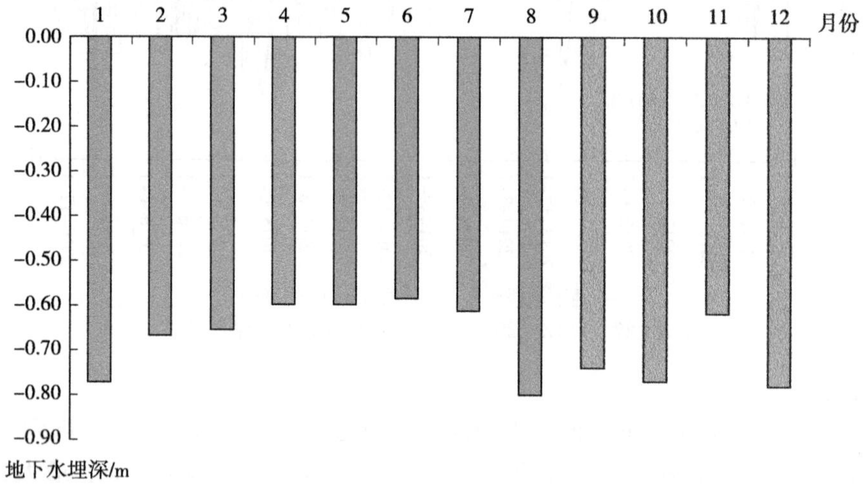

图 3 - 29　2012—2016 年神农架站地下水埋深月均动态

3.4.3　地表水、地下水水质状况

3.4.3.1　概述

本数据集来自神农架站的长期水分监测，包括地表水和地下水的水质状况。地表水包括静止地表水、流动地表水。静止地表水的采样地在 2011—2013 年 7 月位于湖北省兴山县古夫镇二级电站水库；后因放干该水库修建水上公路，从 2013 年 10 月起采样地移至湖北省兴山县古夫镇古洞口水库。静止地表水共设置 3 个采样点，分别位于水库截面的中间、东岸和西岸，采样点代码为 SNFZH01CJB_01_01、SNFZH01CJB_01_02、SNFZH01CJB_01_03。流动地表水包括 2 个采样点，分别位于湖北省兴山县南阳镇龙门河村的黄连坝测流堰和小河口，采样点代码为 SNFZH01CLB_01、SNFZH01CLB_02。地下水的采样点位于神农架站园区地下水观测井 1 号，植被类型为草地，海拔为 1 290 m，样地代码为 SNFZH01CDX_01。时间范围为 2011—2015 年；数据项为水质状况，字段包括采样日期和 pH、钙离子、镁离子、钾离子、钠离子、碳酸根离子、重碳酸根离子、氯化物、硫酸根离子、磷酸根离子、硝酸根、总氮、总磷、矿化度、水中溶解氧、电导率；数据量为 109 条。

3.4.3.2　数据采集和处理方法

神农架站水质样品（地表水和地下水）的 2011—2015 年的采样频率为每年 2 次，夏季洪水季节和秋冬季枯水季节，采样时间为 7 月、8 月和 10 月、12 月。地表水的采样深度为 20～30 cm。地下水的采样深度为水面下 1 m 左右。采样后用多参数水质仪现场测定 pH、电导率、溶解氧等。采集平行样，并用纯水作为空白样，于冰柜中冷藏保存和运输，然后带回实验室分析测试。

测定方法：

钙离子、镁离子、钾离子、钠离子：ICP - OES 法，分析仪器为电感耦合等离子体发射光谱仪（iCAP 6300 ICP - OES spectrometer，Thermo Fisher，USA）。

碳酸根离子、重碳酸根离子：双指示剂-中和滴定法。

氯化物、硫酸根离子、磷酸根离子：离子色谱法，分析仪器为离子色谱仪（ICS - 1500 Ion chromaography systerm，Dionex Corporation，USA）。

硝酸根：1M KCl浸提，连续流动分析仪法，分析仪器为连续流动分析仪（autoanalyzer 3 high resolution，SEAL Analytical GmbH，Germany）。

总磷：连续流动分析仪法，分析仪器为连续流动分析仪（autoanalyzer 3 high resolution，SEAL Analytical GmbH，Germany）。

总氮：总有机碳分析仪法，分析仪器为总有机碳分析仪（multi N/C3100，TOC/TNb analyzer，Analytik-Jena AG，Germany）。

矿化度：质量法。

3.4.3.3　数据质量控制和评估

本数据集来源于长期观测场地的实测数据。从仪器标定与校准、采样人员培训、现场测量、实验室分析和测量数据处理，整个过程对数据质量进行控制。同时，咨询相关专家并查阅相关文献对数据进行审核验证，以确保数据相对准确可靠。

仪器标定与校准：每年对将多参数水质仪送回仪器公司标定，保证观测数据的准确性。

人员培训：对测量人员进行培训是保证测量数据的完整性、连续性和准确性的关键。培训内容包括仪器测量原理与使用方法、采样时间与频次、采样器具的清洗、采样编号、现场记录、采集样品的保存和运输等。

现场测量：测量前要检查多参数水质仪，对其进行校准，确保测量数据准确。

实验室分析：在样品中加入空白样、平行样，确保样本测试准确性；收到初步测试数据，进行统计分析，如发现数据异常和偏差太大，则需要重新测试。

测量后数据质控：首先核对录入数据与原始记录的正确性；然后对录入数据进行统计分析，剔除异常数据；最后形成的水质数据集由专家进行最终审核和修订，确保数据集的真实、可靠；纸质原始记录数据表应妥善保存，并通过复印和扫描电子版进行备份，保存于不同地方，以备将来核查。

3.4.3.4　数据价值/数据使用方法和建议

水质监测是森林生态系统水分监测的重要内容之一。水质的动态变化和发展趋势为整个森林生态系统的水环境管理、维护水环境健康以及评价森林生态系统对水质的影响提供数据基础和理论依据。

神农架站所在的区域为我国重要的生物多样性生态功能区和三峡工程、南水北调工程水源涵养区。水质监测数据是表征水环境健康的重要指标，为本区生物多样性保护和涵养水源健康维持提供重要的基础数据，对于该区生态服务功能的发挥具有重要意义。

3.4.3.5　数据

神农架站水质数据见表3－50至表3－53。

表 3-50 神农架站流动地表水小河口水质数据

采样日期（年-月-日）	pH	钙离子/（mg/L）	镁离子/（mg/L）	钾离子/（mg/L）	钠离子/（mg/L）	碳酸根离子/（mg/L）	重碳酸根离子/（mg/L）	氯化物/（mg/L）	硫酸根离子/（mg/L）	磷酸根离子/（mg/L）	硝酸根/（mg/L）	总氮/（mg/L）	总磷/（mg/L）	矿化度/（mg/L）	水中溶解氧/（mg/L）	电导率/（μS/cm）
2011-08-10	9.15	11.20	5.56	0.36	0.25	—	90.02	4.53	3.72	—	1.37	0.58	—	—	—	—
2011-08-10	8.24	13.59	5.74	0.56	0.24	—	50.44	39.20	4.43	—	1.56	0.73	—	—	—	—
2011-08-10	8.46	23.52	6.95	0.51	0.20	—	106.85	3.94	6.14	—	2.07	0.56	—	—	—	—
2011-12-11	7.93	24.19	11.30	0.58	0.26	—	124.42	9.76	8.31	—	2.48	0.61	—	—	10.78	174.00
2011-12-11	8.08	20.19	11.24	0.55	0.24	—	134.81	16.58	8.39	—	2.50	0.72	—	—	10.80	174.00
2012-07-11	7.43	30.47	7.74	0.81	0.24	3.55	133.43	0.62	9.10	—	3.34	—	—	110.00	9.86	157.00
2012-07-11	7.40	25.60	6.80	0.71	0.11	4.16	119.53	0.36	8.01	—	2.94	—	—	100.00	9.89	157.00
2012-10-16	7.67	35.49	10.29	0.65	0.23	13.00	141.84	0.45	10.34	—	4.20	—	—	137.00	10.34	183.00
2012-10-16	7.62	35.14	10.20	0.84	0.28	6.64	155.29	0.50	10.31	—	4.18	—	—	140.00	10.43	183.00
2013-07-06	7.61	34.92	9.40	0.80	1.93	—	150.47	1.97	19.96	—	7.32	0.67	0.06	136.47	9.94	169.00
2013-07-06	7.61	34.89	9.37	1.02	1.66	5.92	138.43	2.55	19.69	—	6.82	0.65	0.04	144.44	9.94	169.00
2013-10-22	7.96	23.57	9.54	0.77	0.76	—	102.32	1.35	18.05	—	6.97	0.67	0.03	118.00	10.52	172.75
2013-10-22	7.96	3.06	0.46	0.57	2.00	—	18.06	8.14	1.23	—	—	0.14	0.10	55.56	10.52	172.75
2014-07-11	8.35	34.15	9.74	0.72	0.52	—	147.19	0.65	9.26	—	3.02	1.00	0.01	145.00	4.19	198.00
2014-07-11	8.25	34.75	9.94	0.55	0.58	—	147.19	0.67	9.44	—	2.97	0.98	0.03	146.00	4.33	198.00
2014-10-23	8.22	34.27	10.04	0.61	0.73	—	147.19	0.60	7.45	—	2.53	0.86	0.02	138.00	9.30	179.60
2014-10-23	8.43	33.30	9.74	0.65	0.53	—	151.86	0.65	7.38	—	2.55	0.95	0.03	127.00	9.28	179.20
2015-07-13	8.28	21.73	8.59	0.54	0.55	—	110.41	0.45	4.14	—	2.32	0.95	0.42	65.00	7.30	267.18
2015-07-13	8.28	23.89	7.82	0.49	0.54	—	110.41	0.28	3.48	0.18	1.95	0.86	0.39	73.00	7.30	267.18
2015-10-09	10.07	18.56	10.42	0.62	0.52	—	104.60	0.24	2.74	—	1.77	1.07	0.23	66.00	4.40	292.88
2015-10-09	10.07	20.29	8.67	0.50	0.50	—	118.55	0.34	1.85	—	1.40	1.18	0.20	81.00	4.40	292.88

表 3-51 神农架站流动地表水黄连坝测流堰水质数据

采样日期（年-月-日）	pH	钙离子/(mg/L)	镁离子/(mg/L)	钾离子/(mg/L)	钠离子/(mg/L)	碳酸根离子/(mg/L)	重碳酸根离子/(mg/L)	氯化物/(mg/L)	硫酸根离子/(mg/L)	磷酸根离子/(mg/L)	硝酸根/(mg/L)	总氮/(mg/L)	总磷/(mg/L)	矿化度/(mg/L)	水中溶解氧/(mg/L)	电导率/(μS/cm)
2013-07-06	7.97	49.20	19.69	0.99	2.50	8.88	219.68	1.63	15.19	—	5.16	0.65	0.03	211.00	7.55	277.00
2013-07-06	7.97	48.69	19.26	0.94	2.12	11.84	216.67	1.58	16.09	—	5.45	0.65	0.04	827.78	7.55	277.00
2013-10-22	7.67	33.21	13.77	0.71	1.18	5.92	156.49	1.54	13.21	—	2.56	0.43	0.03	44.12	6.38	41.00
2013-10-22	7.67	32.26	13.46	0.75	0.22	5.92	156.49	1.93	15.58	—	2.97	0.42	0.03	125.00	6.38	41.00
2014-07-11	7.49	45.61	18.46	1.27	0.28	—	217.21	0.61	7.83	—	3.34	1.16	0.01	197.00	1.12	293.20
2014-07-11	7.50	44.74	18.04	1.74	0.40	—	220.32	0.78	8.12	—	3.17	1.13	0.02	210.00	1.10	292.30
2014-10-24	8.35	41.01	17.11	0.85	0.37	—	201.65	0.75	7.90	—	1.46	0.66	0.02	178.00	8.54	230.30
2014-10-24	8.39	41.52	17.27	0.78	0.45	—	207.87	0.72	7.89	—	1.62	0.60	0.03	187.00	8.59	231.30
2015-07-13	9.15	18.32	13.99	0.55	2.81	—	130.17	0.62	5.97	—	2.37	1.06	0.30	102.00	9.14	165.15
2015-07-13	9.15	27.86	14.58	0.71	0.31	—	169.69	0.15	1.09	—	1.14	0.71	0.21	108.00	9.14	165.15
2015-10-09	10.35	30.95	21.18	0.99	0.41	—	204.56	0.17	1.47	—	0.29	0.54	0.25	156.00	9.41	180.58
2015-10-09	10.35	37.23	21.58	1.01	0.35	—	211.53	0.16	2.22	—	0.64	0.72	0.20	172.00	9.41	180.58

表 3-52 神农架站静止地表水水质数据

采样日期（年-月-日）	采样位置	pH	钙离子/(mg/L)	镁离子/(mg/L)	钾离子/(mg/L)	钠离子/(mg/L)	碳酸根离子/(mg/L)	重碳酸根离子/(mg/L)	氯化物/(mg/L)	硫酸根离子/(mg/L)	磷酸根离子/(mg/L)	硝酸根/(mg/L)	总氮/(mg/L)	总磷/(mg/L)	矿化度/(mg/L)	水中溶解氧/(mg/L)	电导率/(μS/cm)
2011-08-10	东岸	8.01	30.94	21.21	1.72	1.27	—	180.24	76.32	29.39	—	7.65	0.27	—	—	—	—
2011-08-10	东岸	7.89	27.77	19.10	1.70	1.10	—	209.58	27.36	27.04	—	7.00	1.13	—	—	—	—
2011-08-10	中间	8.03	28.36	20.06	2.24	1.18	—	164.50	27.66	23.86	—	6.48	0.37	—	—	—	—
2011-08-10	中间	8.00	29.34	19.96	2.16	1.16	—	149.85	20.61	21.73	—	5.44	0.20	—	—	—	—
2011-08-10	西岸	8.06	35.59	19.16	1.48	1.10	—	171.21	28.17	27.45	—	7.24	0.42	—	—	—	—
2011-08-10	西岸	8.16	33.65	8.85	0.97	0.75	—	174.02	27.06	27.13	—	7.44	0.50	—	—	—	—

（续）

采样日期（年-月-日）	采样位置	pH	钙离子/（mg/L）	镁离子/（mg/L）	钾离子/（mg/L）	钠离子/（mg/L）	碳酸根离子/（mg/L）	重碳酸根离子/（mg/L）	氯化物/（mg/L）	硫酸根离子/（mg/L）	磷酸根离子/（mg/L）	硝酸根/（mg/L）	总氮/（mg/L）	总磷/（mg/L）	矿化度/（mg/L）	水中溶解氧/（mg/L）	电导率/（μS/cm）
2011-12-11	东岸	7.96	5.87	0.51	0.96	0.22	—	165.00	27.28	27.82	—	7.50	0.59	—	—	9.06	283.00
2011-12-11	东岸	8.05	27.31	14.55	1.16	0.79	—	160.32	26.76	27.88	—	7.21	0.20	0.02	—	9.06	283.00
2011-12-11	中间	8.14	28.56	15.53	1.27	0.86	—	173.83	124.95	25.33	—	5.73	0.22	0.03	—	9.61	284.00
2011-12-11	中间	8.24	28.38	20.54	1.29	1.20	—	150.46	31.08	28.62	—	7.36	0.82	—	—	9.61	284.00
2011-12-11	西岸	8.14	27.92	20.47	1.48	1.20	—	153.12	31.37	28.05	—	7.37	0.07	—	—	9.16	284.00
2011-12-11	西岸	8.08	30.10	20.07	1.29	1.18	—	183.37	41.19	29.65	—	8.02	0.20	0.01	—	9.16	284.00
2012-07-11	东岸	7.51	41.91	17.17	2.01	1.56	—	251.23	2.02	23.91	—	10.46	—	—	189.00	9.74	273.00
2012-07-11	东岸	7.52	42.42	17.48	1.86	1.41	—	219.46	1.95	24.42	—	9.11	—	—	189.00	9.71	274.00
2012-07-11	中间	7.52	41.36	17.05	1.46	1.31	21.41	174.12	1.89	23.59	—	9.23	—	—	185.00	9.39	273.00
2012-07-11	中间	7.52	40.61	16.87	1.54	1.33	11.21	182.38	1.86	23.16	—	9.65	—	—	190.00	9.31	272.00
2012-07-11	西岸	7.53	39.56	16.57	1.37	1.22	10.62	205.08	1.75	23.15	—	9.01	—	—	176.00	9.35	272.00
2012-07-11	西岸	7.52	39.90	16.61	1.73	1.32	11.66	189.74	1.76	23.16	—	9.28	—	—	175.00	9.32	272.00
2012-10-11	东岸	7.40	41.17	18.96	1.56	1.80	20.97	191.94	1.98	24.28	—	4.38	—	—	193.00	12.76	296.00
2012-10-11	东岸	7.42	40.72	19.09	1.47	1.70	20.81	179.82	1.96	24.51	—	4.39	—	—	198.00	12.67	296.00
2012-10-11	中间	7.43	40.94	18.89	1.22	1.77	21.28	204.35	1.97	24.38	—	4.38	—	—	198.00	12.17	296.00
2012-10-11	中间	7.43	40.78	18.64	1.53	1.77	17.69	186.17	2.02	24.78	—	4.42	—	—	196.00	12.57	296.00
2012-10-11	西岸	7.44	40.79	18.85	1.35	1.76	16.65	181.94	1.96	24.77	—	4.57	—	—	196.00	12.35	296.00
2012-10-11	西岸	7.44	40.49	18.56	1.24	1.67	22.89	172.42	2.01	25.06	—	4.66	—	—	197.00	12.60	296.00
2013-07-06	东岸	7.99	35.54	18.17	1.22	2.83	5.92	162.51	4.38	48.55	—	14.30	1.23	0.05	166.67	11.46	289.33
2013-07-06	东岸	7.99	35.23	17.96	1.39	3.32	5.92	156.49	5.10	48.81	—	10.62	1.43	0.06	166.30	11.46	289.33
2013-07-06	中间	7.99	35.09	17.93	1.27	3.48	5.92	168.52	4.43	48.22	—	12.31	1.16	0.05	176.36	11.46	289.33
2013-07-06	中间	7.99	37.21	17.93	1.07	1.43	5.92	174.54	4.23	48.76	—	10.20	1.12	0.05	183.00	11.46	289.33

（续）

采样日期（年-月-日）	采样位置	pH	钙离子/(mg/L)	镁离子/(mg/L)	钾离子/(mg/L)	钠离子/(mg/L)	碳酸根离子/(mg/L)	重碳酸根离子/(mg/L)	氯化物/(mg/L)	硫酸根离子/(mg/L)	磷酸根离子/(mg/L)	硝酸根/(mg/L)	总氮/(mg/L)	总磷/(mg/L)	矿化度/(mg/L)	水中溶解氧/(mg/L)	电导率/(μS/cm)
2013-07-06	西岸	7.99	34.95	17.75	1.17	3.10	5.92	162.51	3.99	49.05	—	10.28	0.97	0.04	196.00	11.46	289.33
2013-07-06	西岸	7.99	35.37	17.95	1.14	2.73	—	174.54	4.20	48.87	—	10.16	1.03	0.06	197.14	11.46	289.33
2013-10-22	东岸	6.93	39.77	20.27	1.27	3.01	5.92	186.58	3.44	46.65	—	8.33	0.83	0.03	271.11	8.73	284.11
2013-10-22	东岸	6.93	41.38	21.02	1.40	4.93	8.88	186.58	3.27	43.58	—	7.59	0.80	0.05	196.15	8.73	284.11
2013-10-22	中间	6.93	39.98	20.45	1.83	2.13	11.84	174.54	4.11	42.46	—	7.59	0.85	0.06	213.33	8.73	284.11
2013-10-22	中间	6.93	41.80	20.29	1.29	2.19	—	210.66	3.72	44.35	—	—	0.32	0.06	269.23	8.73	284.11
2013-10-22	西岸	6.93	39.21	20.13	1.45	94.21	8.88	177.55	3.30	43.77	—	7.58	0.85	0.06	208.33	8.73	284.11
2013-10-22	西岸	6.93	39.72	20.37	1.21	2.06	5.92	192.60	3.31	43.13	—	7.69	0.83	0.05	249.09	8.73	284.11
2014-07-10	东岸	8.16	30.94	17.63	0.93	0.96	—	170.53	1.30	20.21	—	2.71	1.07	0.01	155.00	4.19	311.00
2014-07-10	东岸	8.14	31.49	17.97	1.06	1.06	—	170.53	1.18	20.37	—	2.67	1.07	0.01	149.00	4.23	311.00
2014-07-10	中间	8.62	31.78	18.20	0.97	1.08	—	173.64	1.31	20.47	—	3.46	1.23	0.01	156.00	5.54	320.00
2014-07-10	中间	8.63	31.71	18.17	1.15	1.27	—	173.64	1.56	20.41	—	3.51	1.30	0.02	174.00	5.40	320.00
2014-07-10	西岸	8.33	31.21	17.83	1.22	1.25	—	173.64	1.68	20.30	—	4.40	1.57	0.01	174.00	5.11	314.00
2014-07-10	西岸	8.33	31.26	18.09	0.90	1.00	—	173.64	1.21	20.21	—	3.02	1.04	0.01	150.00	5.04	316.00
2014-10-24	东岸	8.69	36.24	16.87	0.95	0.92	—	179.87	0.96	19.19	—	3.24	1.19	0.01	180.00	9.32	278.00
2014-10-24	东岸	8.72	37.10	17.36	0.95	0.86	—	179.87	1.00	19.58	—	3.25	1.18	0.01	178.00	9.38	278.40
2014-10-24	中间	8.71	35.77	16.72	1.02	0.85	—	186.09	1.07	19.55	—	3.27	1.23	0.01	174.00	9.20	277.70
2014-10-24	中间	8.72	35.54	16.65	1.03	0.92	—	179.87	1.11	19.25	0.13	3.26	1.24	0.02	168.00	9.22	278.20
2014-10-24	西岸	8.70	36.54	17.51	1.29	1.00	—	187.65	1.11	19.23	—	3.31	1.24	0.01	166.00	9.41	269.80
2014-10-24	西岸	8.71	35.64	16.76	0.99	0.88	—	182.98	1.11	19.15	—	3.15	1.21	0.01	186.00	9.49	268.70
2015-07-13	东岸	9.80	29.41	17.66	0.82	1.01	2.29	161.55	0.41	5.08	—	1.33	0.77	0.21	140.00	8.56	302.48
2015-07-13	东岸	9.80	22.08	14.23	0.63	0.83	—	139.47	0.48	6.96	—	1.41	0.79	0.23	125.00	8.56	302.48

（续）

采样日期（年-月-日）	采样位置	pH	钙离子/(mg/L)	镁离子/(mg/L)	钾离子/(mg/L)	钠离子/(mg/L)	碳酸根离子/(mg/L)	重碳酸根离子/(mg/L)	氯化物/(mg/L)	硫酸根离子/(mg/L)	磷酸根离子/(mg/L)	硝酸根/(mg/L)	总氮/(mg/L)	总磷/(mg/L)	矿化度/(mg/L)	水中溶解氧/(mg/L)	电导率/(μS/cm)
2015-07-13	中间	10.01	18.95	18.14	0.94	1.24	—	139.47	0.96	10.02	0.33	1.93	1.21	0.27	126.00	8.99	295.03
2015-07-13	中间	10.01	26.25	18.45	1.04	1.24	—	156.90	0.70	5.66	—	1.85	1.21	0.24	147.00	8.99	295.03
2015-07-13	西岸	10.68	20.98	12.82	0.51	0.68	—	122.04	0.39	7.21	—	1.28	0.69	0.24	98.00	8.59	303.88
2015-07-13	西岸	10.68	21.25	18.22	0.84	1.03	—	139.47	0.74	11.60	—	2.36	1.05	0.17	124.00	8.59	303.88
2015-10-10	东岸	11.12	21.83	16.88	0.84	0.94	2.29	131.33	0.58	6.16	0.19	1.62	1.20	0.03	122.00	7.91	292.88
2015-10-10	东岸	11.12	12.31	12.63	0.54	0.68	5.72	69.74	0.23	4.85	—	0.80	0.90	0.04	81.00	7.91	292.88
2015-10-10	中间	11.27	21.87	19.67	1.00	1.17	—	141.79	0.50	5.74	—	1.90	1.34	0.03	118.00	7.88	294.60
2015-10-10	中间	11.27	15.34	18.77	0.95	1.04	2.29	117.39	0.38	7.41	—	1.79	1.13	0.04	107.00	7.88	294.60
2015-10-10	西岸	11.28	19.34	12.63	0.67	0.72	—	110.41	0.49	6.56	0.23	1.71	0.88	0.02	87.00	8.44	296.13
2015-10-10	西岸	11.28	18.21	19.85	0.86	1.07	2.29	134.82	0.50	6.71	0.17	1.93	0.97	0.02	123.00	8.44	296.13

表 3-53 神农架站地下水水质数据

采样日期（年-月-日）	pH	钙离子/(mg/L)	镁离子/(mg/L)	钾离子/(mg/L)	钠离子/(mg/L)	碳酸根离子/(mg/L)	重碳酸根离子/(mg/L)	氯化物/(mg/L)	硫酸根离子/(mg/L)	磷酸根离子/(mg/L)	硝酸根/(mg/L)	总氮/(mg/L)	总磷/(mg/L)	矿化度/(mg/L)	水中溶解氧/(mg/L)	电导率/(μS/cm)
2013-01-26	7.48	44.33	20.78	1.09	1.95	11.84	204.64	4.22	11.00	—	9.04	0.99	0.05	175.00	4.31	278.50
2013-01-26	7.48	43.74	23.14	10.89	3.80	11.84	228.71	3.85	18.16	—	7.72	0.88	0.05	230.00	4.31	278.50
2013-04-17	6.99	48.47	17.05	17.13	11.02	11.84	228.71	6.49	30.11	—	8.59	0.96	0.05	258.00	2.40	298.00
2013-04-17	6.99	48.70	17.14	17.07	8.65	11.84	234.73	4.28	23.03	—	6.35	0.91	0.06	281.25	2.40	298.00
2013-07-06	7.67	47.78	17.10	15.62	4.47	8.88	228.71	4.01	12.80	—	8.91	1.19	0.05	207.78	2.00	354.50
2013-07-06	7.67	47.66	16.89	15.47	4.91	11.84	216.67	4.29	15.01	—	10.35	1.14	0.10	266.67	2.00	354.50
2013-10-17	8.01	36.30	16.91	8.10	5.19	8.88	189.59	3.45	15.33	—	5.76	0.75	0.06	113.33	7.07	228.00
2013-10-17	8.01	35.96	17.02	7.62	4.95	5.92	234.73	3.49	17.66	—	6.69	0.83	0.05	61.54	7.07	228.00

（续）

采样日期（年-月-日）	pH	钙离子/(mg/L)	镁离子/(mg/L)	钾离子/(mg/L)	钠离子/(mg/L)	碳酸根离子/(mg/L)	重碳酸根离子/(mg/L)	氯化物/(mg/L)	硫酸根离子/(mg/L)	磷酸根离子/(mg/L)	硝酸根/(mg/L)	总氮/(mg/L)	总磷/(mg/L)	矿化度/(mg/L)	水中溶解氧/(mg/L)	电导率/(μS/cm)
2014-07-11	8.03	30.92	14.32	9.74	3.50	—	186.09	1.52	9.27	—	6.28	1.90	0.02	170.00	6.05	263.00
2014-07-11	8.02	29.80	13.76	9.07	3.45	—	178.31	1.59	9.16	—	6.97	2.13	0.02	165.00	5.99	263.00
2014-10-23	7.40	31.95	14.67	0.57	1.23	—	142.52	1.88	3.36	—	40.22	10.00	0.01	165.00	7.46	219.90
2014-10-23	7.62	32.54	15.07	0.71	0.99	—	139.41	2.10	3.45	—	39.47	10.56	0.01	151.00	7.93	219.60

第4章 研究数据

4.1 神农架海拔梯度不同森林类型的土壤呼吸

4.1.1 概述

土壤呼吸是陆地生态系统第二大碳通量，每年由土壤呼吸释放到大气中的二氧化碳是化石燃料释放二氧化碳的 10 倍以上。土壤呼吸主要由自养呼吸（根系和根际微生物）和异养呼吸（微生物和土壤动物呼吸）两部分组成。本数据集包括神农架站不同海拔梯度上的常绿阔叶林、常绿落叶阔叶混交林、落叶阔叶林、亚高山针叶林 4 个长期监测样地的异养呼吸和自养呼吸值以及常绿落叶阔叶混交林综合观测场和亚高山针叶林辅助观测场 2010 年土壤总呼吸值。

4.1.2 数据采集和处理方法

在 4 种类型森林的典型地段建立破坏性样地并随机设置了 3 个区组，每个区组为 10m×20m 的样方，将样方划分为 10 个 5 m×5 m 的小区。每个区组内随机选择 4 个小区进行挖壕沟处理，其余保持原状，即每个区组内（挖壕沟+不挖壕沟）2 种处理，重复 4 次，在每个小区内设置一个 1 m×1 m 的小样方。2008 年 9—10 月，在小区内按处理挖 1m×1m 的壕沟，壕沟深度至基岩或无根系位置、宽 10cm，用硬质海绵把壕沟内小区与周围土壤隔离，然后按原顺序回填土壤；贴地面剪除小区的地面植被，尽量减少对地表土壤的扰动，所有挖壕沟小区内定期清除地表植被。2008 年 11 月，在每个小区的 1 m×1 m 小样方内安置一个内径为 20 cm、高为 11cm 的 PVC 环。将 PVC 环的一端削尖沿坡面压入土中约 8cm 深，尽量减少布置 PVC 环对土壤的镇压作用，PVC 环在整个测量期间位置保持不变。2009 年 5 月至 2010 年 7 月，用 LI-8100 便携式土壤呼吸测定仪进行土壤呼吸速率的测量。生长季即 5—11 月每月测量两次，非生长季每月测量 1 次，求得各类型数据平均值。

4.1.3 数据价值

不同森林类型土壤自养呼吸和异养呼吸的比例对预测土壤呼吸过程对环境变化的反馈具有重要作用。

4.1.4 数据

神农架海报梯度不同森林类型土壤呼吸数据见表 4-1 至表 4-2。

表 4-1 神农架海拔梯度上 4 种典型森林原状与挖壕沟处理的土壤呼吸、自养呼吸和异养呼吸动态

森林类型	原状土壤呼吸/[μmol/（m^2·s）]	挖壕沟土壤呼吸/[μmol/（m^2·s）]	异养呼吸/[μmol/（m^2·s）]	自养呼吸/[μmol/（m^2·s）]
常绿阔叶林	1.627±0.068[a]	1.308±0.042[a]	1.125[a]	0.502

（续）

森林类型	原状土壤呼吸/[μmol/（m² · s）]	挖壕沟土壤呼吸/[μmol/（m² · s）]	异养呼吸/[μmol/（m² · s）]	自养呼吸/[μmol/（m² · s）]
常绿落叶阔叶混交林	1.789±0.059[a]	1.324±0.073[a]	1.116[a]	0.673
落叶阔叶林	1.738±0.134[a]	1.429±0.098[a]	1.170[a]	0.568
亚高山针叶林	1.355±0.059[b]	0.885±0.017[b]	0.798[b]	0.557

注：表中字母表示不同森林类型间存在着差异（One-way ANOVA，$P=0.05$）。

表 4－2　神农架综合观测场土壤呼吸季节动态

年	月	土壤总呼吸值 [μmol/（m² · s）]	
		综合观测场	辅助观测场
2010	1	0.38	0.33
2010	2	0.70	0.55
2010	3	0.69	0.68
2010	4	0.99	1.00
2010	5	1.47	1.65
2010	6	2.2	2.06
2010	7	2.89	3.05
2010	8	3.19	2.75
2010	9	2.28	1.95
2010	10	1.26	1.26
2010	11	0.80	0.60
2010	12	0.39	0.45

4.2　常绿落叶阔叶混交林不同降水分量的化学特征

4.2.1　概述

养分循环和平衡是维持森林生态系统平衡的基础，直接影响着生态系统的生产力和稳定性。森林对降水的分配和转化是森林的一个重要环境功能，决定着大气、植物、环境之间的养分移动的方向和速度，对于土壤养分利用有着显著影响。本数据集包括神农架站常绿落叶阔叶混交林大气降水、穿透雨和树干茎流的 pH、电导率、Cl^-、NO_3^-、SO_4^{2-}、NH_4^+、Ca^{2+}、K^+、Mg^{2+}、Na^+ 的季节变化。

4.2.2　数据采集和处理方法

2014 年 5—10 月，在每次降水结束后 2 h 内采集水样，对取回的水样立即使用便携式水质检测仪测量 pH 及电导率，随后使用滤纸过滤并装入塑料瓶，放入－20 ℃的冰箱中保存。使用离子色谱法（所用仪器为离子色谱仪，型号为 Thermo IC－1500）测定 Cl^-、SO_4^{2-}、NO_3^-、$H_2PO_4^-$；使用比色法（全自动间断化学分析仪，型号为 Smartchem140）测定 NH_4^+；使用 HNO_3 酸化－ICP 法（所用仪器为电感耦合离子体光谱仪，型号 Thermo iCAP 6300）测定 K^+、Na^+、Ca^{2+}、Mg^{2+} 等金属元素的含量。

大气降水、穿透雨、树干茎流的 pH 平均值采用 H^+ 浓度雨量加权法进行计算和推导。

大气降水、穿透雨、树干茎流电导率和离子浓度均值（volume-weighted means，VWM）使用离子浓度雨量加权法进行计算，具体公式如下：

$$VWM = \frac{\sum_{n=1}^{i} C_i V_i}{\sum_{n=1}^{i} V_i}$$

式中，VWM 为离子浓度均值（mg/kg），C_i 为第 i 次降水的离子浓度（mg/kg），V_i 为第 i 次降水的降水量、穿透雨量或树干茎流量（mm），n 为降雨次数。

4.2.3 数据价值

大气降水、树干茎流和穿透雨的养分输入动态一直是森林水文学研究的热点之一，水文过程中的养分动态数据对了解森林生态系统的养分平衡、森林净化水源的机制具有重要的指导意义。

4.2.4 数据

大气降水、穿透雨和树干茎流中化学特征的月变化数据见表 4-3 至表 4-5。

表 4-3 大气降水中化学特征的月变化

年	月	pH	电导率/(μs/cm)	Cl^-/(mg/L)	NO_3^-/(mg/L)	SO_4^{2-}/(mg/L)	NH_4^+/(mg/L)	Ca^{2+}/(mg/L)	K^+/(mg/L)	Mg^{2+}/(mg/L)	Na^+/(mg/L)
2014	5	7.65	4.93	0.188	0.751	1.365	0.213	0.933	0.698	0.13	0.069
2014	6	7.58	4.71	0.291	1.124	1.633	0.144	0.801	0.314	0.133	0.131
2014	7	7.32	4.46	0.575	0.143	0.703	0.25	0.903	1.066	0.081	0.108
2014	8	7.47	4.49	0.169	0.043	0.575	0.039	0.631	0.155	0.066	0.069
2014	9	7.56	4.63	0.155	0.067	0.364	0.278	0.494	0.174	0.076	0.142
2014	10	7.63	5.02	0.228	0.466	1.259	0.099	0.726	0.187	0.071	0.091

表 4-4 穿透雨中化学特征的月变化

年	月	pH	电导率/(μs/cm)	Cl^-/(mg/L)	NO_3^-/(mg/L)	SO_4^{2-}/(mg/L)	NH_4^+/(mg/L)	Ca^{2+}/(mg/L)	K^+/(mg/L)	Mg^{2+}/(mg/L)	Na^+/(mg/L)
2014	5	7.7	11.73	0.6	0.41	2.47	0.258	1.423	3.308	0.331	0.159
2014	6	7.63	11.74	0.635	0.819	3.575	0.178	1.664	3.19	0.45	0.116
2014	7	7.49	11.8	1.137	0.264	3.857	0.444	3.057	3.292	0.422	0.31
2014	8	7.55	11.69	0.326	0.085	1.128	0.086	0.865	1.179	0.136	0.053
2014	9	7.62	11.62	0.284	0.09	1.669	0.076	0.696	3.267	0.268	0.102
2014	10	7.72	11.47	0.83	0.407	2.195	0.097	1.506	2.11	0.304	0.159

表 4-5 树干茎流中化学特征的月变化

树种	年	月	pH	电导率/(μs/cm)	Cl^-/(mg/L)	NO_3^-/(mg/L)	SO_4^{2-}/(mg/L)	NH_4^+/(mg/L)	Ca^{2+}/(mg/L)	K^+/(mg/L)	Mg^{2+}/(mg/L)	Na^+/(mg/L)
多脉青冈	2014	5	7.64	14.28	0.445	1.197	4.102	0.366	1.743	5.041	0.5	0.246
	2014	6	7.62	14.39	1.069	1.317	6.292	0.217	3.963	7.305	1.003	0.273

（续）

树种	年	月	pH	电导率/ (μs/cm)	Cl^-/ (mg/L)	NO_3^-/ (mg/L)	SO_4^{2-}/ (mg/L)	NH_4^+/ (mg/L)	Ca^{2+}/ (mg/L)	K^+/ (mg/L)	Mg^{2+}/ (mg/L)	Na^+/ (mg/L)
	2014	7	7.53	14.27	0.707	0.243	1.975	0.552	2.704	2.919	0.371	0.26
	2014	8	7.49	14.18	0.57	0.137	2.072	0.17	2.189	2.952	0.304	0.124
	2014	9	7.57	14.25	0.5	0.185	0.991	0.155	1.541	2.111	0.241	0.203
	2014	10	7.73	14.29	1.52	0.662	3.66	0.152	3.08	4.623	0.663	0.353
曼青冈	2014	5	7.64	14.33	0.436	0.622	3.176	0.373	1.699	3.85	0.267	0.116
	2014	6	7.61	14.19	0.814	1.708	4.181	0.155	2.611	6.318	0.405	0.286
	2014	7	7.57	14.22	0.91	0.185	1.616	0.193	2.078	2.968	0.243	0.475
	2014	8	7.61	14.17	0.491	0.141	1.348	0.132	1.257	2.261	0.169	0.132
	2014	9	7.71	14.33	1.044	0.643	2.092	0.6	3.167	5.102	0.695	0.991
	2014	10	7.64	14.41	0.789	0.293	5.165	0.746	2.297	3.781	0.446	0.211
米心水青冈	2014	5	7.73	14.88	0.8	0.447	4.807	0.309	2.548	8.3	0.341	0.353
	2014	6	7.62	14.79	1.231	1.133	6.064	0.225	2.772	8.412	0.47	0.339
	2014	7	7.6	14.92	0.779	0.232	2.026	0.305	2.337	3.57	0.275	0.249
	2014	8	7.59	14.97	0.672	0.162	2.083	0.202	1.954	4.565	0.303	0.219
	2014	9	7.64	14.76	0.471	0.172	1.236	0.194	1.763	3.304	0.281	0.25
	2014	10	7.7	14.78	0.739	0.116	3.372	0.302	2.132	3.099	0.321	0.172
短柄枹栎	2014	5	7.91	16.27	0.88	0.929	5.636	0.522	3.153	7.172	0.521	0.508
	2014	6	7.87	16.3	1.314	2.492	6.781	0.365	3.914	4.983	0.583	0.373
	2014	7	7.85	16.33	0.897	0.251	2.399	0.436	3.464	2.201	0.311	0.433
	2014	8	7.81	16.29	0.686	0.161	2.267	0.359	2.093	9.31	0.258	0.449
	2014	9	7.84	16.43	0.529	0.369	1.052	0.864	1.639	3.072	0.195	0.512
	2014	10	7.93	16.45	1.353	0.227	5.758	0.373	3.837	3.439	0.436	0.539

4.2.5　结果分析

神农架地区常绿落叶阔叶混交林的大气降水 pH 变动范围为 7.36～7.63，为弱碱性降水。大气降水的电导率为 4.46～5.02 μs/cm，平均值为 4.71 μs/cm。降水量最多的 7 月和 8 月的 pH、电导率值最低；降水量较少的 5 月和 10 月的 pH、电导率值最高。

在所测的化学元素中，SO_4^{2-} 的含量最高，月际浮动为 0.364～1.365 mg/L，平均值为 0.983 mg/L；NO_3^- 的月际浮动范围为 0.067～1.112 mg/L，平均值为 0.432 mg/L；Cl^- 的月际浮动范围为 0.155～0.575 mg/L，平均值为 0.268 mg/L；NH_4^+ 的月际浮动范围为 0.039～0.250 mg/L，平均值为 0.171 mg/L；Ca^{2+} 的月际浮动范围为 0.494～0.933 mg/L，平均值为 0.748 mg/L；K^+ 的月际浮动范围为 0.155～1.066 mg/L，平均值为 0.432 mg/L；Mg^{2+} 的月际浮动范围为 0.071～0.133 mg/L，平均值为 0.093 mg/L；Na^+ 的月际浮动范围为 0.069～0.142 mg/L，平均值为 0.102 mg/L。

常绿落叶阔叶混交林穿透雨的 pH 与大气降水相比略有升高，而电导率的升高幅度非常显著，穿透雨的电导率是大气降水的 2.48 倍。各项化学元素中，K^+ 的浓度最高，月际浮动范围为 1.128～3.857 mg/L，平均值为 2.482 mg/L；SO_4^{2-} 次之，月际浮动范围为 1.179～3.308 mg/L，平均值为 2.725 mg/L。其他养分中，Ca^{2+} 月际浮动范围为 0.696～3.057 mg/L，平均值为 1.536 mg/L；Mg^{2+} 月际浮动范围为 0.136～0.450 mg/L，平均值为 0.319 mg/L；Na^+ 月际浮动范围为 0.052～

0.310 mg/L，平均值为 0.150 mg/L；Cl^- 月际浮动范围为 0.284～1.137 mg/L，平均值为 0.635 mg/L；NO_3^- 月际浮动范围为 0.090～0.819 mg/L，平均值为 0.346 mg/L；NH_4^+ 月际浮动范围为 0.076～0.444 mg/L，平均值为 0.190 mg/L。穿透雨中 NH_4^+ 的最低值出现在 9 月，其他养分的最低值均出现在 8 月。

不同树种的树干茎流量及其水质通常发生显著变化，不同树种树干茎流的养分浓度各有差异。降水通过树干之后，pH 未发生显著变化，而电导率则比大气降水增加了 2.03 倍（多脉青冈）、2.03 倍（曼青冈）、2.16 倍（米心水青冈）及 2.47 倍（短柄枹栎）。

短柄枹栎、多脉青冈、米心水青冈和曼青冈的树干茎流的 Cl^-、SO_4^{2-}、Mg^{2+} 含量在生长季中的月变化呈现为“N”形，其他养分含量基本上与大气降水一致，大体呈现为 7 月、8 月含量较低，5 月、10 月含量较高的“V”形趋势。

参考文献

范德芹，赵学胜，朱文泉，等，2016. 植物物候遥感监测精度影响因素研究综述［J］. 地理科学进展，35（3）：304－319.

葛全胜，郑景云，张学霞，等，2003. 过去 40 年中国气候与物候的变化研究［J］. 自然科学进展，13（10）：1048－1053.

候表叶，杨忠芳，余涛，等，2020. 中国土壤地球化学参数［M］. 北京：地质出版社.

湖北省土壤肥料工作站，湖北省土壤普查办公室，2015. 湖北土壤［M］. 武汉：湖北科学技术出版社.

俱战省，刘文兆，郑粉莉，等，2012. 陕西省乾县地下水位动态变化特征分析［J］. 水土保持通报，32（2）：178－181.

兰天元，徐文婷，申国珍，等，2020. 2013—2018 神农架南坡气溶胶光学厚度数据集［J］. 中国科学数据（中英文网络版），5（2）：132－138.

刘广仁，王跃思，2007. 中国生态系统研究网络（CERN）长期观测规范丛书：陆地生态系统大气环境观测指标与规范［M］. 北京：中国环境科学出版社。

刘璐，葛结林，舒化伟，等，2019. 神农架常绿落叶阔叶混交林碳氮磷化学计量比［J］. 植物生态学报，43：482－489.

刘璐，赵常明，葛结林，等，2020. 2009—2016 年亚热带典型常绿落叶阔叶混交林凋落物回收量及现存量动态数据集［J］. 中国科学数据，5（2）：77－82.

刘璐，赵常明，徐文婷，等，2018. 神农架常绿落叶阔叶混交林凋落物动态及影响因素［J］. 植物生态学报，42（6）：619－628.

刘璐，赵常明，徐文婷，等，2019. 神农架常绿落叶阔叶混交林凋落物养分特征［J］. 生态学报，39（20）：7611－7620.

刘世荣，温远光，王兵，等，1996. 中国森林生态系统水文生态功能规律［M］. 北京：中国林业出版社.

刘双俞，张丽，王翠珍，等，2014. 基于 MODIS 数据的青藏高原植被物候变化趋势研究（2000—2010 年）［J］. 遥感信息，29（6）：25－30.

马博宇，赵常明，葛结林，等，2020. 2009—2018 年神农架 17 种优势植物物候期观测数据集［J］. 中国科学数据，5（1）：20－30.

马明哲，申国珍，熊高明，等，2017. 神农架自然遗产地植被垂直带谱的特点和代表性［J］. 植物生态学报，41（11）：1127－1139.

马雪华，1993. 森林水文学［M］. 北京：中国林业出版社.

芮孝芳，2004. 水文学原理［M］. 北京：中国水利水电出版社.

石建省，李国敏，梁杏，等，2014. 华北平原地下水演变机制与调控［J］. 地球学报，35（5）：527－534.

宋创业，张琳，吴冬秀，等，2017. 2003—2015 年 CERN 植物物候观测数据集［J］. 中国科学数据，2（1）：27－34.

孙波，李志安，温达志，等，2007. 中国生态系统研究网络（CERN）长期观测规范丛书：陆地生态系统土壤观测规范［M］. 北京：中国环境科学出版社。

宛敏渭，刘秀珍，1987. 中国物候观测方法［M］. 北京：科学出版社.

吴冬秀，韦文珊，张淑敏，等，2007. 陆地生态系统生物观测规范［M］. 北京：中国环境科学出版社.

谢宗强，申国珍，周友兵，等，2017. 神农架世界自然遗产地的全球突出普遍价值及其保护［J］. 生物多样性，25（5）：490－497.

袁国富，唐登银，孙晓敏，等，2007. 陆地生态系统水环境观测规范［M］. 北京：中国环境科学出版社.

赵辉，陈文芳，崔亚莉，等，2010. 中国典型地区地下水位对环境的控制作用及阈值研究［J］. 地学前缘，17（6）：159－165.

郑玉峰，王占义，方彪，等，2015. 鄂尔多斯市 2005—2014 年地下水位变化 [J]．中国沙漠，35 (4)：1036-1040.

郑征，李佑荣，刘宏茂，等，2005. 西双版纳不同海拔热带雨林凋落量变化研究 [J]．植物生态学报，29 (6)：884-893.

仲舒颖，郑景云，葛全胜，2010. 近 40 年中国东部木本植物秋季叶全变色期变化 [J]．中国农业气象，31 (1)：1-4.

周玉科，2018. 基于数码照片的植被物候提取多方法比较研究 [J]．地理科学进展，37 (8)：1031-1044.

竺可桢，1973. 中国近五千年来气候变迁的初步研究 [J]．气象科技资料 (S1)：2-23.

Anssens I A, Pilegaard K, 2003. Large seasonal changes in Q (10) of soil respiration in a beech forest [J]. Global Change Biology, 9 (6): 911-918.

Aono Y, Kazhi K Y, 2008. Phenological data series of cherry tree flowering in Kyoto, Japan, andits application to reconstruction of springtime temperatures since the 9th century [J]. International Journal of Climatolog, 28 (7): 905-914.

Cleland E E, Allen J M, Crimmins T M, et al., 2012. Phenological tracking enables positive species responses to climate change [J]. Ecology, 93 (8): 1765-1771.

Cleland E E, Chuine I, Menzel A, et al., 2007. Shifting plant phenology in response to global change [J]. Trends in Ecology and Evolution, 22 (7): 357-365.

Deforest J L, Chen J, Mcnulty S G, 2009. Leaf litter is an important mediator of soil respiration in anoak-dominated forest [J]. International Journal of Biometeorology, 53 (2): 127-134.

Facelli J M, Pickett S T A, 1991. Plant litter: Its dynamics and effects on plant community structure [J]. Botanical Review, 57 (1): 1-32.

Garrity S R, Bohrer G, Maurer K D, et al., 2011. A comparison of multiple phenology data sources for estimating seasonal transitions in deciduous forest carbon exchange [J]. Agricultural and Forest Meteorology, 151 (12): 1741-1752.

Jeong S, Ho C, Gim H, et al., 2011. Phenology shifts at start vs end of growing season in temperate vegetation over the Northern Hemisphere for the period 1982-2008 [J]. Global Change Biology, 17 (7): 2385-2399.

Koster R D, Dirmeyer P, Guo Z C, et al., 2004. Regions of strong coupling between soil moisture and precipitation [J]. Science, 305 (5687): 1138-1140.

Lieth H, 1974. Phenology and Seasonality Modeling [M]. New York: Springer-Verlag.

Menzel A, Estrella N, Fabian P, 2001. Spatial and temporal variability of the phenological seasons in Germany from 1951 to 1996 [J]. Global Change Biology, 7 (6): 657-666.

Reed B, Brown J, 2005. Trend analysis of time-series phenology derived from satellite data [C] // Analysis of Multi-Temporal Remote Sensing Images, 2005 International Workshop on the IEEE Xplore: 166-168.

Schwartz M D, Hanes J M, Liang L, 2013. Comparing carbon flux and high-resolution spring phenological measurements in a northern mixed forest [J]. Agricultural and Forest Meteorology, 169: 136-147.

Van schaik C P, Terborgh J W, Wright S J, 1993. The phenology of tropical forests: Adaptive significance and consequences for the primary consumers [J]. Annual Review of Ecology and Systematics, 24: 353-377.

White M A, Thornton P E, Running S W A, 1997. Continental phenology model for monitoring vegetation responses to interannual climatic variability [J]. Global Biogeochemical Cycles, 11 (2): 217-234.

图书在版编目（CIP）数据

中国生态系统定位观测与研究数据集．森林生态系统卷．湖北神农架站：2008-2015 / 陈宜瑜总主编；徐文婷，赵常明主编．—北京：中国农业出版社，2023.12

ISBN 978-7-109-31572-3

Ⅰ.①中… Ⅱ.①陈… ②徐… ③赵… Ⅲ.①生态系统—统计数据—中国②神农架—森林生态系统—统计数据—2008-2015 Ⅳ.①Q147②S718.55

中国国家版本馆 CIP 数据核字（2023）第 231816 号

ZHONGGUO SHENGTAI XITONG DINGWEI GUANCE YU YANJIU SHUJUJI

中国农业出版社出版

地址：北京市朝阳区麦子店街 18 号楼

邮编：100125

责任编辑：李昕昱 李文革 文字编辑：刘金华

版式设计：李 文 责任校对：吴丽婷

印刷：北京印刷一厂

版次：2023 年 12 月第 1 版

印次：2023 年 12 月北京第 1 次印刷

发行：新华书店北京发行所

开本：889mm×1194mm 1/16

印张：12

字数：355 千字

定价：108.00 元